W0039002

Jens Feddern

THEORIE UND PRAXIS DER BORDELEKTRIK

Delius Klasing Verlag

Bibliografische Information der Deutschen Nationalbibliothek

Die Deutsche Nationalbibliothek verzeichnet diese Publikation
in der Deutschen Nationalbibliografie; detaillierte bibliografische
Daten sind im Internet über http://dnb.d-nb.de abrufbar.

6. Auflage
ISBN 978-3-7688-0913-9
© by Delius, Klasing & Co. KG, Bielefeld

Zeichnungen: John Bassiner
Bearbeitung: Olaf Schmidt
Umschlaggestaltung: Ekkehard Schonart
Layout: Gabriele Engel
Druck: Hans Kock Buch- und Offsetdruck GmbH, Bielefeld
Printed in Germany 2012

Delius Klasing Verlag, Siekerwall 21, D-33602 Bielefeld
Tel.: 0521/559-0, Fax: 0521/559-115
E-Mail: info@delius-klasing.de
www.delius-klasing.de

Inhalt

Vorwort zur 5. Auflage

Die Anforderungen an die Bordelektrik steigen kontinuierlich. Während sie noch vor wenigen Jahren aus einer Batterie und ein paar Lampen bestand, muss sie heute eine komplexe Energieversorgung für diverse Verbraucher sicherstellen. 230 V an Bord zu jeder Tages- und Nachtzeit ist nun wirklich nichts Besonderes mehr, und der Wunsch nach unbegrenzter Energie für Pumpen, Leuchten und die viele Elektronik ist allgegenwärtig.

An Bord befinden wir uns aber auf einer Insel, und die gesamte Energie, die wir verbrauchen möchten, müssen wir im Griff haben. Wenn der Strom aus der Steckdose kommt, haben wir einige Herausforderungen mit dem Landanschluss zu bewältigen. Manchmal möchte man über den Radius der Kabeltrommel hinaus auf Reisen gehen, und dann müssen wir die Energie an Bord speichern bzw. erzeugen. Die Ausrüstung vermehrt sich ständig, aber in den wenigsten Fällen wird die Bordelektrik diesen Herausforderungen angepasst. Dieses Buch hilft Ihnen, Ihre Elektrotechnik an Bord nicht zu einer Glückssache, sondern zu einer glücklichen Sache werden zu lassen und unnötige Risiken zu vermeiden.

Dieses Buch richtet sich sowohl an den Neueinsteiger in die Materie als auch an den erfahrenen Bordelektriker. Hierfür werden im ersten Teil die erforderlichen Grundlagen ohne Ballast und praxisnah aufgezeigt und im zweiten Teil die konkrete Anwendung in allen Bereichen der Bordelektrik verdeutlicht. Praxiserprobte Konzepte für die gesamte Gleich- und Wechselstromverteilung gehören genauso dazu wie direkt umsetzbare Musterschaltungen z. B. für das Energiemanagement oder die Motorsteuerung.

Die internationalen Normen für Gleich- und Wechselstromsysteme auf Wasserfahrzeugen geben einen engen Rahmen für die Bordelektrik vor. Entspricht die Installation nicht dem »Stand der Technik«, so ist der Versicherungsschutz gefährdet, und Hersteller dürfen das Fahrzeug nicht mit dem CE-Zeichen versehen. Auf den folgenden Seiten erfahren Sie alles, was erforderlich ist, um diesen Normen zu entsprechen: von der Farbe des Kabels bis zur Auslegung des Landanschlusses.

Wie groß muss die Bordnetzbatterie sein, und was ist die optimale Ladestrategie?
Mit welcher Technik kann die Lebensdauer der Batterien verdoppelt werden?
Was ist bei der Installation des Landanschlusses zu beachten?
Wie finde ich Fehler in der Elektrik schnell und zuverlässig?
Antworten auf diese und weitere Fragen finden Sie auf den folgenden Seiten.
Neue Technologietrends, die schon bald Realität werden können, zeigen, wie die Bordelektrik in der Zukunft aussieht, und das umfangreiche Adressenverzeichnis sagt Ihnen, wo Sie bereits heute das richtige Material bekommen.

Jens Feddern

1. Grundlagen

1.1 Spannung, Strom, Leistung und ihr Zusammenhang

Grundsätzliche Begriffe der Elektrik werden in diesem Teil besprochen, um darauf in den folgenden Abschnitten weiter aufzubauen.
Die *Elektrizität* ist eine Form der Energie, wie Wärme, Licht, mechanische oder chemische Energie. Gegenüber anderen Energieformen hat die elektrische Energie den wesentlichen Vorteil, dass sie leicht transportiert werden kann. Sie lässt sich einfach in andere Energieformen umwandeln, z.B. in Wärme, Licht, magnetische Energie im Startrelais oder mechanische Energie an der elektrischen Ankerwinde.
Transportiert wird die elektrische Energie über *Leiter*. In ihrer Fähigkeit, den elektrischen Strom zu leiten, zeigen die verschiedenen Stoffe große Unterschiede. Stoffe, die den elektrischen Strom gut leiten, wie Kupfer, Aluminium oder andere Metalle, verwendet man als Leiter. Stoffe, die den elektrischen Strom sehr schlecht leiten, wie Luft, Gummi, Glas oder Kunststoffe nennt man *Isolierstoffe*.
Um die elektrische Energie zu nutzen, muss ein Stromkreis aufgebaut werden. Er besteht mindestens aus Erzeuger (Batterie oder Generator), Hin- und Rückleitung und dem Verbraucher.

Da der elektrische Strom für den Menschen nicht sichtbar ist, erkennt man ihn nur an seiner Wirkung. Die dabei auftretenden Effekte dürfen in der Praxis nicht ohne weiteres vernachlässigt werden:

- der elektrische Strom erwärmt jeden Leiter
- jeder elektrische Strom zeigt in seiner Umgebung eine magnetische Wirkung.

Die Wärme muss abgeführt werden, und das Magnetfeld hat schon den ein oder anderen erfahrenen Skipper an der Genauigkeit seines Kompasses oder an seinen nautischen Fähigkeiten zweifeln lassen.
Ein Maß für den elektrischen Strom ist die *Stromstärke*. Sie wird gemessen in Ampere *(A)*. Das Formelzeichen für die Stromstärke ist *I*.
Die technische Stromrichtung wurde vom Plus- zum Minuspol festgelegt.
Die Stromarten werden in drei Bereiche unterteilt:

- Gleichstrom: fließt immer nur in gleicher Richtung und mit gleicher Stärke (Zeichen: DC)
- Wechselstrom ändert ständig seine Richtung und Stärke (Zeichen: AC)
- Periodischer Strom kann aus einem Gleich- und einem Wechselstromanteil bestehen.

Der elektrische Strom, der durch die Zuleitung zum Navigationslicht fließt, erhitzt die dünne

Drahtwendel in der Lampe bis zur Weißglut. Die gleiche Stromstärke erwärmt die dicke Zuleitung aber kaum. Demnach hängt die Erwärmung von der Querschnittsfläche des Leiters ab. Die Stromstärke je mm² Querschnittsfläche nennt man *Stromdichte* mit dem Formelzeichen *J*.

$$Stromdichte = \frac{Stromstärke}{Leiterquerschnitt}$$

$$J = \frac{I}{A} \qquad [J] = \frac{A}{mm^2}$$

Ein Leitungsstück erwärmt sich umso mehr, je größer die Stromdichte ist. Die zulässige Stromdichte bei Leitungen richtet sich nach dem Leiterquerschnitt, dem Leiterwerkstoff und nach der Abkühlmöglichkeit.

Die elektrische Spannung ist die treibende Kraft in der Elektrotechnik – sie sorgt dafür, dass der elektrische Strom zustande kommt und fließen kann. In einer Wasserleitung benötigt man einen Wasserdruck, damit überhaupt ein Wasserstrom zustande kommt. Parallelen kann man auch zur elektrischen Spannung und zum elektrischen Strom ziehen.

Die Spannung wurde *U* getauft und hat die Einheit Volt *(V)*.

Die Spannungen, die sich an Bord befinden, gehen von der Taschenlampenbatterie mit 1,5 V über die Verbrauchsbatterien mit 12 V oder 24 V bis hin zum Landanschluss mit 230 V Wechselspannung. In einigen Geräten, z.B. Radar oder Fernsehgerät, werden Spannungen bis zu mehreren tausend Volt erzeugt.

Jeder Leiter setzt dem elektrischen Strom einen *Widerstand* entgegen, der überwunden werden muss. Der elektrische Widerstand (Formelzeichen R) hat die Einheit Ohm Ω.

Bauelemente, die den elektrischen Strom bremsen sollen, nennt man auch Widerstände. Das Wort Widerstand wird also in einem doppelten Sinn verwendet: Einmal bezeichnet es das Bauelement, das man in die Hand nehmen kann, zum anderen die Eigenschaft, dem elektrischen Strom einen Widerstand entgegenzusetzen. Bei Leitungen ist diese Eigenschaft jedoch unerwünscht und muss bei der Planung der Bootselektrik berücksichtigt werden.

Der Leiterwiderstand ist vom Werkstoff, von der Länge und von der Querschnittsfläche des Leiters abhängig. Der Werkstoff wird durch eine Materialkonstante (ρ) berücksichtigt, die für gute Leiter groß ist, und für schlechte Leiter kleiner wird.

Je länger der Leiter und je kleiner die Querschnittsfläche wird, desto mehr Widerstand wird dem Strom entgegengesetzt. Man kann diesen Effekt mit einer Wasserleitung vergleichen:

Ist eine Wasserleitung von innen sehr rau (materialbedingt), sehr lang und hat sie einen kleinen Querschnitt, so wird sicher weniger Wasser hindurchfließen als im gleichen Zeitraum durch eine kurze, dicke und polierte Leitung.

$$Widerstand\ (R) = \frac{spezifischer\ Widerstand\ (\rho) \cdot Leiterlänge\ (l)}{Querschnittsfläche\ (A)}$$

In der Tabelle 1–1 sind die spezifischen Widerstände für unterschiedliche Materialien aufgeführt. In der Praxis wird als Leiter meistens Kupfer verwendet.

Werkstoff	spezifischer Widerstand ρ in $\Omega mm^2/m$
Silber	0,0167
Kupfer	0,0178
Aluminium	0,0278
Konstantan	0,49
Kohle	65

Tabelle 1–1: *Spezifischer Widerstand bei 20 °C für unterschiedliche Leiter.*

Die drei Größen *Strom, Spannung* und *Widerstand* sind Grundgrößen der Elektrotechnik. Dieses hatte Georg Simon Ohm auch erkannt und sah sich genötigt, sie in einem Gesetz zu vereinen.
Das Ohmsche Gesetz lautet:

$$\textit{Spannung} = \textit{Widerstand} \cdot \textit{Strom}$$
$$U = R \cdot I$$
$$\textit{(als Merkwort: Uri)}$$

Wozu kann man dieses »ohminöse« Gesetz aber in der Praxis gebrauchen? Man wird feststellen, dass es sich in der gesamten Bordelektrik »eingenistet« hat.
- Der maximale Strom, der durch ein Kabel fließen darf, ist begrenzt. Wie erfahre ich aber jetzt, wie viel Strom überhaupt fließen wird?
- Ein Kabel hat einen Widerstand. Wie macht sich dieser konkret bemerkbar?…

Wird ein Widerstand R von einem Strom I durchflossen, so fällt an ihm die Spannung U ab.
Da jedes Kabel auch einen Widerstand hat, werden wir auch dort einen Spannungsabfall feststellen. Die Spannung, die am Ende des Kabels noch zur Verfügung steht, ist dann nicht mehr die 12 V aus dem Bordakku, sondern beispielsweise nur noch 10 V, was einer Abnahme von bald 20 % (!) entspricht. Der Spannungsabfall nimmt mit der Stromstärke zu, also je größer der Verbraucher wird, desto weniger Spannung liegt an ihm an.
Diesen Zusammenhang drückt das Ohmsche Gesetz aus.

Bei den Widerständen muss man zwei Grundschaltungen unterscheiden:

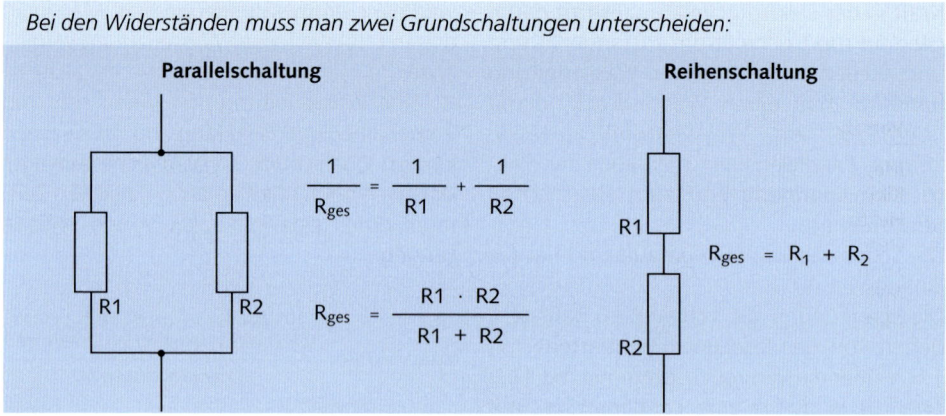

Parallelschaltung

$$\frac{1}{R_{ges}} = \frac{1}{R1} + \frac{1}{R2}$$

$$R_{ges} = \frac{R1 \cdot R2}{R1 + R2}$$

R1 R2

Reihenschaltung

R1

R2

$$R_{ges} = R_1 + R_2$$

Um die weiteren Fragen beantworten zu können, muss das Grundwissen noch um eine Formel erweitert werden, die sich mit der *elektrischen Leistung P* befasst. Für Gleichstromkreise gilt, dass das Produkt aus Spannung und Strom die Leistung ergibt, die in Watt gemessen wird. In Wechselstromkreisen ist das ein bisschen komplizierter, aber an Bord, wo es vornehmlich um Gleichspannung geht, auch nicht so wichtig.

$$Leistung = Spannung \cdot Strom \quad P = U \cdot I$$

Mit dieser Formel können die auftretenden Ströme berechnet werden:

$$I = \frac{P}{U}$$

Auf dem Typenschild der Glühlampe für das Navigationslicht ist die Leistung mit 25 W angegeben. Sie wird gespeist aus dem Bordnetz mit 12 V Gleichspannung.

$$I = \frac{25\ W}{12\ V} = 2,1\ A$$

Durch die Glühlampe und die Zuleitung fließt ein Strom von 2,1 A.

Ein wichtiger Punkt, der häufig nicht berücksichtigt wird, wird durch diese Formel verdeutlicht:
Im 230-V-Netz hat z.B. ein Toaster eine Leistungsaufnahme von 1500 W. Durch die Zuleitung fließt daher ein Strom von ca. 7 A. Für diesen Strom ist ein Kabel mit einer Querschnittsfläche von 0,75 mm² ausreichend. Im 12-V-Bordnetz entspricht aber der gleiche Strom gerade mal einer Leistung von 84 W! Ein Scheinwerfer mit einer Leistung von 150 W hat bereits eine Stromaufnahme von 12,5 A, der die 0,75 mm² Leitung überlasten würde.
Daraus wird deutlich, dass an Bord dickere Kabelquerschnitte notwendig sind – Materialien für die Hausinstallation können nur bedingt verwendet werden.
Die Angabe der Größen erfolgt häufig in erweiterten Maßeinheiten. Die Bedeutungen der Erweiterungen sind in Tabelle 1–2 aufgeführt:
Bei der Berechnung müssen diese Vorsätze berücksichtigt werden. Ein Verbraucher, durch den ein Strom von 500 mA (= 0,5 A) fließt, hat bei 12 V eine Leistungsaufnahme von 6 W.

Vorsatz	Abkürzung	Zahl	Beispiel		
Mega	M	1 000 000	1 MW	=	1 000 000 W
Kilo	k	1 000	1 kW	=	1 000 W
Hekto	h	100	1 hV	=	100 V
Dezi	d	0,1	1 dm	=	0,1 m
Zenti	c	0,01	1 cm	=	0,01m
Milli	m	0,001	1 mA	=	0,001 A
Mikro	µ	0,000 001	1 µV	=	0,000 001 V

Tabelle 1–2: *SI-Vorsätze für dezimale Vielfache und Teile (Auswahl).*

1.2 Minus und Masse, wo ist der Unterschied?

Zwei Begriffe, die häufig verwechselt werden, stehen in diesem Abschnitt im Vordergrund. Als *Minus* bezeichnet man grundsätzlich den negativen Pol einer Spannungsquelle.

Bei der Bordnetzbatterie ist diese der kleinere Anschlusspol. Viele Geräte werden an den Anschlussklemmen mit dem Plus- und Minus-Eingang gekennzeichnet.

Ganz unabhängig davon ist die Bezeichnung *Masse*. Im ursprünglichen Sinne ist die Masse nur ein Potenzial, auf das man alle anderen Spannungen bezieht. Daher liegt an der Masse 0 V an. Dieses ist nur eine Vereinbarung, um u.a. angegebene Spannungen zwischen den gleichen Punkten zu messen.

In der EN ISO 10133 wird die Masse gleich der Erde des Wasserfahrzeuges gesetzt und sie bedeutet eine leitende Verbindung (beabsichtigt oder unbeabsichtigt) mit der allgemeinen Erde, einschließlich jeden leitenden Teils der benetzten Oberfläche des Rumpfes.

Bei elektrischen Anlagen und Verbrauchern bildet das Gehäuse die Masse. Wir sind es gewohnt, dass der Minuspol an der Masse angeklemmt ist und alle anderen Spannungen auf dieses Potenzial bezogen werden. Das bedeutet, dass man z.B. zwischen dem Pluspol der Batterie und der Masse – sprich dem Rumpf oder dem Gehäuse – eine Spannung von 12 V misst. Viele Geräte haben bereits vom Hersteller aus den Minuspol auf Masse – sprich auf dem Gehäuse. Dieses trifft man besonders bei Autoradios, bei Motoren und bei Radaranlagen an.

Würde man nun den Pluspol an Masse klemmen, so wird man von einem heftigen Funkenregen überrascht werden, da auf diese Weise ein perfekter Kurzschluss aufgebaut wird.

Wenn schon auf die Masse ein Potenzial angeklemmt werden muss, dann auf jeden Fall der Minuspol!

Die EN ISO 10133 schreibt entweder ein vollständig isoliertes Zweileiter-Gleichstromsystem vor, oder eines mit negativer Masse. Die Betonung liegt hierbei aber auf »Zweileitersystem«, das heißt, jeder Verbraucher erhält ein Kabel mit einem Plus- und einem Minusleiter. Der Rumpf des Bootes darf – im Gegensatz zum Kfz – nicht als stromführender Leiter genutzt werden.

Die beste Lösung wäre, die elektrische Anlage komplett massefrei aufzubauen, d.h. dass an dem Rumpf überhaupt kein Potenzial anliegt. Diese ist in der Praxis aber nur mit erheblichem Aufwand zu verwirklichen, da viele Geräte und Motoren bereits den Minuspol auf Masse haben.

Massefreie Anlagen sind z.B. bei Tankschiffen Vorschrift und sollten besonders bei Aluminium-Booten angestrebt werden, um die galvanische Korrosion zu vermeiden. Da viele Geräte und Maschinen für den Bordeinsatz aus der Kfz-Industrie kommen, sind sie grundsätzlich auch für einen Betrieb mit »Minus an Masse« ausgelegt. Massefreie Geräte sind somit fast »Exoten«, zumindest für den Markt der Sportschifffahrt. Mittlerweile werden aber bereits viele Geräte für den Bordeinsatz auch massefrei angeboten, wie z.B. die gesamte Sensorik für die Motorüberwachung und isolierte Lichtmaschinen.

Problematischer wird es dann schon beim Anlasser, der in der Regel die Masse am Gehäuse hat. Da dieser den Strom aber nur beim Anlassen benötigt, könnte man den Minusanschluss für die Motormasse im Moment des Startens über einen Leistungsschütz zuschalten. Dieser muss dann aber den gesamten Anlassstrom (mehrere hundert Ampere) verkraften.

Aufpassen muss man beim elektrischen Absteller. Hier kommen zum Teil Ventile mit Masseanschluss zum Einsatz, die während der gesamten Laufzeit des Motors Strom benötigen. Und somit ist die Anlage schon wieder nicht massefrei.

Der Teufel einer massefreien Anlage liegt im Detail, und sobald wir aus der 230-V-Anlage die Erdung betrachten wird es noch eine Spur schwieriger. Daher wird man häufig einen Kompromiss finden müssen.

Bei massefreien Systemen müssen alle Schalter und Sicherungen grundsätzlich 2-polig ausgeführt werden. Verbraucher, die bereits Minus auf Masse haben, müssen besonders gute Minusverbindungen haben, da sie den Stromkreis sonst einfach über die Masse fortsetzen. An allen Anschlussklemmen können sich mit der Zeit durch Korrosion Übergangswiderstände bilden. Daher müssen die Klemmen regelmäßig kontrolliert und gegebenenfalls gereinigt werden.

Auch die Maschinenanlage muss über eine ausreichende Leitung mit dem Minuspol der Batterie verbunden sein, da besonders hier durch den Anlasser und die Lichtmaschine hohe Ströme auftreten können.

Befinden sich an Bord mehrere Batteriesätze, so sollten die einzelnen Minuspole auf einer Sammelschiene verbunden werden, von der aus die Einspeisung zu den Verbrauchern erfolgt.

Alle geerdeten Geräte an Bord werden mit einem zentralen Erdanschluss mit ausreichendem Querschnitt verbunden.

Nach den Vorschriften der Schiffsuntersuchungskommission (SUK) müssen Navigationslichter allpolig abgesichert werden. Auch

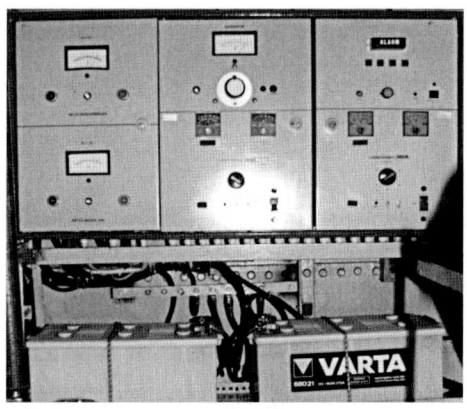

Abbildung 1–1: *Schalttafel mit Massesammelschiene.*
Die Massesammelschiene (unterhalb der Schalttafel) dient als zentraler Erdungspunkt an Bord. Von hier aus werden alle Masseleiter sternförmig zu den Verteilungen bzw. Verbrauchern geführt.

für die UKW-Funk-Anlagen gelten ähnliche Vorschriften, die besagen, dass sowohl der Plus- als auch der Minuspol abgesichert und abschaltbar sein müssen.

Die Schäden, die durch falsche Minus- und Masseverkabelung entstehen, werden häufig unterschätzt, obwohl diese erhebliche sein können – bis hin zum Verlust des gesamten Fahrzeuges. So praktisch eine Kfz-Verkabelung an Land ist, an Bord hat sie nichts zu suchen!

1.3 Galvanische Ströme, was verbirgt sich dahinter?

Mitten im 18. Jahrhundert musste der italienische Arzt und Naturforscher L. Galvani feststellen, dass seine leblosen Frösche, die er auf eine

Leine gespannt hatte, bei Regen auf einmal zuckten. Nach genauerer Untersuchung stellte er fest, dass zwei unterschiedliche Metalle, die leitend miteinander verbunden sind und sich in einem Elektrolyten (einer leitenden Flüssigkeit) befinden, einen Gleichstrom erzeugen. Diese Entdeckung prägt noch heute unsere gesamte Bordelektrik, auch wenn wir keine Frösche an Bord haben. Der galvanische Effekt wird zum einen verwendet, um elektrische Energie speichern zu können.

Die andere Seite des Effekts ist die Zersetzung von Metall unter dem Einfluss der Elektrizität. Beim Galvanisieren nutzt man diesen Effekt aus, um eine Oberfläche sehr dünn (0,001 bis 0,05 mm) zu veredeln, z.B. beim Vergolden. Und wie sieht es am Schiff aus? Häufig ist es aus einem Metall (Stahl, Aluminium) oder hat

Metallteile (Welle, Propeller, Antrieb), die im Wasser sind. Hier lohnt es sich einen Blick hinter die Kulissen zu werfen.

Jedes Metall verhält sich unterschiedlich in einem galvanischen Element. Tabelle 1–2 gibt einen Überblick über die elektrochemische Spannungsreihe.

Die unterschiedlichen Metalle haben verschiedene Referenzspannungen. Wenn zwei verschiedene Metalle miteinander kurzgeschlossen werden und sich in einer leitenden Flüssigkeit befinden (Elektrolyt), beginnt ein elektrischer Strom zu fließen. Hierbei werden elektrisch geladene Metallteilchen transportiert. Der Strom fließt so lange, bis das Metall mit dem niedrigsten Potenzial (Spannung) verbraucht ist. Die Abnutzung des Metalls wird galvanische Korrosion genannt.

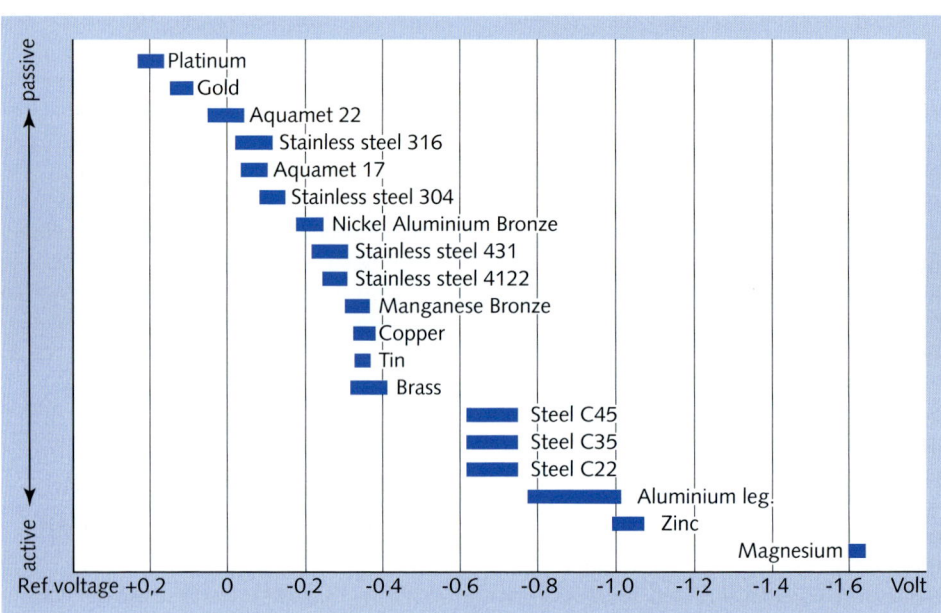

Abbildung 1–2: *Elektrochemische Spannungsreihe (Mastervolt).*

Besonders zu beachten ist, dass der beliebte Werkstoff Aluminium aus galvanischer Sicht einer der unedelsten (–0,9 V) und daher geradezu prädestiniert ist, sich aufzulösen.

Auf einem Schiff gibt es drei Situationen, in denen verschiedene Metalle in einen Elektrolyten getaucht werden. Salzwasser und sogar verschmutztes Frischwasser sind hervorragende Elektrolyten.

Der erste Effekt steht nicht im direkten Zusammenhang mit dem elektrischen System, ist aber dennoch sehr wichtig.

Der Propeller, der z.B. aus Manganbronze (–0,3) besteht, steht mit dem Motor über den Propellerschaft und das Getriebe in Kontakt. Bei einem Stahlschiff liegt die Spannungsdifferenz zwischen Rumpf und Propeller bei 0,3 V (–0,6 V bis –0,3 V), bei Aluminium bei 0,6 V. Normalerweise ist das Schiff durch eine Lackierung geschützt. Durch einen Kratzer in der Lackierung kann jedoch ein elektrischer Strom zwischen zwei Metallen, die in einen Elektrolyt (Wasser) eingetaucht sind, zu fließen beginnen und das unedlere Metall (in diesem Fall der Rumpf) löst sich auf. Die einzige Lösung dieses Problems besteht in der Installation einer Opferanode. Diese Anode besteht in der Regel aus Zink und hat ein niedrigeres Potenzial als Propeller oder Rumpf. Sie wird daher anstelle dieser »geopfert«.

Besonders vorsichtig muss man beim Einsatz unterschiedlicher Metalle unterhalb der Wasserlinie sein. So schön Kühlschlangen, Ruderschaft, Stabilisatoren u.Ä. aus Edelstahl sind, verbunden mit Stahl oder Aluminium im Wasser kann man dort böse Überraschungen erleben.

Im zweiten Fall sind die *Batterien* die »Schuldigen«. Der Minuspol der Batterie wird normalerweise geerdet, indem der Rumpf mit einem zentralen Erdanschluss verbunden wird.

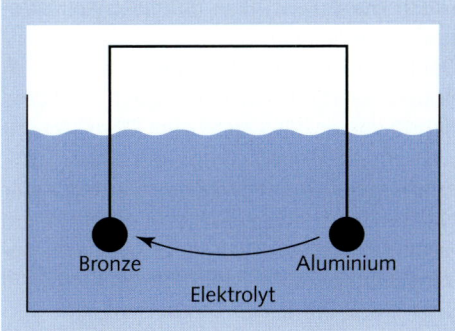

Abbildung 1–3: *Galvanisches Element an Bord (Mastervolt).*

Wenn andere Minuspole ebenfalls geerdet werden (z.B. vom Motor), kommt es zu kleinen Spannungsunterschieden zwischen den Erdanschlüssen, durch die ebenfalls der oben beschriebene elektrochemische Prozess verursacht wird. Noch schlimmer wird es, wenn man den Rumpf entgegen der geltenden Vorschriften als stromführenden Leiter verwendet. Alle geerdeten Geräte an Bord sollten daher mit einem zentralen Erdanschluss mit ausreichendem Querschnitt verbunden und der Rumpf nicht als stromführender Leiter verwendet werden.

Der dritte Fall steht im Zusammenhang mit der *Erdung des Landstromes,* durch die ebenfalls

Abbildung 1–4: *Zinkanoden werden anstatt des Rumpfs geopfert (Vetus).*

Elektrolyse in Form einer galvanischen Korrosion entstehen kann.

Der Landstrom wird über eine Stahlstütze im Boden geerdet und ist dadurch mit dem Grundwasser (also auch dem Oberflächenwasser) verbunden. Wenn ein Aluminiumschiff neben einer Stahlwand anlegt oder ein Stahlschiff neben einem Schiff mit einem Bronze-Propeller, sind wieder zwei verschiedene Metalle in ein Elektrolyt getaucht und über die *Erdung des Landanschlusses* verbunden. Hierbei wird aber nicht die rostige Spundwand geopfert, sondern das elektrisch unedle Aluminium in seine Bestandteile zersetzt. Um diesen Effekt zu vermeiden, muss man also die leitende Verbindung über die Erdung des Landanschlusses loswerden. Halt! – das grüngelbe Kabel einfach abklemmen ist nicht die Lösung des Problems. Ohne Erdung funktionieren die Schutzmaßnahmen im 230-V-Netz nicht richtig. Daher empfiehlt es sich, das Landanschlusskabel direkt auszustecken, wenn

man es nicht mehr braucht, und den Landanschluss auch nicht während der Abwesenheit eingesteckt zu lassen. Die beste Lösung ist jedoch die Installation eines Isolations- oder Trenntransformators, die in Abschnitt 9.4.2 genauer beschrieben ist.

Elektronisches Korrosionsschutzsystem

Volvo Penta bietet als Ergänzung zu den Opferanoden ein System, das für den Schutz vor galvanischer Korrosion entwickelt wurde.

Das System ergänzt die Original Volvo Penta-Opferanoden, ist aber nicht dafür vorgesehen, diese Opferanoden zu ersetzen.

Das System wird speziell für Boote empfohlen, die in Gewässern mit unterschiedlicher Korrosionsaggressivität verwendet werden, oder immer dann, wenn aus Installationsgründen ein zusätzlicher Korrosionsschutz gefordert ist. Es arbeitet mit einer an Bord

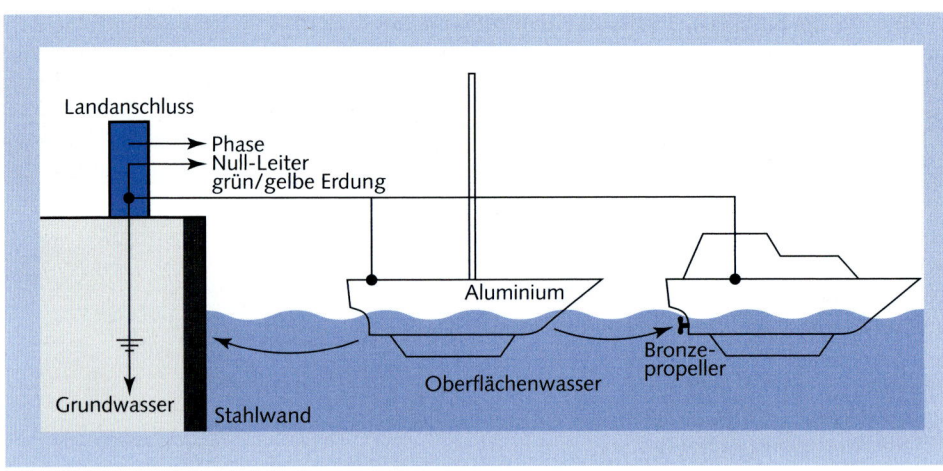

Abbildung 1–5: *Galvanisches Element über den Landanschluss (Mastervolt).*

installierten elektronischen Steuereinheit sowie einer Referenzanode und einer aktiven Anode, die beide unterhalb der Wasserlinie montiert sind. Die Referenzanode registriert das elektrische Pozenzial des sie umgebenden Wassers und schickt ein Signal an die Steuereinheit, die wiederum einen angepassten Strom an die aktive Anode schickt.

Verschiedene Verhältnisse wie Wassertemperatur, chemische Zusammensetzung und exponierte Fläche verlangen verschiedene Stromstärken. Die aktive Anode gibt danach in variierendem Grad Ionen an das Wasser in der Umgebung des Antriebs ab. Diese Ionen wirken effektiv galvanischer Korrosion entgegen und schützen auf diese Weise den Antrieb.

1.4 Kabelarten

Die für die Bordelektrik verwendeten Kabel richten sich in der Regel nach dem Verwendungszweck.

Als Erstes fällt einem bei einer Leitung der Unterschied zwischen einer starren Leitung und der Litze auf. Starres Kabel ist nur für die feste Verlegung vorgesehen und kann an Bord nicht eingesetzt werden. Der eigentliche Leiter besteht aus einem Draht, der bei Bewegung brechen kann. Verbraucher, die Erschütterungen und Bewegungen ausgesetzt sind, dürfen auf keinen Fall mit dem starren Kabel verdrahtet werden.

Daher wird für die Bootselektrik die Litze eingesetzt. Der Leiter besteht aus mehreren Einzeladern, die miteinander verdrillt werden. Dadurch wird das Kabel flexibel und kann Bewegungen und Erschütterungen weitge-

Abbildung 1–6: *Korrosionsschutzsystem von Volvo Penta.*

hend vertragen. Das Leitermaterial ist in der Regel Kupfer, die Isolierung richtet sich nach den Verwendungszwecken.

Das Kabel wird im Wesentlichen durch folgende Eigenschaften charakterisiert:
- Anzahl der Leiter (Adern)
- Querschnittsfläche der Leiter
- Material des Leiters
- Einzeldrähte eines Leiters
- Farbe der Isolation
- Material und Art der Ummantelung des Kabels
- Spannungsfestigkeit des Leiters
- Temperaturbeständigkeit des Kabels

In den internationalen Normen für elektrische Gleichstromsysteme (EN ISO 10133) und Wechselstromsysteme (EN ISO 13297) an Bord wird die Auswahl der Leiter an Bord eingeschränkt, denn nach ihr dürfen nur isolierte Litzenleiter aus Kupfer verwendet werden. Zusätzlich muss die Isolierung aus feuerhemmendem Werkstoff sein. Die Mindestquerschnittsfläche beträgt 1 mm², nur für die Verdrahtung innerhalb einer Verteilertafel darf auch 0,75 mm² verwendet werden.

Abbildung 1–7: *Gummischlauchleitung 2-adrig bis 2 x 6 mm² (Conrad).*

Verdrahtungen, die fest – durch Kabelkanäle geschützt – verkabelt werden, können mit zweipoligen, einfach isolierten Kabeln durchgeführt werden. Werden diese Leitungen aber anderen Einflüssen ausgesetzt, so müssen sie zusätzlich ummantelt sein.

Für Kabel, die auch Umwelteinflüssen ausgesetzt sind, z.B. für die Navigationslichter, empfiehlt es sich, auf Gummileitungen zurückzu-

greifen, die in regelmäßigen Abständen kontrolliert werden müssen.

Abbildung 1–8: *Ummanteltes Kabel für den Maschinenraum und die Außeninstallation (Conrad).*

Für die Verkabelung der Maschinenanlage lohnt es sich, etwas tiefer in die Tasche zu greifen. Die Leitungen, die in unmittelbarer Nähe zu der Maschine verlaufen, sind extremen Temperaturunterschieden und Erschütterungen ausgesetzt.

Für diesen Einsatz müssen sie besonders geeignet sein und geschützt werden. Es gibt Kabel, die durch einen äußeren Drahtgewebemantel zusätzlich vor mechanischer Beanspruchung schützen. Ist dies nicht der Fall, so müssen die Leitungen durch geeignete Schläuche und Kanäle vor mechanischer Beschädigung geschützt werden.

Für die Verkabelung der Messfühler bietet sich Silikon-Messleitung an. Diese ist hochflexibel und lässt sich auch durch größere Temperaturen nicht beeindrucken.

Ab einer Querschnittsfläche von 6 mm² werden die Adern meistens als Einzelleiter aus-

Abbildung 1–9: *Große Querschnitte sind meistens Einzelleiter (Vetus).*

geführt, da mehradrige Kabel aufgrund der Dicke an Bord schwer zu verlegen sind.

In der Praxis haben sich für große Querschnitte Schweißkabel bewährt. Diese sind in der Regel sehr flexibel und besonders gegen mechanische Beanspruchungen geschützt.

Für viele Geräte kommen konfektionierte Steuerleitungen zum Einsatz. Hierbei handelt es sich um Kabel, die bis zu 100 Einzelleiter in einem Mantel vereinen. Je nach Anwendungszweck werden diese Kabel häufig geschirmt ausgeführt, um vor äußeren elektromagnetischen Einflüssen geschützt zu sein.

Ist an den Enden bereits ein Stecker befestigt, so erleichtert dieses den Anschluss enorm. Bei der Verlegung können diese jedoch hinderlich sein. Sollte das konfektionierte Kabel zu lang sein, so muss es nicht zwangsläufig gekürzt werden, sondern kann in großen Buchten mit Kabelbindern zusammengebunden werden. Dieses ist besonders hilfreich, wenn man das Gerät zur Überprüfung auch im ausgebauten Zustand anschließen möchte.

Reicht die Kabellänge nicht aus, so lohnt es sich beim Hersteller nach geeignetem, ebenfalls konfektioniertem Verlängerungskabel zu fragen. Dort erfährt man auch, welche maximale Länge zulässig ist und mit welchem Kabeltyp ggf. eine Verlängerung durchzuführen ist.

Für Leitungen für Hochfrequenz verwendet man Koaxialkabel, die durch ein äußeres Drahtgeflecht störende Einflüsse abschirmen.

Diese Kabel unterscheiden sich weniger im Äußeren oder in der Kabelstärke, sondern viel mehr in den elektrischen Eigenschaften. Sie haben unterschiedliche Wellenwiderstände, Kapazitäten, Dämpfungen u.v.m.

Abbildung 1–10: *konfektionierte Steuerleitung (Vetus).*

Diese Eigenschaften bezieht der Gerätehersteller mit in die Berechnungen seiner Schaltungen ein. Daher kann seine Anlage nur mit der korrekten Verdrahtung einwandfrei funktionieren.

In der Regel werden diese Kabeltypen für alle Antennen benötigt, die auf einem Boot eingebaut werden; ob Fernsehantenne, Radioantenne, UKW-Funk-Antenne, GPS-Empfänger, Echolot oder D-Netz-Telefon, alle Antennen müssen mit dem vom Hersteller angegebenen Koaxialkabel verdrahtet werden.

Für die Verkabelung der 230-V-Anlage dürfen nur Kabel mit einer Nennspannung von 300/500 V bei flexiblen Leitungen eingesetzt werden.

Grundsätzlich sollen die Leiter an der Farbe ihrer Isolierung erkennbar sein.

Bei den nach EN ISO 10133 und EN ISO 13297 zulässigen Farben für die einzelnen Leiter gelten folgende Regeln:

Die Schutzleiterisolierung der 230-V-Verkabelung muss grün oder grün mit gelben Streifen sein. Keine der beiden Farben darf für stromführende Leiter verwendet werden.

Das Gleiche gilt auch für alle Potenzialausgleichsleiter der Gleichstromverkabelung. Hierbei ist aber zu beachten, dass dieses nicht die stromführenden Minusleitungen sind!

23

Weiter gelten für die Verkabelung des Wechselstromnetzes folgende Zuordnungen:

grün/gelb = Erdung
schwarz = Phase
braun = Phase
blau oder weiß = Nullleiter

Bei der Gleichstromverkabelung wird es mit den Farben etwas schwieriger:

»Alle negativen Leiter müssen durch schwarze oder gelbe Isolierung gekennzeichnet sein. Wird die Farbe Schwarz bereits für das Wechselstromnetz verwendet, so muss für den negativen Leiter die Farbe Gelb verwendet werden.« Aber wo gibt es denn die gelben Leitungen in den für uns erforderlichen Querschnitten?

Es wird noch spannender:

»Schwarze oder gelbe Isolierung darf nicht für positive Leiter eines Gleichstromsystems verwendet werden.« Fakt ist, dass ab 10 mm² fast nur schwarze Kabel zu kaufen sind, es sei denn, man nimmt direkt eine 100-m-Rolle ab.

Und um noch eins draufzusetzen, heißt es weiter: *»In Wasserfahrzeugen mit Gleich- und Wechselspannungs-Systemen sollte der Gebrauch von braunen, weißen oder hellblauen Leiterisolationen in den Gleichstromsystemen vermieden werden …«*. Dieses bedeutet aber in der Praxis, dass die überall verfügbaren und durch ihre großen Stückzahlen auch erschwinglichen Kabel für die Installation des Gleichstromnetzes nicht verwendet werden sollten. Ferner wird an Bord seit Jahren blau für den Minus- und rot für den Plus-Leiter verwendet.

Ausgenommen von dem Farbkodex ist die werkseitig gelieferte Motorverkabelung.

Für Neubauten und Serienfertigung sind diese Konventionen durchaus umsetzbar, da die Werften die erforderlichen Kabel in den passenden Farben in großen Mengen bestellen können. Für die Umrüstung sehe ich aber einige Schwierigkeiten, und zum Glück gibt es in den Normen noch ein Hintertürchen:

»Andere Mittel der Kennzeichnung als Farben für positive DC-Leiter sind erlaubt, wenn diese im elektrischen Schaltplan für das Wasserfahrzeug genau beschrieben sind … Die Leiterisolation (für den negativen Leiter) darf zusätzlich mit einem Farbstreifen gekennzeichnet sein, um den Leiter im System identifizieren zu können.«

Eine annehmbare Alternative könnte somit in zusätzlicher Kennzeichnung des Leiters an ausgewählten Orten bestehen, mit entsprechender Notiz in den Schaltplänen.

1.5 Kabelquerschnitte und ihre Berechnung

Die Strombelastbarkeit von Leitern und Kabeln wird von den beiden folgenden Bedingungen bestimmt:

- der höchsten zulässigen Leitertemperatur bei höchstmöglichem Dauerstrom unter normalen Bedingungen und
- der höchsten zulässigen kurzzeitigen Leitertemperatur unter Kurzschlussbedingungen

In die Berechnung des Kabelquerschnittes gehen mehrere Faktoren ein:

- Stromaufnahme des angeschlossenen Verbrauchers
- Länge des Kabels
- zulässiger Spannungsabfall
- Umgebungstemperatur
- maximal zulässige Erwärmung des Leiters
- verwendetes Leitermaterial

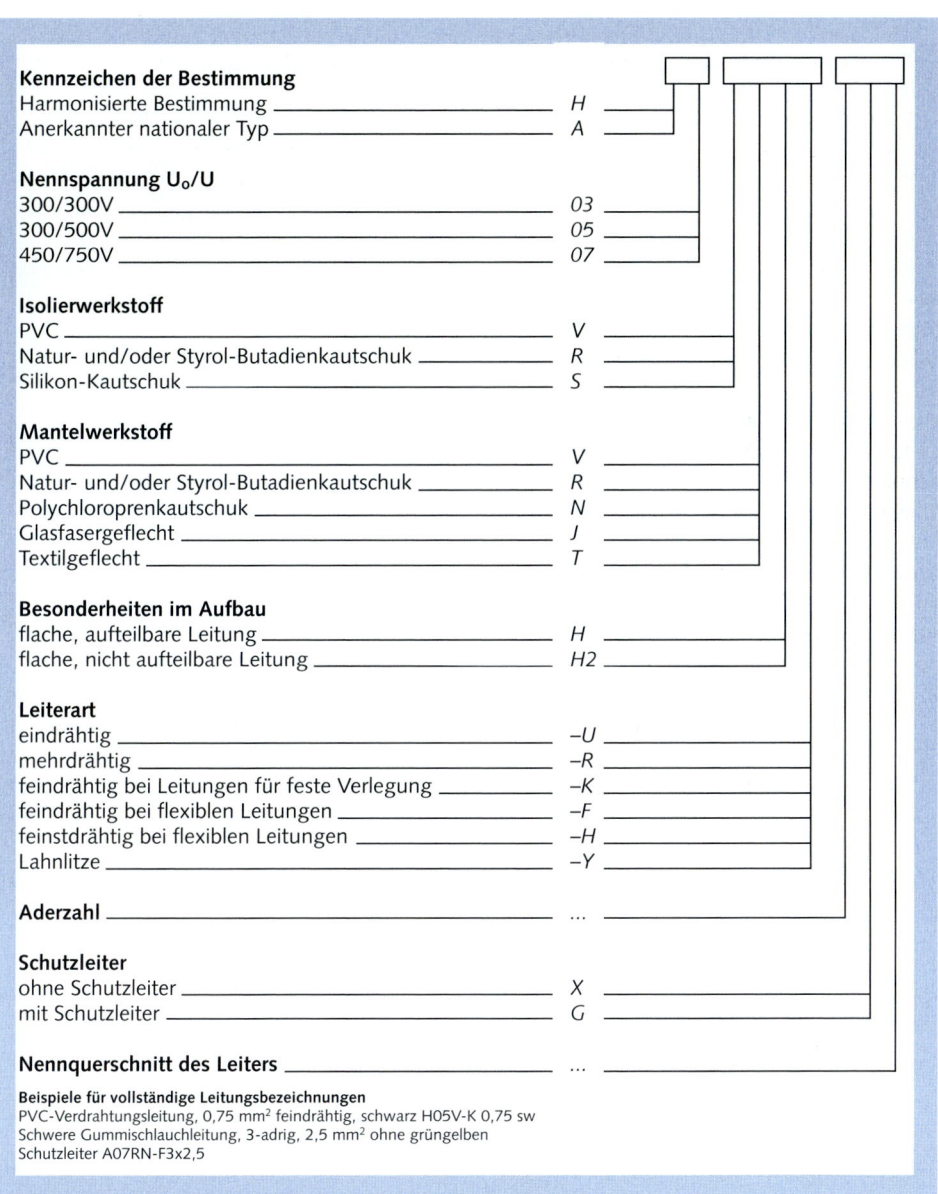

Kennzeichen der Bestimmung
Harmonisierte Bestimmung ——————————— H
Anerkannter nationaler Typ ——————————— A

Nennspannung U_0/U
300/300V ————————————————————— 03
300/500V ————————————————————— 05
450/750V ————————————————————— 07

Isolierwerkstoff
PVC ——————————————————————— V
Natur- und/oder Styrol-Butadienkautschuk ————— R
Silikon-Kautschuk ——————————————— S

Mantelwerkstoff
PVC ——————————————————————— V
Natur- und/oder Styrol-Butadienkautschuk ————— R
Polychloroprenkautschuk ———————————— N
Glasfasergeflecht ——————————————— J
Textilgeflecht ———————————————— T

Besonderheiten im Aufbau
flache, aufteilbare Leitung ————————— H
flache, nicht aufteilbare Leitung ——————— H2

Leiterart
eindrähtig ————————————————— –U
mehrdrähtig ————————————————— –R
feindrähtig bei Leitungen für feste Verlegung ———— –K
feindrähtig bei flexiblen Leitungen ——————— –F
feinstdrähtig bei flexiblen Leitungen ——————— –H
Lahnlitze ————————————————— –Y

Aderzahl ————————————————— ...

Schutzleiter
ohne Schutzleiter ———————————— X
mit Schutzleiter ————————————— G

Nennquerschnitt des Leiters ——————— ...

Beispiele für vollständige Leitungsbezeichnungen
PVC-Verdrahtungsleitung, 0,75 mm² feindrähtig, schwarz H05V-K 0,75 sw
Schwere Gummischlauchleitung, 3-adrig, 2,5 mm² ohne grüngelben
Schutzleiter A07RN-F3x2,5

Tabelle 1–3: Kabel und Leitungen, Typenkurzzeichen (Moeller).

Kabeltyp	Wellenwiderstand	Verwendungszweck
RG-174	50 Ω ± 2	Funkanlagen/Verdrahtung in Geräten
RG-58	50 Ω ± 2	Sende- und Empfangsanlagen
RG-213	50 Ω ± 2	Große Sende- und Empfangsanlagen
RG-11	75 Ω ± 3	Rundfunk- und Empfangsanlagen
1/GA-75	75 Ω ± 3	Rundfunk- und TV-Anlagen
4/S-60	60 Ω ± 3	TV-Anlagen

Tabelle 1–4 zeigt die wichtigsten Koaxialkabel mit ihren Verwendungszwecken.

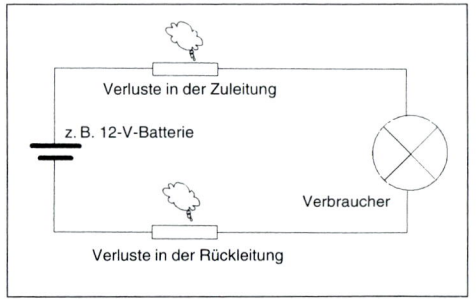

Als erstes fertigt man sich eine sogenannte Leistungsbilanz an, in der alle gängigen Verbraucher aufgelistet werden (Tabelle 1–5). Diese Liste kann man beliebig erweitern und sie richtet sich natürlich nach dem Ausrüstungszustand des Bootes.

Neben der Leistung, die am Verbraucher abgenommen wird, setzt auch der Kabelwi-

Angeschlossener Verbraucher	Energieverbrauch in Watt	Stromaufnahme im 12-V-Netz	Stromaufnahme im 24-V-Netz
Positionslaternen	100 W (4 x 25 W)	8,4 A	4,2 A
Scheinwerfer	100 W	8,4 A	4,2 A
Signalhorn	30 W	2,5 A	1,3 A
Scheibenwischer	60 W (2 x 30 W)	5,0 A	2,5 A
Heizung	55 W	4,6 A	2,3 A
Kühlschrank	80 W	6,7 A	3,4 A
Wasserpumpe	100 W	8,4 A	4,2 A
Lüfter	40 W	3,3 A	1,7 A
Lenzpumpe	60 W	5,0 A	2,5 A
Beleuchtung Salon	30 W (3 x 10 W)	2,5 A	1,3 A
Beleuchtung Pantry	20 W (2 x 10 W)	1,7 A	0,9 A
Beleuchtung Toilette	10 W	0,9 A	0,5 A
Bel. Eignerkabine	40 W (2 x 20 W)	3,3 A	1,7 A
Navigation	30 W	2,5 A	1,3 A
Maschinenanlage	25 W	2,1 A	1,1 A

Tabelle 1–5: Beispiel einer Leistungsbilanz.

derstand elektrische Energie in Wärme um. Dadurch besteht bereits am Kabel ein Spannungsabfall, sodass die Spannung am Verbraucher niedriger ist als die eingespeiste. Die Spannungsabfälle dürfen bestimmte Werte nicht überschreiten.

Der Spannungsabfall berechnet sich aus der Stromaufnahme des Verbrauchers und dem Leitungswiderstand, wobei bei dem Leitungswiderstand die doppelte Länge zu berücksichtigen ist, da die Hin- und Rückleitung einen Widerstand haben.

$$Ua = \frac{2 \cdot l \cdot I \cdot \rho}{A}$$

Ua = Spannungsabfall in Volt für Gleichstrom
l = Kabellänge in Meter (einfache Länge)
I = Stromaufnahme in Ampere des
   Verbrauchers
ρ = Widerstand des Metalls in $\frac{\Omega \cdot mm^2}{m}$
A = Querschnittsfläche der Einzelleitung in
   mm^2

Der zulässige Spannungsabfall zwischen Stromquelle und Verbraucher ist festgelegt und darf folgende Werte nicht überschreiten:

5 % bei Navigationslichtern = 0,6 V im 12-V-Netz oder 1,2 V im 24-V-Netz

7 % bei sonstigen Verbrauchern = 0,84 V / 12-V-Netz oder 1,68 V / 24-V-Netz

Die Formel für den Spannungsabfall kann man nun nach dem erforderlichen Kabelquerschnitt umstellen:

$$A = \frac{2 \cdot l \cdot I \cdot \rho}{U_a}$$

Somit ergibt sich eine vereinfachte Faustformel:

für 12-V-Anlagen:

$$A_{5\%} = \frac{1 \cdot I \cdot l}{16,8} \ [mm^2]$$

$$A_{7\%} = \frac{1 \cdot I \cdot l}{23,52} \ [mm^2]$$

für 24-V-Anlagen:

$$A_{5\%} = \frac{1 \cdot I \cdot l}{33,6} \ [mm^2]$$

$$A_{7\%} = \frac{1 \cdot I \cdot l}{47,04} \ [mm^2]$$

Der gewählte Kabelquerschnitt muss immer größer oder gleich dem errechneten sein, das Ergebnis darf nicht abgerundet werden.

Beispiel:

Die Toplaterne mit einer Leistungsaufnahme von 25 W eines Seglers wird mit 12 V Gleichspannung gespeist. Die Länge der Zuleitung von der Schalttafel bis zum Mast beträgt 13 m. Was für ein Kabelquerschnitt muss gewählt werden?

P = 25 W   U = 12 V

nach P = U * I ergibt sich für den Strom:
I = 2,1 A
l = 13 m U_a= 5 %

erforderlicher Leitungsquerschnitt

$A_{5\%}$ = (13 • 2,1 : 16,8) mm² =1,625 mm²

Gewählt wird der genormte Querschnitt von 2,5 mm² pro Ader.

Nun kann man noch den tatsächlichen Spannungsabfall an dem gewähltem Kabel bestimmen:

$$U_a = \frac{2 \cdot l \cdot I \cdot \rho}{A} = \frac{2 \cdot 13m \cdot 2,1A \cdot 0,0178 \frac{\Omega \cdot mm^2}{m}}{2,5mm^2} = 0,39V$$

Berücksichtigt wurde in diesem Beispiel nur der Spannungsabfall, der von der Schalttafel bis zum Navigationslicht auftreten darf. Dieses setzt natürlich voraus, dass die Zuleitung zur Schalttafel so dick ist, dass die bis dort auftretenden Verluste vernachlässigbar klein sind. Von der Schalttafel werden in der Regel fast alle Verbraucher gespeist. Die Stromaufnahme addiert sich sehr schnell:

Ein regnerischer Tag erfordert unter anderem das Navigationslicht, Scheibenwischer, Heizung, Navigationsgeräte und vieles mehr. Die Stromaufnahme kann sehr schnell größer als 25 A sein. Ein Kabel von 10 mm² würde bereits bei einer Länge von nur 5 m einen Spannungsabfall von 0,4 V ergeben (3,3 %!). Während der Fahrt steigt die Batteriespannung durch das Laden mit der Lichtmaschine auf ca. 14 V an. Dieser Effekt darf bei der Berechnung des erforderlichen Kabelquerschnitts nur bedingt berücksichtigt werden, da Geräte auch am Ankerplatz funktionieren sollen. Zusätzliche Spannungsverluste an Klemmen, Sicherungen und Schaltern berücksichtigt die Berechnung nicht.

Mastervolt gibt in seinem Powerbook eine vereinfachte Dimensionierung der Batteriekabel in einem 12-V-Netz an: »*Der Durchmesser der Kabel wird errechnet, indem 1 mm² pro drei Ampere genommen werden. Ein 60-Ampere-Batterielader erfordert also ein Kabel von 60 geteilt durch 3, also 20 mm², und in diesem Fall sollte die nächste Standardgröße, also 25 mm² gewählt werden. Diese Regel gilt für Kabel mit einer maximalen Länge von zweimal 3 Metern zwischen Lader und Wechselrichter.*«

Leiterquer-schnitt	Einleiterkabel		Zweileiterkabel		Drei- und Vierleiterkabel	
	Höchst-zulässige Belastung	Nennstrom Sicherung	Höchst-zulässige Belastung	Nennstrom Sicherung	Höchst-zulässige Belastung	Nennstrom Sicherung
[mm²]	[A]	[A]	[A]	[A]	[A]	[A]
0,75	6	6	5	6	4	4
1,0	8	6	7	6	6	6
1,5	12	10	10	10	8	6
2,5	17	16	14	16	12	10
4,0	22	20	19	20	15	16
6,0	29	25	25	25	20	20
10,0	40	36	34	36	28	25
16,0	54	50	46	36	38	36
25,0	71	63	60	50	50	50
35,0	87	80	-	-	61	63
50,0	105	100	-	-	73	63
70,0	135	125	-	-	94	80

Tabelle 1–6: *Zulässiger Dauerstrom und Nennstromsicherung.*   *Quelle: Germanischer Lloyd*

Eine Querschnittserhöhung durch das Parallelschalten von mehreren, dünnen Leitern, ist eine gefährliche Sache. Löst sich nämlich nur eine der Leitungen und verursacht einen Kurzschluss, dann kann es sein, dass der Kurzschlussstrom nicht groß genug ist, um die vorgeschaltete Sicherung auszulösen. Die Leitung wird im wahrsten Sinne des Wortes in Rauch aufgehen und u.U. erheblichen Schaden anrichten.

1.6 12 V oder 24 V – eine Glaubensfrage?

Die Wahl der Bordnetzspannung ist mit Sicherheit keine Glaubensfrage, sondern ein Abwägen von Vor- und Nachteilen. Aus der Berechnung für die notwendigen Kabelquerschnitte konnte man bereits ersehen, dass in einem 24-V-Netz die Kabel dünner gewählt werden dürfen, da der prozentuale Spannungsabfall kleiner ist.

Warum werden trotzdem sehr viele Fahrzeuge mit einer 12-V-Anlage ausgerüstet?

Die Ursache für diese Wahl kommt aus der Kfz- und Camping-Branche. Üblicherweise werden Autos und Wohnmobile mit einem 12-V-Netz versehen. Sehr viele Geräte aus diesem Bereich sind auch für die Sportschifffahrt interessant und durch die große Stückzahl erschwinglich. Angefangen bei dem Autoradio, über den Campingkühlschrank bis hin zur maritimen Leuchtstoffröhre – dem Kunden wird alles geboten, was das Herz begehrt.

24-V-Anlagen werden vornehmlich für die Berufsschifffahrt gewählt, da die langen Kabel sonst einen zu großen Spannungsabfall verursachen würden. Aber die 24-V-Anwender

sollen in der Fülle des Angebots nicht nachstehen – im Gegenteil, 24-V-Waschmaschinen und Dunstabzugshauben sind schon lange keine Seltenheit mehr. Da die Stückzahl der Produkte aber erheblich kleiner ist, muss der Skipper für seine Ausrüstung tiefer in die Tasche greifen.

Der Vorteil von vielen 24-V-Geräten besteht darin, dass sie zum Großteil für den Einsatz an Bord konzipiert worden sind. Leider geben schon häufiger Geräte aus dem Kfz-Zubehör ihren Geist an Bord auf.

Zum Glück haben sich viele Hersteller maritimer Technik auf die unterschiedlichen Bordspannungen eingestellt und bieten oft ihre Geräte für beide Betriebsspannungen an.

Elektrische Großverbraucher bekommen an Bord immer mehr Bedeutung. Ob elektrische Ankerwinde, das Bugstrahlruder oder die elektrische Winsch – sobald diese Geräte eine echte Hilfe sein sollen, äußern sie diese in einem gnadenlosen Durst nach Strom.

Die Leistung, die erforderlich ist, um den Anker aus dem Grund zu ziehen oder das Boot beim Anlegen gegen den Wind zu drücken, ergibt sich direkt aus dem Produkt $P = U \times I$. Bei halber Spannung ist für den gleichen Effekt eben der doppelte Strom erforderlich. Und dieses sind bei den genannten Verbrauchern bis zu mehreren hundert Ampere.

Die Auswirkungen auf die Installation sind erheblich, denn das gesamte Material muss für diese Ströme ausgelegt sein: Die Batterie muss in der Lage sein, den erforderlichen Strom abzugeben, die Kabelquerschnitte bewegen sich häufig bei mehr als 100 mm^2, damit der kostbare Saft nicht schon vorher auf der Strecke bleibt, die Schalter und Schütze müssen mit dem Abrissfunken der

Abbildung 1–11: *getakterter Spannungswandler 24V auf 12V (Conrad).*

Abbildung 1–12: *linearer Spannungswandler 24V auf 12V (Conrad).*

hohen Ströme klarkommen und »last but not least« muss der Rotor über die Kohlebürsten den hohen Strom aufnehmen. Hier stoßen 12-V-Anlagen sehr schnell an ihre Grenzen.

Um 24-V-Verbraucher auch mit 12-V-Anlagen bedienen zu können, hat Vetus einen Serien-Parallelschalter entwickelt.

Dieses Gerät schaltet zwei 12-V-Batterien während der Bedienung des Bugstrahlruders in Reihe, sodass 24 V zur Verfügung stehen. Anschließend werden diese zum Laden wieder parallel geschaltet, sodass sie mit einer 12-V-Lichtmaschine oder Ladegerät geladen werden können.

Auch bei dem Einsatz der populären Wechselrichter sieht die 12-V-Anlage schlechter aus: Ein Haarföhn, der mal eben vor dem an Land gehen über den Wechselrichter zugeschaltet wird, hat eine Leistungsaufnahme von 1000 Watt. Der Wechselrichter hat einen Wirkungsgrad von ca. 90 %, daher muss er der Batterie ca. 1.100 Watt abnehmen, was bei 12 V einem Strom von mehr als 90 Ampere entspricht. Hierfür benötigt der Wechselrichter eine Batteriezuleitung von 50 mm²!

Sollen bei einer 24-V-Anlage typische 12-V-Verbraucher, z.B. ein Autoradio betrieben werden, so dürfen die 12 V auf keinen Fall direkt an der Batterie abgezapft werden! Sonst werden die Batterien unsymmetrisch ge- und entladen, wodurch sich ihre Lebensdauer verringert. Für diesen Fall müssen Gleichspannungswandler eingesetzt werden, welche die 24-V-Spannung elektronisch auf 12 V herabsetzen. Dabei ist zu beachten, dass der DC/DC-Wandler eingangsseitig mit dem Verbraucher abgeschaltet wird, da sonst ein Ruhestrom fließt. Bei der Auswahl des Gerätes muss vorher geprüft werden, ob es für den entsprechenden Verbraucher geeignet ist, da die elektronische Wandlung bei manchen Geräten zu Störungen führen kann.

Für die technische Umsetzung der Spannungswandler gibt es zwei Möglichkeiten:

Bei dem *linearen Spannungswandler* wird die Eingangsspannung durch elektronische Stabilisierungsschaltungen auf die Ausgangsspannung gesenkt. Dabei ergibt sich die Verlustleistung aus dem gesamten Spannungsabfall (24 V – 12 V = 12 V) multipliziert mit dem entnommenen Strom. Diese muss als Wärme an die Umgebung abgegeben und die Energie anschließend wieder mühsam über das Ladegerät in die Batterie gepumpt werden. Die Vorteile linearer Spannungswandler sind ihr guter Preis und ihre Zuverlässigkeit, das allerdings bei einem sehr schlechten Wirkungsgrad.

Eine echte Alternative bilden *getaktete Spannungswandler.* Die Funktionsweise der Geräte ist eigentlich sehr einfach. Die Eingangsspannung wird sehr schnell ein- und ausgeschaltet (getaktet). Bei einer Wandlung auf die Hälfte der Eingangsspannung ist die Einschalt- gleich der Ausschaltzeit, d.h. die Hälfte der Zeit ist die Eingangsspannung ausgeschaltet. Diese Rechteckspannung können wir aber nicht so an die Verbraucher geben, sondern sie durchläuft eine nachgeschaltete Integrationsstufe, damit sich am Ausgang eine Gleichspannung mit halbem Wert ergibt. Das häufige Ein- und Ausschalten erzeugt ein großes Störspektrum, weshalb umfangreiche und teure Schirm- und Entstörmaßnahmen getroffen werden müssen, um die gesetzlichen Bestimmungen einzuhalten und an Bord keine Störungen in der Elektronik zu verursachen. Von Vorteil ist allerdings der hohe Wirkungsgrad von 90 %.

1.7 Schaltpläne lesen und zeichnen

»Schaltpläne erläutern die Arbeitsweise, die Leitungsverbindung, die räumliche Anordnung der Betriebsmittel und deren Zusammenwirken.«
Diese Formulierung aus der DIN 40 719 trifft damit den Nagel auf den Kopf. Es ist nicht das Ziel dieses Themas, alle interessierten Skipper zu vorbildlichen technischen Zeichnern auszubilden, sondern ein wenig Übersicht in die Elektrik zu bringen.
Fast jeder, der bereits im Bereich der Bordelektrik aktiv gewesen ist, hat auch schon den ein oder anderen Schaltplan angefertigt. Selbst die Skizze auf dem Schmierpapier kann

man bereits als Plan ansehen, auch wenn der Kreis der Kenner, die diese Hieroglyphen entziffern können, klein ist.
Daher hat man sich auf eine Reihe von logischen Symbolen geeinigt, die für jeden (fast) unmissverständlich dieselbe Funktion ausdrücken. Dabei lassen diese Schaltzeichen nur die Wirkungsweise, aber nicht den konstruktiven Aufbau der einzelnen Komponenten (oder »Betriebsmittel«) erkennen. Für den Schaltplan ist es nahezu gleich, ob ein Schalter von Bosch oder ETA eingebaut wird, solange die Funktion die gleiche ist.
In diesem Bereich beschränke ich mich auf die einpolige Darstellung, angenähert an die DIN 40 717.
Der Vorteil an dieser Vereinbarung liegt darin, dass die Zeichnungen auch von anderen Fachleuten gelesen werden können und man sich selbst auch nach einiger Zeit noch zurechtfindet. Teilweise muss man die vorhandene Technik nach den Plänen anderer an neue Geräte anpassen. Für diesen Fall sollte man die gängigsten Schaltzeichen kennen.
Zusätzlich werden zu den Symbolen auch Buchstaben zugeordnet. Diese verdeutlichen nochmals die Funktion und die eindeutige Zuordnung. Jeder Schalter hat z.B. einen Buchstaben und eine Nummer, die sowohl im Schaltplan als auch an dem Schalter selbst auftaucht. Die Nummern werden für die einzelnen Komponenten in sinnvoller Reihenfolge vergeben, wobei eine Doppelvergabe innerhalb einer Schaltung nicht sinnvoll ist.
Ergänzt wird die Betriebsmittelkennzeichnung noch mit der vorangestellten Seitennummer, sodass man einen direkten Bezug zur Blattnummer des Schaltplans hat. Liest man z.B. am Scheibenwischermotor die Bezeichnung 61M2, so weiß man, dass dieser im Schaltplan Nr. 61 dokumentiert ist und dort der zweite

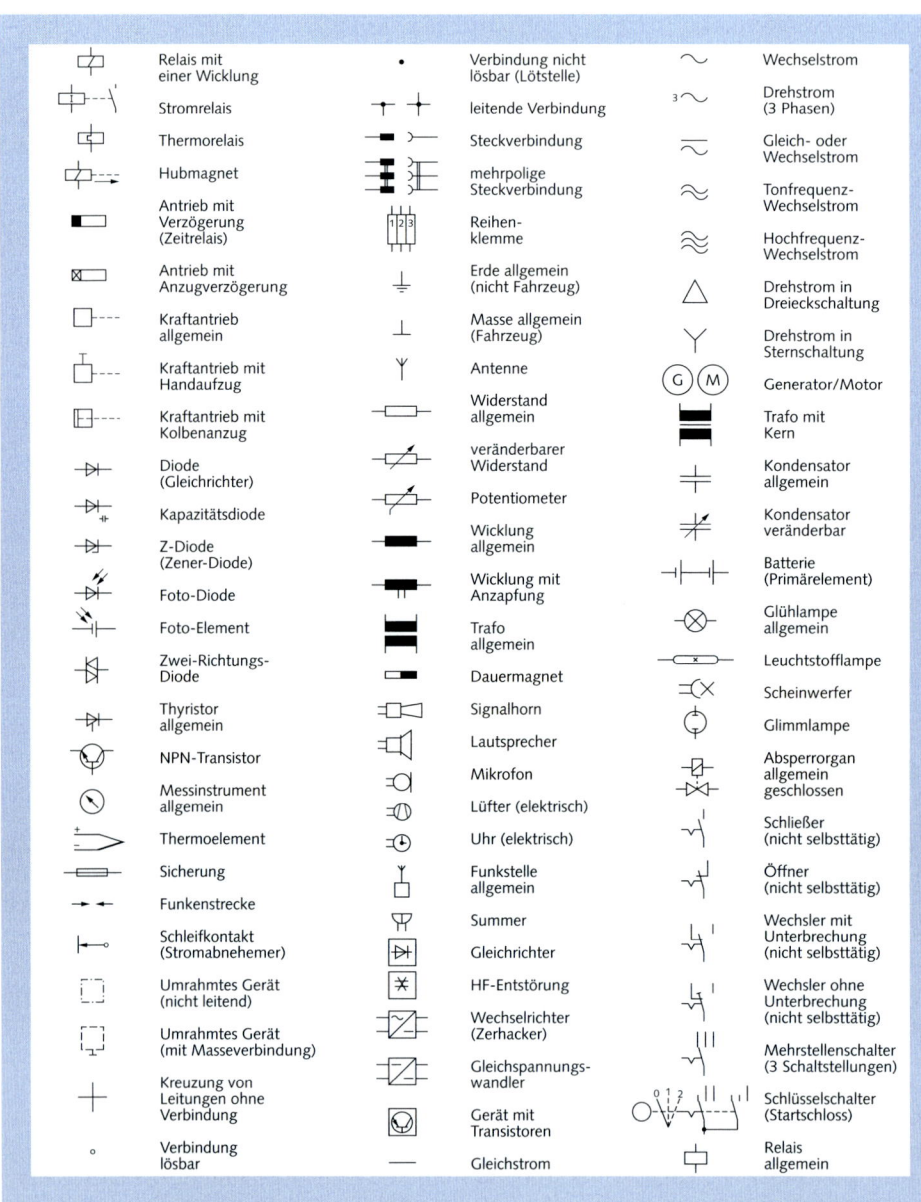

Abbildung 1–13: *Schaltplansymbole.*

Motor ist. Somit muss man sich bezüglich der Nummernvergabe nur auf ein Blatt konzentrieren, da ab dem nächsten Blatt diese wieder bei 1 startet. Ist dort auch ein Motor verschaltet, so würde dieser die Kennzeichnung 62M1 erhalten, usw.

Nachdem in der Vergangenheit eher große Pläne verwendet wurden, ist man heutzutage auf ein handlicheres Format – in der Regel A4 – umgestiegen.

Dieses setzt voraus, dass man eine funktionale Kapselung durchführt, das heißt einzelne Funktionen gruppiert und diese dann zusammen auf einen Plan bringt.

In der oberen bzw. unteren Hälfte sammelt man in waagerechten Linien alle Signale, die für die Schaltung auf dem Blatt erforderlich sind. Dieses können zum Beispiel + 24 V aus dem Bordnetz, + 24 V aus dem Maschinennetz, 0 V (Minuspol) aber auch Hilfssignale sein wie Lampentest oder gedimmter Minus für die Lampen. Die Erzeugung bzw. Einspeisung dieser Signale muss nicht auf diesem Blatt dokumentiert sein. Ein Querverweis reicht, um dieses Signal zu verfolgen.

Wie auf einer Wäscheleine zweigt man hier das erforderliche Signal mit einem dicken Punkt ab (die Verkabelung geht in der Realität leider nicht so einfach).

In dem skizzierten Beispiel ist die Ansteuerung einer Klarsichtscheibe und von zwei Scheibenwischern dargestellt.

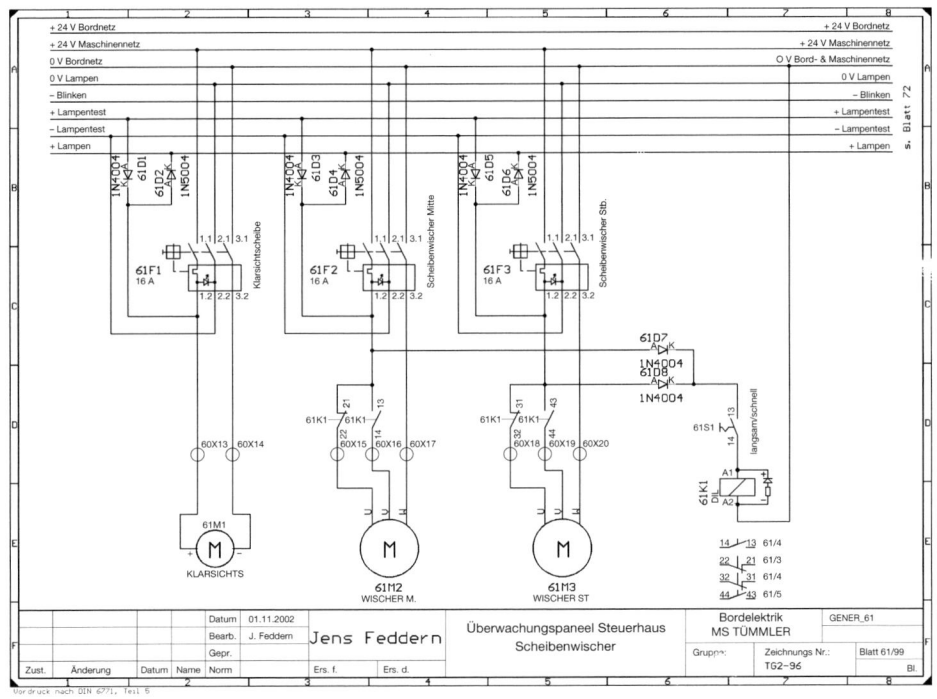

Abbildung 1–14: *Aufbau eines Schaltplans.*

33

Die Klarsichtscheibe wird über den Schutzschalter 61F1 ein- und ausgeschaltet. Hierbei handelt es sich um einen kombinierten, dreipoligen Wippschalter der Firma ETA.

In dem Wippschalter ist eine Leuchtdiode integriert, deren Funktion über die Diode 61D1 mit dem Lampentest geprüft werden kann. Ferner ist die Leuchtdiode mit dem Signal »0 V Lampen« verbunden. Dieses ist ein spezielles Signal, das für die gesamte Instrumentenbeleuchtung das Dimmen ermöglicht.

Im unteren Drittel befinden sich die Klemmen, an denen das Kabel zu der Klarsichtscheibe angeklemmt wird. Der Pluspol befindet sich an Klemme 60X13 und der Minuspol an Klemme 60X14. Alles ganz einfach, oder?

Bei den beiden Scheibenwischern erfolgt die Bedienung jeweils wieder über einen ETA-Wippschalter mit integrierter Leuchtdiode. Die Motoren verfügen über zwei Geschwindigkeitsstufen. Die Umschaltung übernimmt

das Relais 61K1, dass über vier Kontakte verfügt (zwei Öffner und zwei Schließer). Das Relais wird über den Schalter 61S1 angesteuert. Ist dieser eingeschaltet, so zieht das Relais an und beide Wischer werden auf schnell geschaltet. Damit das Relais nicht eingeschaltet ist (und damit unnötig Energie verbraucht), wenn kein Scheibenwischer eingeschaltet ist, wurde folgender Trick angewendet: Das Relais bezieht seine Energie über die Dioden 61D7 und 61D6, die wie ein Ventil wirken. Sobald einer der Wischer eingeschaltet ist, ist auch für das Relais Saft vorhanden. Über die Dioden ist aber sichergestellt, dass der andere Wischer nicht aus lauter Sympathie mitläuft.

Unterhalb des Relais sind seine Kontakte noch einmal abgebildet und an der Seite vermerkt, wo welcher Kontakt verwendet wird. 61/4 sagt z.B., dass dieser Kontakt im Feld 4 auf Blatt 61 verwendet wird. Somit lassen sich auch komplexere Schaltungen über mehrere Blätter nachvollziehen.

Abbildung 1–15: *Klarsichtscheibe und Schweibenwischer MS Tümmler (van Beckum).*

Zusätzlich zu den Schaltplänen empfiehlt es sich, Klemmenpläne anzufertigen. In diesen Plänen werden in Tabellenform die einzelnen Klemmen und ihre angeschlossenen Verbraucher aufgeführt. So kann man direkt ersehen, welches Kabel wo angeklemmt wurde und an welchen Klemmen bei betätigten Schaltern Spannung anliegen muss. Dieses ist zum Teil übersichtlicher, als einen gesamten Schaltplan nach den entsprechenden Klemmen zu untersuchen. Zusätzlich kann der Kommentar länger als im Schaltplan dargestellt werden, z.B.: »12X10 Bb. Navigationslicht über 12F3 und 12S3«.

Art des Betriebsmittels	Kennbuchstabe	Beispiel
Baugruppe/Teilbaugruppe	A	Gerätekombination, z.B. Schaltpult
Umsetzer v. elektr. Größen	B	Fühler, Drehzahlgeber, Messumformer
Kapazitäten	C	Kondensator
Verzögerungseinrichtungen	D	digitale Rechner und Regler
Verschiedenes	E	Heizungen, Beleuchtungen
Schutzeinrichtung	F	Sicherung, Überspannungsauslöser, FI
Generator, Stromversorgung	G	Lichtmaschine, Batterie, Ladegerät
Meldeeinrichtung	H	Hupe, Kontrolllampe, Klingel
Schütze, Relais	K	Leistungs-, Hilfsschütz, Zeitrelais
Induktivitäten	L	Spulen, Entstördrosseln
Motoren	M	Anlasser
Verstärker, Regler	N	Lichtmaschinenregler
Messgeräte	P	Anzeigen
Starkstrom-Schaltgeräte	Q	Trennschalter, Motorschutzschalter
Widerstände	R	Vorwiderstände, Potenziometer
Schalter, Taster	S	Tastschalter, Signalgeber, Grenztaster
Transformatoren	T	Trenntransformator
Modulatoren, Umsetzer	U	Wechselrichter
Halbleiter, Röhren	V	Dioden, Transistoren
Antennen	W	Hohlleiter, Licht- und Koaxialleiter
Klemmen, Stecker	X	Klemmleisten, Buchsen, Lötleisten
el.-mechan. Einrichtungen	Y	Bremsen, Ventile, Kupplungen
Begrenzer, Abschlüsse	Z	Frequenzweichen

Tabelle 1–7: *Kennbuchstaben für die Kennzeichnung der Art elektrischer Betriebsmittel (DIN 40 719).*

Nicht alle Hersteller benutzen identische Symbole in ihren Plänen, aber die Grundfunktion der Schaltung muss für jeden ersichtlich sein. Änderungen in der Schaltung müssen auf jeden Fall auch in den dazugehörigen Plänen festgehalten werden.

Dieses Konzept für die Schaltplanerstellung ist nur eins von vielen. Es ist nicht streng an den Normen orientiert, aber es ist so ausgelegt, dass auch ein technisch interessierter Laie mit den Plänen zurechtkommt. In der Praxis hat es sich als durchaus brauchbar erwiesen.

1.8 Messtechnik – wie misst man was?

In diesem Abschnitt werden die wesentlichen Grundlagen der Messtechnik vorgestellt. Die Beschreibung der konkreten Anwendung für das Energiemanagement sowie für die Fehlersuche erfolgt dann in späteren Kapiteln.

Durch das Messen möchte man den konkreten Zahlenwert einer Messgröße ermitteln, z.B. 12,48 V oder 23,8 A. Am Messgerät wird dann der Messwert angezeigt.

Im Gegensatz dazu ermittelt man beim Prüfen, ob ein Gerät oder eine Leitung die Eigenschaften hat, die für seine Verwendung erforderlich sind.

1.8.1 Prüfen

Häufig sind wir an Bord erst einmal mit Prüfaufgaben beschäftigt, bei denen der absolute Wert gar nicht so entscheidend ist.

Abbildung 1–16: *Car Checker (ELV).*

Mit einer einfachen Prüflampe oder dem etwas komfortableren »Car Checker« lässt sich feststellen, ob an einer Leitung Saft vorhanden ist oder nicht. Das eine Ende ist mit einer Krokodilklemme versehen, die an Masse angelegt wird. Das andere Ende wird nun an das zu prüfende Kabel gehalten und schon zeigt eine Leuchtdiode oder die Prüflampe an, ob Spannung vorhanden ist oder nicht. Der »Car Checker« gibt über seine Leuchtdioden sogar noch die Polarität an. Zusätzlich verfügen beide Geräte über eine sehr feine Messspitze, mit der man im Ausnahmefall auch schon einmal durch die Isolierung des Leiters pieksen und somit (fast) zerstörungsfrei eine Leitung überprüfen kann.

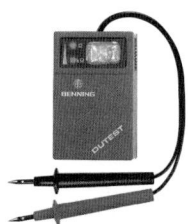

Abbildung 1–17: *Durchgangsprüfer (Conrad).*

Eine weitere Grundaufgabe des Prüfens ist festzustellen, ob ein Kabel, eine Leitung oder ein gesamtes Netz überhaupt eine leitende Verbindung hat. Hierfür bietet sich ein Durchgangsprüfer an.

Der Durchgangsprüfer hat zwei Anschlusskabel. Sobald diese miteinander kurzgeschlossen sind, ertönt ein akustisches oder optisches Signal. Somit kann z.B. ein Kabel auf Drahtbruch überprüft, eine Leitung unter vielen herausgefunden oder festgestellt werden, ob ein Gerät eine Masseverbindung hat.

Das Besondere an einem Durchgangsprüfer ist, dass er mit einem sehr geringen Messstrom arbeitet und in der Regel dagegen geschützt ist, wenn ihm auf den Leitungen auf einmal eine Gegenspannung begegnet.

Moderne Multimeter verfügen heute über eine integrierte Durchgangsprüfer-Funktion.

Das Prüfen gibt also nur eine »Ja/Nein« Aussage, liefert aber keine Informationen über den Wert der Messgröße. Der Durchgangsprüfer spricht z.b.: bei einem Widerstand kleiner 30 Ω an, ob es auf der Strecke aber an einer losen Klemme einen Übergangswiderstand gibt, bei dem unter Belastung ein erheblicher Spannungsabfall auftritt, kann das Gerät nicht sagen. Hierfür müssen wir messen.

1.8.2 Messen

»Wer misst, misst Mist«, sagt ein altes Sprichwort. Und in der Tat lohnt es sich, die am Display angezeigten hochgenauen Anzeigewerte zu hinterfragen. Denn wir müssen mit zwei Fehlerquellen rechnen:

• Messungenauigkeit des Messgerätes
• Messfehler während der Messung

Die Ungenauigkeit eines DMM (= Digitalmultimeter) wird normalerweise als Prozentsatz des angezeigten Wertes ausgedrückt. Eine Ungenauigkeit von ±1% des angezeigten Wertes besagt, dass bei einer Anzeige von 100,0 V der tatsächliche Wert irgendwo zwischen 99,0 V and 101,0 V liegen könnte. Bei den Spezifikationen kommt neben der Ungenauigkeit vom Messwert meistens noch ein Anteil hinzu, der vom Messbereich abhängt. Dieser Anteil kann als Prozent vom Bereich oder als eine bestimmte Anzahl des letzten Digits der Anzeige beschrieben sein. Wenn die Spezifikation eines DMM ± (1% vom Messwert + 2 Digits) angibt und das DMM eine Auflösung von 0,1 V hat, wäre bei einem Messwert von 100 V die gesamte Ungenauigkeit ± 1,2 V.

Somit könnte bei einer Anzeige von 100,0 V der tatsächliche Wert zwischen 98,8 V und 101,2 V liegen.

Spezifikationen von Analog-Messinstrumenten werden durch den Fehler bei Skalen-Vollausschlag angegeben, nicht bezogen auf den angezeigten Wert. Die typische Genauigkeit eines Analog-Messinstruments beträgt ±2 % oder ±3 % des Skalen-Vollausschlages. Bei einem Zehntel des Vollausschlages macht das 20 % bzw. 30 % des angezeigten Wertes aus.

Was bedeutet dies für die Praxis?

1. Immer den kleinstmöglichen Messbereich wählen! Messen wir z.B. im 100 V Bereich den Zustand der Bordnetzbatterie mit 13,2 V, so kann dieses entsprechend dem oben genannten Beispiel auch 12,0 V oder 14,4 V sein, was in der Interpretation des Messwerts eine völlig andere Bedeutung hat!

2. Beim Kauf eines Digital-Multimeters bei 24-V-Anlagen darauf achten, dass das Gerät über einen 40-V-Bereich verfügt.
   Häufig folgt bei den Geräten nach dem 20-V-Bereich der 200-V-Bereich, der dann zu einer größeren Ungenauigkeit führt.

3. Bei Analogmessgeräten ist der Messbereich möglichst so zu wählen, dass der Zeiger im letzten Drittel der Skala anzeigt.

Messfehler, die während der Messung das Ergebnis verfälschen, können u.a. folgende sein:

• Die Messleitungen werden mit den Händen berührt. Da auch der menschliche Körper einen Widerstand hat, kann dieses das Ergebnis verfälschen.
• Die Messleitungen haben keinen richtigen Kontakt.
• Das analoge Messgerät wird in nicht in seiner vorgeschriebenen Lage verwendet (z.B. über Kopf).
• Die Messleitungen sind defekt oder stark verlängert worden.

- Die Messleitungen sind für eine Messung von größeren Strömen nicht ausgelegt und erzeugen einen Spannungsabfall.
- Externe elektrische (Antennen) oder magnetische (Lautsprecher, Magnet) Störfelder verfälschen das Messergebnis.
- Das Messgerät ist für die Messung des Signals gar nicht geeignet (z.B. trapezförmige Ausgangsspannung eines Wechselrichters mit einem üblichen Multimeter).

Dieses soll uns aber alles nicht davon abhalten, eine Messung durchzuführen. Im Rahmen der Bordelektrik haben wir es üblicherweise mit folgenden Messgrößen zu tun:

- Spannung (12 V oder 24 V Gleichspannung, aber auch 230 V oder sogar 400 V Wechselspannung).
- Strom (von wenigen mA Kriechstrom bis zu mehreren hundert Ampere für den Anlasser).
- Widerstand (von wenigen Milliohm an der Klemme bis zu mehreren hundert Ω für die Überprüfung des Druck- oder Temperatursensors).
- Frequenz (Ausgangsfrequenz der Generatorspannung oder des Landanschlusses).

In einigen Fällen kommt dann noch der Komponententest für Kondensatoren, Dioden und Transistoren hinzu.

Für alle diese Tests gibt es so genannte Multimeter, bei denen über einen großen Wahlschalter die Messgröße und der Messbereich ausgewählt wird.

Analog oder digital?

Für die hohe Genauigkeit und gute Auflösung ist die digitale Anzeige unübertroffen. Das analoge Zeigerinstrument ist bei preisgünstigen Geräten weniger genau und hat eine geringere Auflösung, da man die Werte zwischen den Skalenteilen schätzen muss.

Abbildung 1–18: *Multimeter mit Digitalanzeige und PC-Anschluss.*

Abbildung 1–19: *Zangenmessgerät (Fluke).*

Vorteilhaft ist hingegen, dass man eine schnelle Trendanzeige bekommt. Viele digitale Geräte verfügen zusätzlich über Analoganzeige-Balken (Bargraph), die Signaländerungen ähnlich einem Zeigerinstrument anzeigen. Ein weiterer Vorteil der digitalen Geräte ist, dass sie keine mechanischen Bauteile haben und im Gebrauch unabhängig von der Lage sind.

Bei der fest installierten Motorüberwachung sind Analoganzeigen jedoch klar im Vorteil, da man auf einen Blick die Tendenz von allen wesentlichen Größen erkennen kann. Eine farbig hinterlegte Skala zeigt auch noch an, ob man sich im grünen oder roten Bereich befindet. Hier ist der exakte Messwert (z.B. 78,87 °C Kühlwassertemperatur) gar nicht von Interesse.

1.8.2.1 Gleichspannungsmessung

Wie misst man Gleichspannung?

1. Wählen Sie am Wahlschalter den höchstmöglichen Gleichspannungs-Messbereich.
2. Die schwarze Messleitung in die COM-Eingangsbuchse und die rote Messleitung in die V-Eingangsbuchse stecken.
3. Schließen Sie die Messleitungen wie gezeigt an der Prüfstelle (parallel zu einer Last oder Speisung) an, an der die Spannung gemessen werden soll.
4. Lesen Sie den Messwert auf der Anzeige ab. Ist die Spannung kleiner als der nächste kleinere Messbereich, so klemmt man das Messgerät ab, schaltet auf den nächst kleineren Messbereich um und wiederholt die Messung.

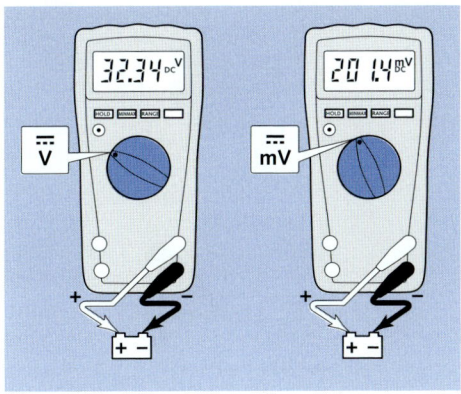

Abbildung 1–20: *Gleichspannungsmessung (Fluke).*

Moderne DMMs verfügen über eine integrierte Messbereichsumschaltung, sodass automatisch der passende Bereich ausgewählt wird. Bei analogen Geräten ist zu beachten, dass das rote Kabel immer an den Plus-Anschluss des Messsignals geklemmt wird, da sonst der Zeiger versucht entgegen der Skala auszu-

schlagen, was dem Gerät häufig nicht bekommt. Bei DMMs wird die falsche Polung mit einem »–« in der Anzeige gemeldet.

Achtung: Viele Geräte verfügen über einen zweiten DC-Messbereich, der mit mV angegeben ist. In diesem Bereich können Messungen von sehr kleinen Spannungen (kleiner 1 Volt) durchgeführt werden. In der Anzeige erscheint grundsätzlich auch die Maßeinheit mV.

1.8.2.2 Wechselspannungsmessung

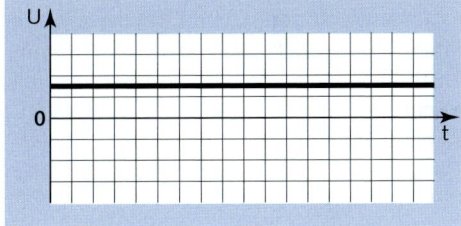

Abbildung 1–21: *Gleichspannung.*

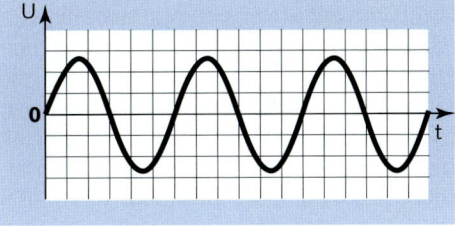

Abbildung 1–22: *Sinus-Wechselspannung.*

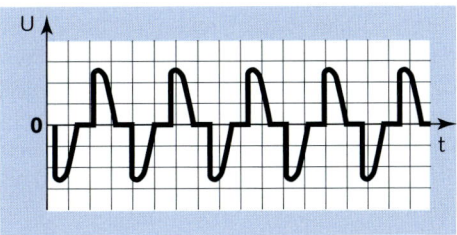

Abbildung 1–23: *unsaubere Wechselspannung.*

Die Wechselspannung ist dadurch charakterisiert, dass sie ständig ihre Höhe (ihre Amplitude) und ihre Polarität ändert. Die Anzahl des Hin- und Herpendelns wird in der Frequenz angegeben.

Welche Spannung soll man nun messen bzw. bei der Wechselspannung angeben? Mit Sicherheit ist der Maximalwert interessant, da sich nach diesem die Isolierung und die Spannungs-Festigkeit der Kabel richten muss. Dummerweise wird diese Spannung in der Regel nicht von einem Digitalmultimeter angegeben, sondern der Effektivwert. Die Effektivspannung einer Wechselspannung entspricht genau der Gleichspannung, die man benötigen würde, um dieselbe Leistung zu erzeugen.

Der Scheitelwert lässt sich rechnerisch ermitteln, bei einer Sinusspannung ist er z.B. $\hat{U} = 1{,}41 \times U_{eff}$. Für unsere Netzspannung bedeutet dieses: $\hat{U} = 1{,}41 \times 230V = 325V$.

Viele Messgeräte gehen den umgekehrten Weg und ermitteln aus dem Scheitelwert (den sie ja messen können) rechnerisch den Effektivwert. Was passiert aber, wenn die Spannung nicht so schön sinusförmig ist, sondern z.B. aus dem Wechselrichter eine trapez- oder rechteckförmige Wechselspannung kommt? Dann zeigt das Messgerät Quatsch an!

Eine Ausnahme bilden bei den analogen Messgeräten die Dreheiseninstrumente, die aufgrund ihrer Physik direkt den Effektivwert ermitteln, und bei den digitalen Messgeräten die »True RMS«-Geräte. Diese Geräte haben etwas mehr Elektronik an Bord und ermitteln von fast jeder beliebigen Kurvenform den Effektivwert in dem Frequenzband von 50 bis 500 Hz.

Die Wechselspannungsmessung erfolgt ähnlich wie die Gleichspannungsmessung.

Hierbei ist zu beachten, dass der Messbereich auf den höchsten AC-Messbereich eingestellt ist.

Wichtig bei diesen Messungen ist es, dass erhöhte Stromschlaggefahr besteht und man daher besondere Vorsicht walten lassen muss. Das Wechselstromnetz ist so aufgebaut, dass bereits das Berühren eines Leiters (der Phase) ausreicht, um einen kräftigen Schlag zu bekommen.

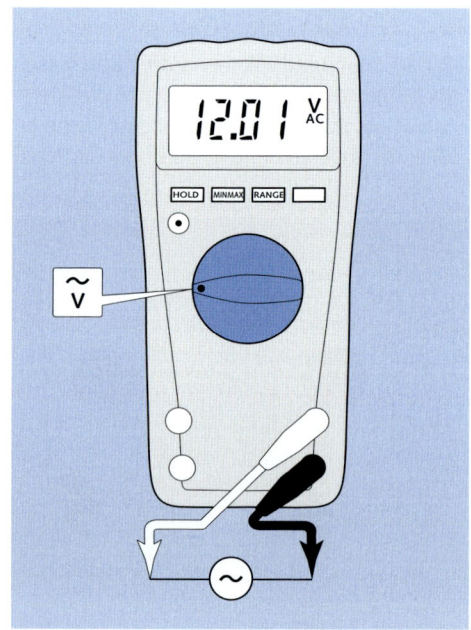

Abbildung 1–24: *Wechselspannungsmessung (Fluke).*

1.8.2.3 Strommessung

Die Strommessung unterscheidet sich grundsätzlich von allen anderen Messungen, da das Messgerät in Reihe zu dem Verbraucher geschaltet werden muss und somit der gesamte Strom über das Gerät fließt.

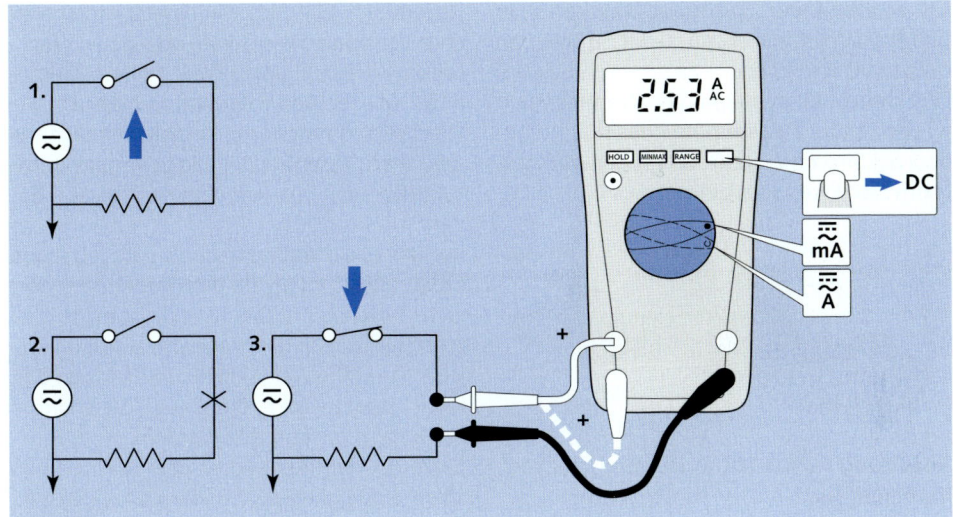

Abbildung 1–25: *Strommessung (Fluke).*

Wie misst man Strom?

1. Schalten Sie den Stromkreis aus und trennen Sie die Leitung an der zu messenden Stelle auf. Dieses kann auch durch Abklemmen an einer Klemmstelle erfolgen.
2. Wählen Sie am Wahlschalter den höchstmöglichen Strom-Messbereich (für Gleich- bzw. Wechselstrom).
3. Die schwarze Messleitung in die COM-Eingangsbuchse und die rote Messleitung in die A-Eingangsbuchse stecken.
4. Stellen Sie vor dem Zuschalten sicher, dass die Anschlüsse fest angeklemmt sind.
5. Schalten Sie den Stromkreis ein und lesen Sie den Messwert auf der Anzeige ab.
6. Schalten Sie den Stromkreis wieder aus, entfernen Sie die Messleitungen und stellen Sie wieder eine sichere Leitungsverbindung der unterbrochenen Leitung her.
7. Überprüfen Sie den gemessenen Stromkreis auf korrekte Funktion.

Diese Art der Messung hat deutliche Nachteile, da man zu dem Messgerät lange Leitungen mit sehr dickem Querschnitt legen muss und das Messgerät immer das schwächste Glied der Kette ist. Fällt dieses aus geht auf einmal nichts mehr. Kurzum: Diese Art der Messung mit fest installierten Geräten hat an Bord nichts zu suchen.

Wir erinnern uns an das Ohmsche Gesetz (Spannung = Strom x Widerstand) und stellen fest, dass ich den Strom ja auch indirekt über den Spannungsabfall an einem Widerstand messen kann. Man braucht also nur anstatt des Messgeräts einen Widerstand in Reihe zu den Verbrauchern einzubauen und die Spannung zu messen, die an diesem hängen bleibt. Diese ist dann direkt proportional zu dem Strom, der durch den Leiter fließt.

Der Nebenwiderstand (Shunt), der in Reihe zu den Verbrauchern geschaltet wird, ist so klein, dass der Spannungsabfall an ihm vernachlässigt werden kann. Er beträgt zwischen 0,06 und 0,1 V und man kann damit Ströme von bis zu 500 A messen.

Eine weitere elegante Art der Strommessung ist das Zangenamperemeter, das sich besonders zur Strommessung von großen Verbrauchern und Erzeugern eignet.

Abbildung 1–26: *Nebenwiderstand oder engl. Shunt (Conrad).*

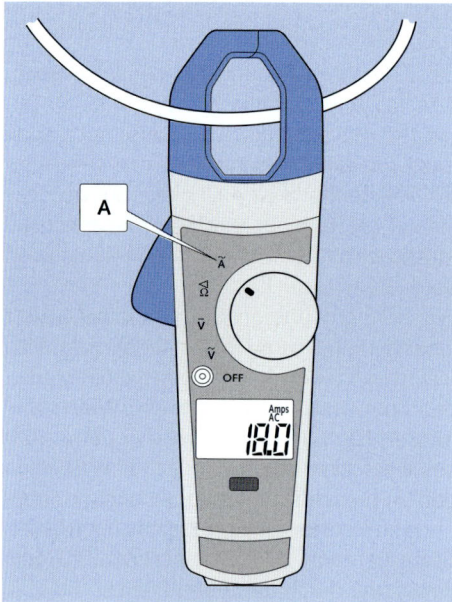

Abbildung 1–27: *Strommessung mit dem Zangen-Ampere-Meter (Fluke).*

Neben den üblichen Multimeter-Messbereichen verfügen diese Geräte über einen Wechselstrombereich und etwas teurere Geräte auch über einen Gleichstrombereich. Die Wechselstrommessung ist relativ einfach, da der umschlossene Leiter wie bei einem Transformator eine Spannung im Messgerät induziert.

Bei der Gleichstrommessung wird es schon etwas aufwändiger, da das Trafo-Prinzip dort nicht funktioniert. Das Messgerät misst über einen Hallsensor das Magnetfeld aus, und da jeder Stromfluss auch ein Magnetfeld erzeugt, kann hieraus der fließende Gleichstrom berührungslos ermittelt werden.

Diese Art der Messung ist aber nur für hohe Ströme geeignet, da z.B. die Genauigkeit im 400-A-Bereich ± 1,5 % beträgt. Das bedeutet, dass man mit der Messung um ± 6 A daneben liegt. Bei großen Verbrauchern (Anlasser, Bugstrahlruder, Ankerwinde) oder Erzeugern (Lichtmaschine, Gleichstromgenerator) ist es aber eine äußerst effektive und sichere Art der Messung.

Bei der Messung ist darauf zu achten, dass bei Gleich- und bei Wechselstrommessung jeweils immer nur ein Leiter von der Zange umschlossen ist.

1.8.2.4 Widerstandsmessung

Der Widerstand wird in Ohm gemessen (Ω). Widerstandswerte können sehr unterschiedlich sein, von einigen Milliohm (mΩ) bei Kontakt-Übergangswiderständen bis in die Milliarden Ω bei Isolatoren. Temperatur- und Drucksensoren haben üblicherweise einen Widerstand zwischen 100 Ω und 1000 Ω.

Die meisten DMMs messen bis hinunter zu 0,1 Ω, und bei einigen reicht die obere Messgrenze bis zu 300 MΩ (300 000 000 Ω).

Widerstandsmessungen müssen bei stromloser Schaltung (Gerät abgeschaltet) durchgeführt werden, da sonst das Instrument wie auch die Schaltung beschädigt werden könnten.

Zur genauen Messung niederohmiger Widerstände muss der Widerstand der Messleitungen vom gesamten gemessenen Widerstand abgezogen werden. Typische Messleitungs-Widerstände liegen zwischen 0,2 Ω und 0,5 Ω. Falls der Widerstand der Messleitungen größer als 1 Ω ist, sollten diese ersetzt werden.

Falls das DMM eine niedrigere Prüfgleichspannung als 0,6 V zur Widerstandsmessung abgibt, so wird es in der Lage sein, den Wert von Widerständen zu messen, welche in einer Schaltung durch Dioden oder andere Halblei-

terübergänge isoliert sind. Somit können Sie oft Widerstände auf einer Leiterplatte prüfen, ohne diese auslöten zu müssen.

Wie misst man Widerstände?

1. Stellen Sie sicher, dass die Messstelle spannungsfrei ist, bevor Sie den Widerstand messen. Versorgungsspannung im Prüfobjekt vorher abschalten.
2. Den Wählschalter auf Ω stellen.
3. Die schwarze Messleitung in die COM-Eingangsbuchse und die rote Messleitung in die Ω-Eingangsbuchse stecken.
4. Schließen Sie die Messleitungen wie gezeigt über dem Widerstand oder dem Schaltungsteil an, über dem der Widerstand gemessen werden soll.
5. Lesen Sie den Messwert auf der Anzeige ab. Die Werte erscheinen in Ω (Ω), KΩ (x 1000 Ω) oder MΩ (x 10^6 Ω). Hinweis: 1000 Ω = 1 kΩ 1 000 000 Ω = 1 MΩ

1.8.2.5 Diodenprüfung

Eine Diode wirkt wie ein elektronischer Schalter. Sie kann eingeschaltet werden, wenn die Spannung über einem gewissen Pegel liegt, normalerweise etwa 0,6 V bei Siliziumdioden, und ermöglicht den Stromfluss in einer Richtung.

Wenn Sie den Zustand eines Dioden- oder Transistorübergangs überprüfen, zeigt ein analoges Vielfach-Messinstrument nicht nur sehr breit gestreute Messwerte an, sondern kann auch Ströme bis zu 50 mA durch den Übergang fließen lassen. Bestimmte Instrumente verfügen über eine spezielle Betriebsart mit der Bezeichnung Diodenprüfung.

In dieser Betriebsart muss die Ablesung 0,6 V bis 0,7 V in der einen Richtung betragen und in der anderen Richtung eine Unterbrechung anzeigen. Das bedeutet, dass die Diode in Ordnung ist. Falls in beiden Richtungen

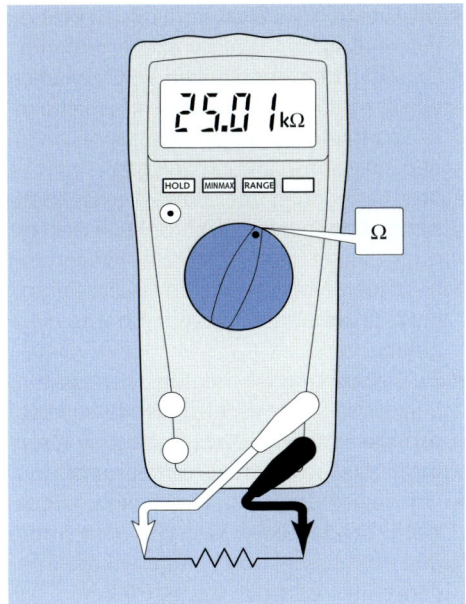

Abbildung 1–28: Widerstandsmessung (Fluke).

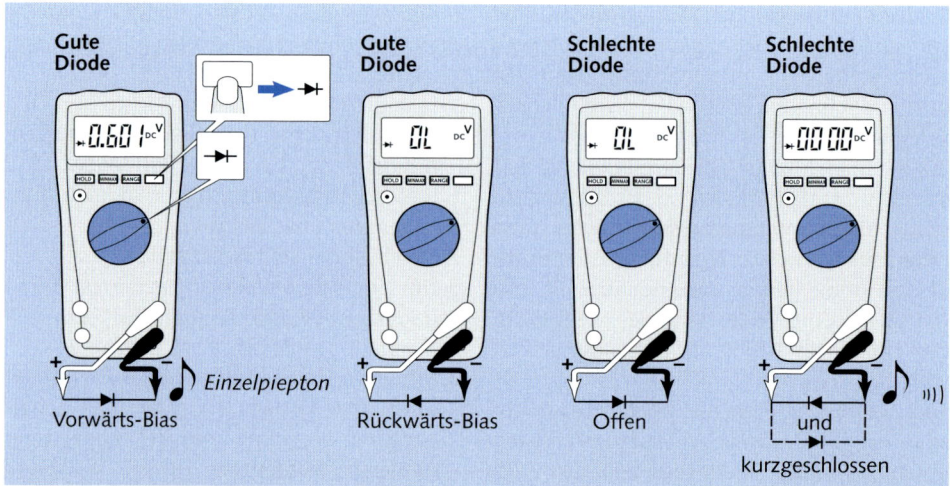

Abbildung 1–29: *Prüfung von Dioden (Fluke).*

Unterbrechung oder in beiden Richtungen Durchgang angezeigt wird, so ist die Diode defekt.

1.8.2.6 Sicherheitshinweise

Die folgenden Sicherheitsrichtlinien sollten immer befolgt werden, um den sicheren Betrieb des Messgeräts zu gewährleisten und eine Beschädigung des Messgeräts zu vermeiden:

• Das Messgerät ausschließlich wie im Handbuch beschrieben einsetzen, da sonst die im Messgerät integrierten Schutzeinrichtungen beeinträchtigt werden könnten.

• Das Messgerät nicht benutzen, wenn das Gerät oder die Prüfleitungen äußerliche Beschädigungen aufweisen oder wenn das Messgerät nicht einwandfrei funktioniert.

• Immer die richtigen Anschlüsse, die richtige Drehschalterposition und den richtigen Bereich für die jeweils anstehende Messung auswählen.

• Die Funktion des Messgeräts durch Messen einer bekannten Spannung überprüfen.

• Zwischen den Anschlüssen bzw. zwischen den Anschlüssen und Masse nie eine höhere Spannung als die am Messgerät angegebene Nennspannung anlegen.

• Bei Spannungen über 30-V-Wechselspannung Effektivwert, 42-V-Wechselspannung Spitze oder 60-V-Gleichspannung besondere Vorsicht walten lassen. Bei solchen Spannungen besteht Stromschlaggefahr.

• Zur Vermeidung falscher Messwerte, die zu Stromschlag oder Verletzungen führen können, die Batterie ersetzen, sobald die Anzeige für schwache Batterie eingeblendet wird.

• Vor dem Prüfen von Widerstand, Durchgang, Dioden oder Kapazität den Strom des Stromkreises abschalten und alle Kondensatoren entladen (kurzschließen).

• Das Messgerät nicht in Umgebungen mit explosiven Gasen oder Dampf betreiben.

- Bei der Verwendung der Prüfleitungen die Finger hinter dem Fingerschutz halten.
- Vor dem Öffnen des Messgerätgehäuses oder der Batteriefachabdeckung die Prüfleitungen abnehmen.

Typische Symbole an Messgeräten	
$\sim$	Wechselstrom (AC – Alternating Current)
$---$	Gleichstrom (DC – Direct Current)
$\overline{\overline{\sim}}$	Gleichstrom, Wechselstrom (DC, AC)
$\perp$	Erde, Masse
$\triangle$	Wichtige Informationen, siehe Handbuch
🔋	Batterie (Batterie schwach, wenn eingeblendet)
⊟	Sicherung
$C\epsilon$	Übereinstimmung mit den Richtlinien der EU
▢	Schutzisoliert
(UL) 950 Z Listed	Underwriters Laboratories, Inc.

Tabelle 1–8: *typische Symbole an Messgeräten (Fluke).*

2. Schiffsbatterien

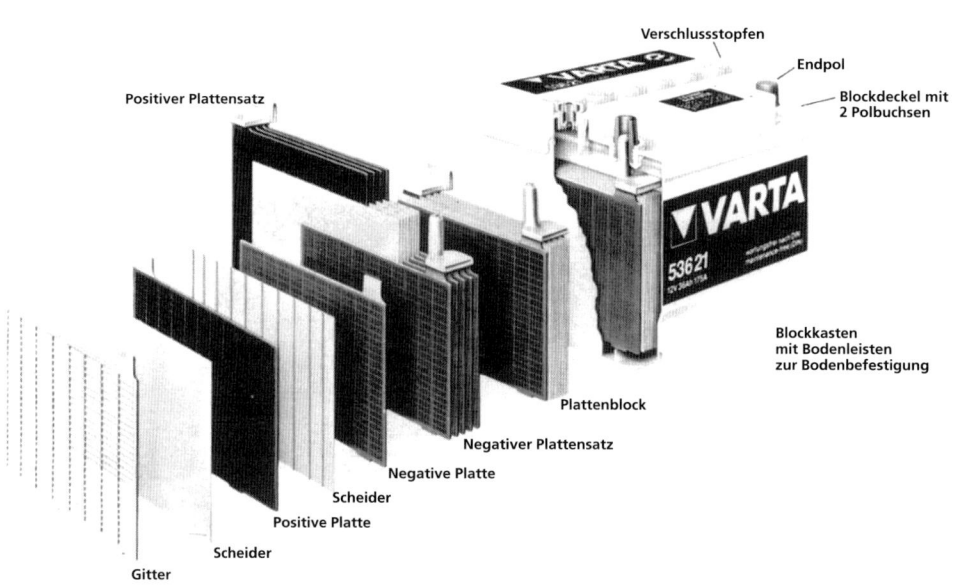

Abbildung 2-1: *Aufbau der Batterie – nicht als Bausatz erhältlich (VARTA).*

Das Problem der Speicherung von elektrischer Energie ist genau so alt, wie ihre professionelle Nutzung.

Es ist heute schon fast nichts besonderes mehr, mit dem Notebook an Deck zu liegen, um die letzten Geschäftsbriefe in gewohnter Umgebung zu tippen, über das D-Netz-Telefon die neuesten Informationen zu erlangen um schließlich nach getaner Arbeit genüsslich unter Autopilot und Radar Richtung Sonnenuntergang zu skippern.

Alle Geräte haben jedoch eins gemeinsam: den unersättlichen Durst nach elektrischer Energie.

Das Notebook interessiert es herzlich wenig, ob der Skipper seine Arbeit beendet hat; sobald sich die Kapazität des eingebauten Akkus dem Ende neigt, was sehr schnell erreicht wird, streikt das Gerät durch einfaches Nichtstun. Es kann nun passieren, dass das D-Netz-Telefon sich diesem Komplott anschließt.

Schließlich stellt der leicht gereizte Skipper nun auch noch fest, dass die Beleuchtung des Maschinenraumes seit 48 Stunden die letzten Reserven der kostbaren Energie genüsslich aufgezehrt hat.

Die modernen Geräte werden durch innovative Technik immer sparsamer, aber das schwächste Glied in der Kette besteht nach wie vor in der Energiespeicherung.

Praktisch ist es kaum möglich, elektrische Energie wirkungsvoll in großem Maße zu speichern. Wäre dieses möglich, so könnte man den Energiebedarf einer Großstadt wie New York für längere Zeit aus nur einem Blitz decken, der bisher sinnlos in der Erde verschwindet.

Der Strom aus unserer bekannten Steckdose kann auch nicht vom E-Werk in Mengen konserviert werden, um bei Bedarf den Abnehmer zu versorgen, sondern er muss ständig produziert werden, um im gleichen Moment verbraucht zu werden.

Viele werden an dieser Aussage zweifeln, da sie schon seit Jahren elektrische Energie an Bord in ihren Batterien speichern. Diese Form der Speicherung ist jedoch nur im begrenzten Umfang sinnvoll, da erheblich mehr Energie zum Laden aufgewendet werden muss, als später zum Verbrauch zur Verfügung steht.

2.1 Batteriearten

Batterie ist der Oberbegriff für mehrere verbundene Zellen, die durch eine chemische Reaktion Energie abgeben, wenn man eine äußere elektrische Verbindung zwischen dem negativen und positiven Pol herstellt.

Hierbei muss man zwischen den wiederaufladbaren Systemen, den Akkumulatoren oder Sekundärelementen, und den Trockenbatterien oder Primärelementen unterscheiden.

Der Akku kann wieder »aufgetankt« und somit mehrmals verwendet werden.

Als Vergleichsmaß für die unterschiedlichen Akkus dient die Kapazität, doch auch hier muss man aufpassen:

Die auf dem Typenschild angegebene Kapazität in Ampere-Stunden (Ah) bezieht sich auf eine bestimmte Entladung. Sie sagt aus, welche Strommenge in welcher Zeit geliefert werden kann. Dieser Wert ist von folgenden Einflussgrößen abhängig:

• Höhe des Entladestroms
• Umgebungstemperatur
• Alterung

Bisher wurde die Kapazität 20-stündig angegeben, das bedeutet, dass beispielsweise eine Batterie mit der Kapazitätsangabe 100 Ah über 20 Stunden einen Strom von 5 Ampere liefern muss (20 h x 5 A = 100 Ah) und die Batteriespannung nach dem Entladen noch mindestens 10,5 Volt beträgt.

Nach der DIN-Norm 43 539 Teil 3 wurde die bisherige Kapazitäts-Definition von 20-stündig auf 5-stündige Entladung geändert. Dieses hat zu Folge, dass die neue Kapazitätsangabe geringer ausfällt. Das zuvor genannte Beispiel verdeutlicht diesen Vorgang:

Eine Batterie, die fünf Stunden lang einen Strom von 20 Ampere liefert und nach dem Entladen nach der neuen Definition noch eine Spannung von 10,2 Volt hat, darf sich mit der Angabe 100 Ah auszeichnen. Würde die gleiche Batterie aber nur mit 5 Ampere belastet werden, so ist die Entladespannung von 10,5 V aus physikalischen Gründen erst nach ca. 24 Stunden erreicht. Die 20-stündige Kapazitätsangabe beträgt ca. 118 Ah.

Der Grund für die Änderung von der 20-stündigen in die 5-stündige Kapazitätsangabe liegt darin, dass die typischen Entladeströme der Batterien im 5-stündigen Kapazitätsbereich liegen. Daher hat man sich zu einer praxisgerechten Kapazitätsdefinition entschieden.

Dies bedeutet aber nicht, dass sich jeder auf diese Definition geeinigt hat. Besonders bei ausländischen Batterieanbietern ist nicht sichergestellt, dass die neue 5-stündige Kapazitätsangabe übernommen wird und somit höhere Leistungswerte auf der Batterie und in Verkaufsunterlagen genannt werden als nach der Deutschen Norm (DIN). Um nicht Äpfel mit Birnen zu vergleichen, geben seriöse Hersteller in der Regel sowohl die 5- als auch die 20-stündige Kapazität an. Zur Umrechnung dient als Überschlagsrechnung folgende Formel:

5-stündige Kapazität (K₅) →20-stündige Kapazität (K₂₀) :
$$K_5 \times 1{,}18 = K_{20}$$

20-stündige Kapazität (K20) →5-stündige Kapazität (K₅) :
$$K_{20} \times 0{,}85 = K_5$$

Akkumulatoren werden nach ihrem Aufbau, den verwendeten Materialien und ihrem Einsatzzweck unterschieden:

NC-Akkus

Als Ersatz für herkömmliche Trockenbatterien haben sich Nickel-Cadmium-Akkumulatoren (NC-Akkus) durchgesetzt.

Ihr großer Vorteil besteht darin, dass sie sehr große Ströme abgeben und mit hohen Strömen schnell wieder geladen werden können. Die Zellenspannung beträgt ca. 1,2 V im Gegensatz zu 1,5 V bei der Trockenbatterie. NC-Akkus haben nur eine geringe Kapazität und sind daher als Stromversorgung an Bord wenig geeignet.

Bleiakkus

Bleiakkus sind die verbreitetsten Energiespeicher in der Schifffahrt. Ihren Namen verdanken sie ihrem Aufbau und den verwendeten Materialien.

Ein Bleiakku besteht aus mehreren Zellen, die jeweils eine Spannung von ca. 2 V erzeugen. Werden mehrere Zellen zusammengeschaltet, so ergibt sich eine Gesamtspannung von z.B. 12 V für einen Akku.

Jede Zelle setzt sich aus einer Bleiplatte, einer Bleidioxidplatte und dem Elektrolyten (verdünnte Schwefelsäure) zusammen. Die Plattensätze sind so ineinander verschoben, dass sich positive und negative Platten abwechseln. So genannte Scheider aus porösem, säurefestem Kunststoff trennen die Platten voneinander.

Ohne zu sehr in die Elektrochemie abzurutschen, möchte ich die wesentlichen Merkmale des Lade- und Entladevorgangs verdeutlichen, da hierbei wichtige Konsequenzen für den Betrieb an Bord entstehen.

Beim Aufladen wird elektrische Energie in chemische Energie umgewandelt und gespeichert. Während dieses Vorgangs wird Wasser verbraucht und die Konzentration und Dichte der verdünnten Schwefelsäure, die als Elektrolyt dient, nehmen zu. Ebenso steigt die Batteriespannung stetig, und ab einer Zellenspannung von 2,4 V (14,4 V bei einer 12-V-Batterie) setzt in den Zellen eine lebhafte Gasentwicklung ein. Das Gas, das aus der Zersetzung des Wassers in Sauerstoff und Wasserstoff entsteht, heißt Knallgas und macht seinem Namen alle Ehre – ein kleiner Funke reicht, um sich von der explodierenden Wirkung dieser Mischung zu überzeugen!

Beim Entladen wird Schwefelsäure verbraucht, Wasser freigesetzt. Die Konzentration und Dichte des Elektrolyten nehmen ab. Somit sinkt auch die Zellenspannung.

Um eine lange Lebensdauer zu erreichen, ist die Wahl der richtigen Batterie für den vorgesehenen Anwendungsbereich entscheidend. Die Bleiakkus werden in folgende Gruppen nach ihrer Anwendungsart unterschieden:

- *Starterbatterien* für das Starten von Motoren
- *Heavy-Duty-Batterien* für Motorstart und gelegentliche Bordnetzversorgung
- *Mobil-, Antriebs- und Beleuchtungsbatterien* für das Bordnetz, die Navigationslichter und den gelegentlichen Motorstart

- *Solarbatterien* für den Einsatz mit photovoltaischen Solaranlagen

Eine *Starterbatterie* muss in kurzer Zeit die benötigte Startleistung und einen hohen Strom abgeben. Diese Hochstrombelastung muss auch im tiefsten Winter gewährleistet sein; daher wird bei Starterbatterien der Kälteprüfstrom angegeben. Darunter ist die Stromstärke in Ampere zu verstehen, mit der eine voll geladene und auf −18 °C abgekühlte Batterie belastet werden kann, ohne dass die Klemmenspannung während der ersten 30 Sekunden unter 9 Volt bzw. nach insgesamt 150 Sekunden unter 6 Volt absinkt.

Aus der Kapazität/Temperatur-Kurve (siehe Abbildung) kann man ersehen, dass die Kapa-

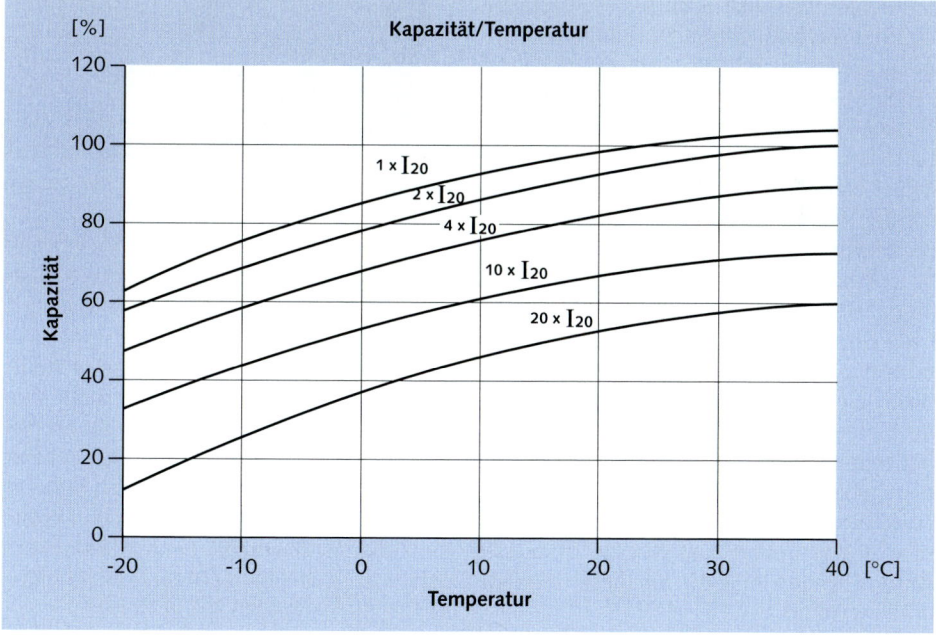

Abbildung 2–2: Abhängigkeit der Batteriekapazität von der Temperatur und dem Entladestrom.

zität erheblich mit fallender Temperatur und steigendem Entladestrom sinkt. Wird eine Batterie bei −20 °C mit einem Strom belastet, der z.B. 20-mal so groß ist wie der Strom für die 20-stündige Entladung, so sinkt die Kapazität um ca. 85 %!

Ein sicheres Starten unter diesen Bedingungen ist noch möglich, weil verhältnismäßig viele dünne Platten in die Batterie eingebaut werden. Dadurch wird die verfügbare Plattenoberfläche vergrößert und eine größere Strombelastung ermöglicht.

Heavy-Duty-Batterien werden überall dort eingesetzt, wo neben Startaufgaben auch Langzeitentladung und extreme Rüttelbeanspruchung vorkommen.

HD-Batterien zeichnen sich durch eine besondere Plattenblock-Festsetzung aus, die ein Schwingen des Plattensatzes bei höherer Vibrationsbeanspruchung unterdrückt. Die Zyklenfestigkeit (d.h. die Zahl der Entlade-/Ladevorgänge) wird durch eine besondere Technik gegenüber herkömmlichen Starterbatterien verdoppelt.

Mobil-, Antriebs- und Beleuchtungsbatterien werden vorwiegend für die Speisung des Bordnetzes eingesetzt. Sie sind für die Langzeitentladung konzipiert, aber auch für Startaufgaben einsetzbar. Aufgrund der konstruktiven Gegebenheiten sollten sie jedoch möglichst nur zum Motorstart eingesetzt werden, wenn die Umgebungstemperatur oberhalb des Gefrierpunktes liegt. Batterien dieses Typs haben eine zwei- bis dreifache Lebensdauer gegenüber herkömmlichen Starterbatterien.

Solarbatterien sind speziell für solarelektrische Anlagen entwickelt worden. Folgende Anforderungen müssen für diesen Betrieb erfüllt werden:

• hohe Ladungsaufnahme durch geringen Innenwiderstand

• lange Haltbarkeit im Zyklenbetrieb
• gute Wiederaufladbarkeit nach tiefer Entladung
• wartungsarmer Betrieb

Gel-Batterien mit festem Elektrolyten

Die Weiterentwicklung der klassischen Blei-Säure-Batterie hat zu einem neuen Produkt geführt, das einige für viele Anwendungen interessante Aspekte beinhaltet:

• kein Wassernachfüllen während der Gebrauchsdauer durch ein in der Batterie integriertes Gasverzehrprinzip (Wartungsfreiheit vom System her)

Abbildung 2–3: *Gel-Batterien mit festen Elektrolyten.*

• Kipp- und Auslaufsicherheit durch Festlegung des Elektrolyten
• sehr gute Zyklenfestigkeit

Die wesentlichen Unterscheidungsmerkmale zur nassen Blei-Säure-Batterie sind der festgelegte Elektrolyt (Gel), spezielle Gitterlegierungen und ein Überdruckventil. Sie sind vollständig trocken, da der Elektrolyt in dem Gel gehalten wird. Durch Rekombination werden die Gase im Elektrolyt beim Ladevorgang gebunden. Auch bei 180° Neigung (auf den Kopf stellen) tritt kein Elektrolyt aus.

Die positive und die negative Batterieplatte sind durch eine Kunststoff-Isolation vonein-

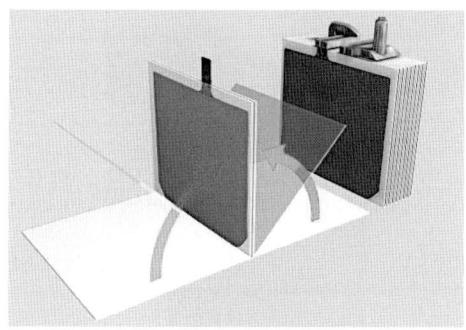

Abbildung 2–4: *AGM-Batterie mit Glasfaser-matten (VARTA).*

Abbildung 2–5: *2-Volt-Transaktions-Zellen (Mastervolt).*

ander getrennt. Zusammen mit der Gelfüllung ist der Akku somit besonders für häufige Lade- und Entladevorgänge geeignet. Gel-Batterien verfügen über eine relativ geringe Selbstentladung, sodass sie ohne Nachladen über mehrere Monate gelagert werden können (z.B. Winterlager).

Zum Laden wird für die Gel-Batterien unbedingt ein Ladegerät mit einer IU- oder IUoU-Kennlinie benötigt. Ungeregelte Ladegeräte führen zu einer Beschädigung der Batterie.

Da sie vollständig verschlossen sind, ist eine Überprüfung des Ladezustands mittels Säureheber nicht möglich.

Im Vergleich zu Blei-Säure-Batterien sind Gel-Batterien in der Anschaffung deutlich teurer und verfügen über eine geringere Hochstromfähigkeit, die zum Beispiel zum Starten erforderlich ist.

AGM-Batterien

Die eine Batterie verfügt über besonders gute Starteigenschaften und die andere zeichnet sich durch guten Energiedurchsatz aus. Die Batteriehersteller forschen auf diesem Gebiet an neuen Blei-Säure-Batterien (AGM / Ab-

sorbed Glass Mat) sowie an Nickel-Metall-hydrid- und Lithium-Ionen-Batterien.

AGM steht für »Absorbed Glass Mat«. In diesen Batterien wird der Elektrolyt durch den Kapillareffekt in eine Glasfasermatte zwischen den Platten absorbiert (»gebunden«). In einer AGM-Batterie wandern die Ladungsträger, Wasserionen (H_2) und Schwefelionen (SO_4) leichter zwischen den Platten als in einer Gel-Batterie. Somit können diese Batterien mit einem erheblich größeren Ladestrom als Gel-Batterien geladen werden, was besonders für kurze Jockel-Zeiten interessant ist.

Traktionsbatterien

Bei Mastervolt bestehen die Traktionsbatterien aus 2-Volt-Zellen mit einer Kapazität von 600 bis 2000 Ah. Diese Batterie wird zum Beispiel auch in Gabelstaplern eingesetzt und dort bis zu 60–80 % entladen und dann über Nacht wieder aufgeladen – Tag für Tag. Deshalb wird sie auch als »zum zyklischen Gebrauch geeignet« bezeichnet.

Dieser Batterie-Typ muss mit relativ hoher Spannung geladen werden, um die Schichtung des Elektrolyten aufzuheben. Die Schwefelsäure (H_2SO_4), die beim Laden entsteht, setzt sich ab, sodass die Säurekonzentration am Boden der Batterie höher ist als oben. Ist die Gasungs-Spannung erreicht, wird das Laden mit gleich viel Strom fortgesetzt. Dazu ist eine noch höhere Spannung erforderlich. Die daraus resultierende Gaserzeugung bewegt die Flüssigkeit und sichert die gleichmäßige Durchmischung des Elektrolyten.

Die Batterien haben einen anderen Plattenaufbau, durch den mehr Strom bei einer tieferen Entladung entnommen werden kann, bevor sie wieder aufgeladen werden müssen. Die 2-Volt-Zellen können für eine horizontale oder eine vertikale Montage geliefert werden.

Lithium-Ionen-Batterien

Dieser Batterietyp ist bereits bei kompakten Geräten wie Handys, Kameras und Laptops beliebt, war aber für die erforderliche Kapazität an Bord bisher noch nicht erhältlich.

Die Ingenieure von Mastervolt haben eine Leistungsbatterie entwickelt, die als Ersatz für Starterbatterien und Versorgungsbatterien an Bord eines Schiffes verwendet werden können. Das Ergebnis ist eine Schiffsbatterie, die kleiner, leichter und leistungsstärker als eine klassische Blei-Säure-Batterie ist und dabei eine dreimal längere Lebensdauer hat.

Damit die Batterie wie eine »normale« Batterie an Bord verwendet werden kann, enthält dieser Typ bereits ein spezielles Batterie-Management-System an Bord, um die sichere und richtige Aufladung zu gewährleisten. Das System beinhaltet einen bidirektionalen Ausgleich der aktiven Zellen, was im Verlauf der Aufladung und Entladung zur Anwendung kommt, um das Energieniveau in allen Zellen innerhalb eines sicheren Bereiches zu erhalten.

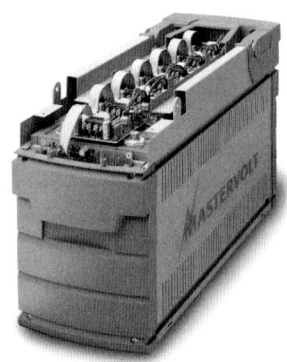

Abbildung 2–6: *Lithium-Ionen-Batterie (Mastervolt).*

Die Lithium-Ionen-Batterie kann bis zu 80 % ihrer Nominalleistung erbringen, bevor sie wieder aufgeladen werden muss. Das bedeutet in der Praxis, dass die neue 24 V/160 Ah-Lithium-Ionen-Batterie von Mastervolt, mit nur 40 kg Gewicht, als Ersatz für zwei 12 V/200 Ah (in Reihe geschaltet, um 24 V bereitzustellen) Blei-Säure-Gelbatterien, die aber 140 kg wiegen, geeignet ist.

Viele werden sich jetzt die Frage stellen, welcher Batterietyp die Ideallösung für den Bordeinsatz ist. Grundsätzlich sollten Anlasser und Bordnetz aus zwei unabhängigen Batteriesätzen gespeist werden.

Es liegt nahe, in diesem Fall für die Maschine eine Starterbatterie vorzusehen, die auch im tiefen Winter genügend Energie liefert, und für das Bordnetz eine Beleuchtungsbatterie auszuwählen. In der Praxis hat diese Wahl aber erhebliche Nachteile:

Die Starterbatterie wird deutlich seltener benutzt als die Bordnetzbatterie. Durch das nur kurzzeitige, aber kräftige Belasten verschleißt die Starterbatterie relativ schneller, die ohnehin schon eine geringere Zyklendauer hat. Werden Batterien unterschiedlicher Kapazität z.B. für die Starthilfe parallel geschaltet, können unter Umständen sehr hohe Ausgleichsströme auftreten. Um diese Nachteile zu umgehen, bietet sich ein Netz aus zwei identischen Batteriesätzen an, die nach Möglichkeit auch separat geladen werden sollten. Der Batterietyp muss so gewählt werden, dass das Starten auch im Winter sichergestellt ist. Durch zwei handelsübliche Trennschalter können die Batteriesätze auf die unterschiedlichen Netze geschaltet werden, zur Not auch parallel. So kann man durch regelmäßiges Umschalten der Batteriesätze eine gleichmäßige Belastung und damit auch eine gleichmäßige Alterung erreichen.

Möglich ist dieses nur mit Batterien, die für beide Einsatzzwecke geeignet sind.

Die Anschaffungskosten für eine neue Batterie variieren stark, aber in der Regel sind offene Batterien günstiger als geschlossene.

Geschlossene, wartungsfreie Batterien sind leichter zu handhaben, da sie 100 % wartungsfrei und auslaufsicher sind und in der Regel keine schädlichen, säurehaltigen Dämpfe austreten (vorausgesetzt, die Batterie wird nicht mit zu hoher Spannung geladen). Daher können sie auch an schwer zugänglichen Orten installiert werden.

Geschlossene Batterien sind jedoch empfindlicher gegenüber dem Überladen, sodass eine spezielle Ladekennlinie unumgänglich ist. Überladen führt zu Wasserverlust (die gasförmigen Bestandteile entweichen durch das

Wie oft wird die Batterie genutzt	Art der Verbraucher	Zyklen pro Woche	Empfohlene Batterieart	Erwartete Lebensdauer
3 Wochen pro Jahr (21 Tage)	Kleine Verbraucher: Kühlschrank, TV	7 Zyklen pro Woche	Nasse Batterien, wartungsfrei oder Gelbatterien, 55 – 120 Ah	5 bis 6 Jahre
12 Wochen pro Jahr (80 Tage)	Beleuchtung, Kühlung, Heizung, Navigation/Kommunikation, Wechselrichter u. Mikrowelle usw.	14 – 20 Zyklen pro Woche	Gelbatterien, AGM-Batterien, Semi-Traktion, 200 Ah/12 V, eine oder mehrere für 24 V Reihenschaltung	5 bis 8 Jahre
24 Wochen pro Jahr (160 Tage)	Wie vorstehend	14 – 20 Zyklen pro Woche	Gelbatterien, AGM-Batterien, Semi-Traktion, beste Wahl = 2 V Traktion, 300/400/600 Ah	10 bis 15 Jahre
Während des ganzen Jahres	Wie vorstehend, zusätzlich elektr. Winschen oder Elektroherd, Klimaanlage	14 – 20 Zyklen pro Woche	2 V Traktion, Lithium-Ionen-Batterie, 600 – 2000 Ah	10 bis 15 Jahre

Tabelle 2–1: *Auswahl des Batterietyps (Mastervolt).*

Sicherheitsventil), der nicht wieder ausgeglichen werden kann. Hieraus resultieren ein Kapazitätsverlust und vorzeitiges Altern der Batterie.

Vergleicht man die Lebensdauer miteinander, so kann ich aus eigener Erfahrung sagen, dass die geschlossene Batterie (in diesem Fall zwei 24-V-Batteriebänke (Sonnenschein dry-fit) mit jeweils 200 Ah bzw. 400 Ah) mehr als die doppelte Lebensdauer haben als die offenen. Durch die geringe Selbstentladung war auch nach mehrmonatigem Winterlager ohne Ladegerät noch ausreichend Saft vorhanden. Auch das Starten des 240-PS-Caterpillar-Diesels mit 18 Liter Hubraum ist kein Problem.

Bei der Auswahl der Batteriegröße und -art muss zusätzlich der maximale Kurzschlussstrom berücksichtigt werden, der durch den installierten Anlasser nach oben begrenzt sein muss.

2.2 Dimensionierung der Batterie

2.2.1 Batterieschaltungen

Batterien für den Bordeinsatz haben üblicherweise eine Betriebsspannung von 12 V, Traktionsbatterien 2 V. Durch das Zusammenschalten mehrerer Batterien kann man eine höhere Spannung (24 V) und/oder eine höhere Kapazität erreichen.

Grundsätzlich gilt für das Zusammenschalten, dass nur Batterien gleichen Typs (Bauart und Kapazität), gleichen Inbetriebnahmedatums und gleicher Säuredichte (am besten im voll geladenen Zustand) zusammengeschaltet werden sollten.

Hierfür gibt es drei Schaltungen:

2.2.1.1 Parallelschaltung

Bei der Parallelschaltung werden die Pluspole sowie die Minuspole miteinander verbunden. Die Spannung verändert sich nicht, die Kapa-

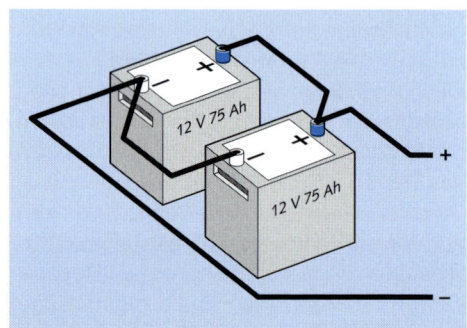

Abbildung 2–7: *Parallelschaltung = 12 V / 150 Ah.*

zität der Batterien wird addiert. Zu beachten ist, dass nur Batterien gleicher Kapazität und gleichen Alters parallel geschaltet werden.

Wenn mehrere 12-V-Batterien parallel geschaltet werden, sollten die Verbraucher diagonal an die Plus- und Minuspole angeschlossen werden. Wichtig ist, dass die Verbindungsleitungen die gleiche Länge und den identischen Querschnitt haben.

2.2.1.2 Reihenschaltung

Bei der Reihenschaltung wird der Pluspol der einen Batterie an den Minuspol der anderen Batterie angeschlossen. Die Spannungen der einzelnen Batterien werden addiert, die Kapazität bleibt unverändert. Hierbei ist zu beachten,dass die Batterien über die gleiche Kapazität und das gleiche Alter verfügen.

2.2.1.3 Reihen-Parallelschaltung

Bei der Reihen-Parallelschaltung finden beide Schaltungen Anwendung. Die Parallelschal-

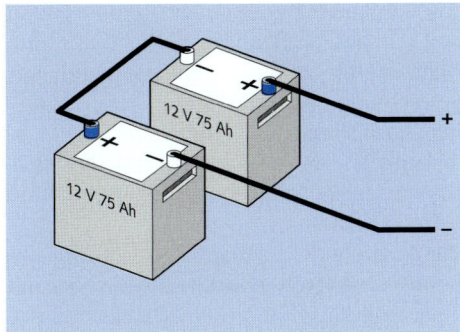

Abbildung 2–8: *Reihenschaltung =
24 V / 75 Ah.*

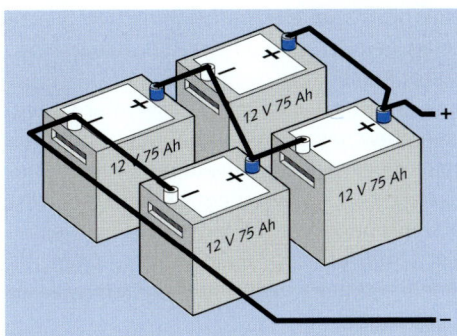

Abbildung 2–9: *Reihen-Parallelschaltung =
24 V / 150 Ah.*

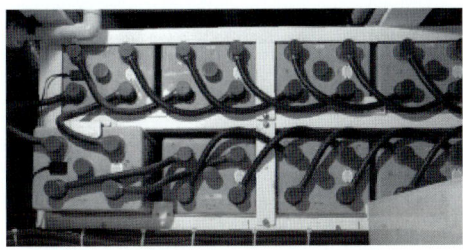

Abbildung 2–10: *24 V / 1200 Ah Batteriebank
aus zwölf horizontal eingebauten 2-Volt-Zellen
(Mastervolt).*

tung erhöht die Kapazität, die Reihenschaltung die Spannung. Auch hier werden die Verbindungsleitungen diagonal verlegt, um zwischen den Batteriesätzen Symmetrie herzustellen.
Wichtig ist, dass die Verbindungsleitungen die gleiche Länge und den identischen Querschnitt haben.

2.2.2 Ermittlung der Kapazität
Die erforderliche Kapazität an Bord hat sich in den letzten Jahren stark gewandelt, da immer

mehr Hochstromverbraucher ihren Weg an Bord gefunden haben. So sind z.B. elektrische Ankerwinden und elektrische Segelwinschen keine Besonderheit mehr, ganz zu schweigen von den Stromfressern Bugstrahlruder und 230-V-Wechselrichter.
Für die Großverbraucher, die sich meistens auch noch im Bug des Schiffes aufhalten, lohnt es sich einen eigenen Batteriesatz zu spendieren, damit die Energiequelle so nahe wie möglich an den Verbrauchern sitzt und die Kabel somit kürzer gehalten werden.
Die notwendige Batteriekapazität für eine elektrische oder hydraulische Winsch wird häufig unterschätzt. Obwohl der eigentliche Amperebedarf pro Stunde nicht so hoch ist, ist der Verbrauch sehr intensiv. Die Batteriekapazität muss für den hohen Anlaufstrom einer Winsch groß genug sein. Ein anderer wichtiger Punkt ist, dass die Spannung an den DC-Klemmen der Winsch oder der Hydraulikpumpe auf einem hohen Niveau gehalten werden muss. Wenn die Batteriekapazität zu gering ist, fällt die Spannung ab und die Winsch kann nicht die gewünschte Leistung bringen. Normalerweise werden nur

eine oder zwei elektrische Winschen gleichzeitig genutzt, sodass der Gleichzeitigkeitsfaktor begrenzt ist.

Eine 50' Segelyacht mit zwei Lewmar 40 und zwei Lewmar 58 Winschen benötigt beispielsweise eine Batteriekapazität von mindestens 600 Ah bei einem 12-V-System bzw. 400 Ah bei einem 24-V-System. Doppelt so viel Strom benötigt eine größere Yacht mit einem hydraulischen Winsch-System wie z.B. Commander 400.

In der nachfolgenden Tabelle wurden die Winschen berücksichtigt, andere Geräte müssen hinzugefügt werden, um die notwendige Gesamtkapazität zu bestimmen.

Für die Bugschraube ergibt sich nach Angaben der Firma VETUS folgende Kapazitätsauslegung (siehe Tabelle 2–2):

Legt man für die Winschen, die Ankerwinde und die Bugschraube eine gemeinsame Batteriebank an, so muss man die Kapazitäten nicht zwangsläufig addieren, da ja nicht alle Geräte zur gleichen Zeit laufen. Es ist nicht sehr häufig, dass man erst mit der elektrischen Ankerwinde den Anker aus dem Grund holt und anschließend die Bugschraube zum Manövrieren braucht. Entsprechend der Betrachtung des schlechtesten Falls, für den man noch alle Geräte verfügbar haben möchte, legt man dann die Kapazität fest, die natürlich nie kleiner sein kann als die geforderten Einzelkapazitäten.

Die Auswahl der richtigen Kapazität für das Bordnetz erfolgt zweckmäßigerweise mit einer Checkliste. In dieser Liste werden alle Verbraucher mit ihren Stromaufnahmen in Ampere (= Leistung : Spannung) aufgelistet. Nun wird der Versorgungsbedarf in Stunden geschätzt und die erforderliche Kapazität ausgerechnet. Das nachfolgende Beispiel verdeutlicht die Rechnung für eine kleine Segelyacht (Tabelle 2–4):

Um die tatsächlich benötigte Batteriekapazität zu erhalten, sollte das Ergebnis mit dem Sicherheitsfaktor 1,7 multipliziert werden. Durch diesen Faktor werden Einflüsse wie z.B. geringe Ladung, niedrige Außentemperatur, hohe Entladung, Alterung usw. berücksichtigt.

Bordspannung	Winsch-Typ	Empfohlene Ah-Kapazität/ nur für Winsch
12 Volt	Lewmar Commander 200, 1 Motor	600 Ah
	Lewmar Commander 400, 2 Motoren	1200 Ah
	Lewmar Commander 5, 2 Motoren	1200 Ah
	Andersen Mini, 1 Motor	600 Ah
	Andersen Midi, 2 Motoren	1200 Ah
	2 x ST40 + 2 x ST58 elektrische Winden	600 Ah
24 Volt	Lewmar Commander 200, 1 Motor	400 Ah
	Lewmar Commander 400, 2 Motoren	600 Ah
	Lewmar Commander 5, 2 Motoren	600 Ah
	Andersen Mini, 1 Motor	400 Ah
	Andersen Midi, 2 Motoren	600 Ah
	2 x ST40 + 2 x ST58 elektrische Winden	400 Ah

Tabelle 2–2: *Winsch-Kapazität im Verhältnis zur Ah-Kapazität (Mastervolt).*

Es besteht außerdem Schutz vor Tiefentladung, da die Batterien nicht mehr als 80 % (Starterbatterien) bzw. 60 % (Gel-Batterien) entladen werden dürfen, bevor sie wieder aufgeladen werden müssen.

Aus dem in Tabelle 2–4 genannten Beispiel würde sich ergeben:

52,5 Ah x 1,7 = 89,25 Ah (K₂₀) x 0,85
= 75,9 Ah (K₅);
gewählt: 75 Ah

Bei der Starter-Batterie ist darauf zu achten, dass zwar der erforderliche Anlassstrom vorhanden ist, aber die Kapazität nicht beliebig nach oben erweitert werden darf. Dieses liegt daran, dass die Hersteller bei der Dimensionierung des Anlassers auch den maximalen Strom, der aus der Batterie kommt, berücksichtigen. Ist dieser zu groß kann der Anlasser theoretisch verbrennen. Im Zweifelsfall beim Hersteller nachfragen.

Bugschraube	Geeignete Batterien
25 kgf 12 V	1 x 70 Ah / 12 V
35 kgf 12 V	1 x 70 Ah / 12 V
55 kgf 12 V	1 x 108 Ah / 12 V
55 kgf 24 V	2 x 55 Ah / 12 V in Reihe
75 kgf 12 V	1 x 200 Ah / 12 V
75 kgf 24 V	2 x 100 Ah / 12 V in Reihe
95 kgf 12 V	1 x 220 Ah / 12 V
95 kgf 24 V	2 x 110 Ah / 12 V in Reihe
160 kgf 24 V	2 x 300 Ah / 12 V in Reihe
220 kgf 24 V	2 x 330 Ah / 12 V in Reihe

Tabelle 2–3: Kapazitätsermittlung für elektr. Bugschrauben (VETUS).

Verbraucher	Leistung in Watt	:	Spannung in Volt	=	Stromaufnahme in Ampere	x	Versorgungszeit in Stunden	=	Kapazitätsbedarf Ampere-Std.
Positionsbeleuchtung	60	:	12	=	5	x	8	=	40,0
Echolot und Log	1	:	12	=	0,08	x	5	=	0,4
Kajütleuchte Innenbeleucht.	8	:	12	=	0,7	x	3	=	2,1
Selbststeueranlage	24	:	12	=	2	x	5	=	10,0

Kapazitätsbedarf pro Tag: 52,5

Tabelle 2–4: Batteriekapazitätsermittlung für eine kleine Segelyacht (VARTA).

Werden für diesen Zweck jedoch Gel-Batterien eingesetzt, so kann etwas mehr Kapazität nicht schaden, da diese von Natur aus ein geringeres Hochstromvermögen haben.

2.3 Montage

Die Rheinschiffsuntersuchungsordnung (Rhein SchUO) legt eindeutige Bestimmungen für Fahrzeuge über 15 t Wasserverdrängung für den Betrieb von Akkumulatoren fest.

1. Akkumulatoren müssen zugänglich und so aufgestellt sein, dass sie sich bei Bewegungen des Schiffes nicht verschieben können. Sie dürfen nicht an Plätzen aufgestellt sein, an denen sie übermäßige Hitze, extreme Kälte, Spritzwasser oder Dämpfen ausgesetzt sind.
Sie dürfen nicht in Steuerhäusern, Wohnungen und Laderäumen untergebracht sein. Dies gilt nicht für Akkumulatoren in tragbaren Geräten.

2. Batterien … dürfen unter Deck in einem Schrank oder Kasten aufgestellt sein. Sie dürfen auch offen im Maschinenraum oder an anderen gut belüfteten Stellen stehen; in diesen Fällen müssen sie gegen herabfallende Gegenstände und Tropfwasser geschützt sein.

3. Die Innenflächen aller für Batterien vorgesehenen Räume, Schränke oder Kästen sowie Regale und andere Bauelemente müssen gegen die schädlichen Auswirkungen des Elektrolyten geschützt sein.

4. Geschlossene Räume, Schränke oder Kästen, in denen Batterien aufgestellt sind, müssen wirksam belüftet werden können. Die Zuluft ist unten so zu-, und die Abluft oben so abzuführen, dass ein einwandfreier Abzug der Gase gewährleistet ist.
Die Belüftungskanäle dürfen keine Vorrichtungen (z.B. Absperrschieber) enthalten, die den freien Durchgang der Luft behindern.

5. Bei künstlicher Lüftung muss ein Lüfter, vorzugsweise ein Absauglüfter, vorhanden sein, dessen Motor nicht im Gas- oder Luftstrom angeordnet sein darf.
Dieser Lüfter muss so ausgeführt sein, dass Funkenbildung bei Berührung eines Flügels mit dem Lüftergehäuse sowie elektrostatische Aufladung ausgeschlossen sind.

In Ergänzung hierzu weist die EN ISO 10133 noch auf folgende Punkte hin:
Die Batterien müssen eine Schräglage von 30° verkraften, ohne dass Elektrolyt austritt. Zusätzlich muss eine Auffangvorrichtung für ausgetretenen Elektrolyt vorhanden sein, die bis zu einer Schräglage von 45° funktionstüchtig ist.
Hierfür bietet z.B. die Firma VETUS praktische Batteriekästen an, mit denen die Auflagen gut erfüllt werden können.

Abbildung 2–11: *Batteriebox (VETUS).*

Abbildung 2–12: Batterieklemme mit Gewindebolzen (Philippi).

Batterien dürfen nicht unmittelbar über oder unter einem Kraftstofftank oder -filter eingebaut sein und jedes metallische Teil des Kraftstoffsystems muss innerhalb von 30 cm neben oder über der Batterie elektrisch isoliert sein. Für die Batterieanschlüsse haben sich Batterieklemmen mit Gewindebolzen bestens bewährt, da die Anschlüsse mit Kabelschuhen sauber ausgeführt und auch mehrere Kabel an einem Anschluss fachgerecht montiert werden können.

2.4 Wie hält man die Batterie am Leben?

2.4.1 Diagnose
Der Ladezustand der Batterie lässt sich grundsätzlich schwer ermitteln.

2.4.1.1 Spannungsmessung
Ein Voltmeter ist die einfachste und kostengünstigste Methode der Batteriediagnose, aber auch die unsicherste. Da lediglich ein Messbereich von 10 V bis 17 V (24-Volt-Anla-

gen x 2) interessiert, sollten Zeigerinstrumente mit genügend Auflösvermögen oder besser Digital-Instrumente verwendet werden. Wurde die Batterie nicht unmittelbar vor der Messung ge- oder entladen (ggf. mehrere Stunden Wartezeit), so gelten folgende Richtwerte:

12,7 Volt entsprechen ca. 100 %
12,5 Volt entsprechen ca. 75 %
12,3 Volt entsprechen ca. 50 %
12,1 Volt entsprechen ca. 25 %
11,6 Volt entsprechen ca.   0 %

Für 24-Volt-Anlagen gelten doppelte Spannungswerte. Nach der Spannungsmessung kann keine Aussage über die Alterung der Batterie gemacht werden.

2.4.1.2 Messung der Säure-Dichte
Bei offenen Batterien liefert die Analyse der Säure-Dichte eine zuverlässigere Information bzgl. des Ladezustands.

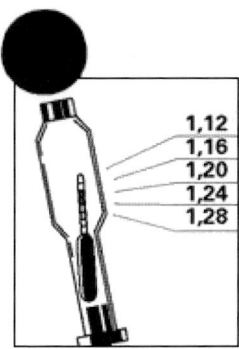

Abbildung 2–13: Der Säureheber bestimmt die Dichte der Batteriesäure und damit den Ladezustand (VARTA).

Mit dem Säureheber wird die Säuredichte des Elektrolyten, die von dem Ladezustand des Akkus abhängt, bestimmt.

Es gelten folgende Werte:

voll   1,28 kg/l Säuredichte => in Ordnung, Batterie ist voll leistungsfähig

halb   1,20 kg/l Säuredichte => Nachladen erforderlich, wenn:

      a) trotz längerer Fahrstrecke keine höhere Dichte erreicht wird

      b) Temperatur unter 10 °C liegt

      c) vorübergehende Stillegung

leer   1,10 kg/l Säuredichte => sofort nachladen

Durch das Messen der Säuredichte können auch Fehler an der Batterie festgestellt werden. Weicht die Säuredichte einer Zelle merklich von den übrigen Zellen ab, so liegt in dieser Zelle sehr wahrscheinlich ein Kurzschluss vor. Liegt die Säuredichte in zwei oder mehr benachbarten Zellen tiefer als in den umgebenden, so befindet sich zwischen diesen Zellen eine Undichtigkeit. Durch diese entladen sich die Zellen gegenseitig, da sie über den Zellenverbinder einen geschlossenen Stromkreis bilden.

Ist die Batterie durch Säuredichtemessung überprüft und es fällt trotzdem die Spannung bei Hochstrombelastung zusammen, so besteht eine nicht intakte Lötverbindung. Das Laden und Entladen kann in diesem Fall aber meistens noch mit kleinen Strömen erfolgen.

2.4.1.3 Messung unter Belastung

Das Batterieprüfgerät Accu-Test ermöglicht eine Aussage über den Ladezustand als auch über die Startfähigkeit einer Batterie.

Das Gerät kann für alle 12-Volt-Starterbatterien mit einer Kapazität von ca. 30 bis 200 Ah verwendet werden und ermöglicht auch eine zuverlässige Kapazitätsermittlung von verschlossenen Blei-Säure- und Blei-Gelbatterien, die mittels Säureheber nicht zu prüfen sind.

Die beiden Prüfspitzen des Gerätes werden auf die Endpole der zu prüfenden Batterie aufgesetzt. Eingebaute Leuchtdioden zeigen an, ob das Prüfgerät polrichtig aufgesetzt wurde.

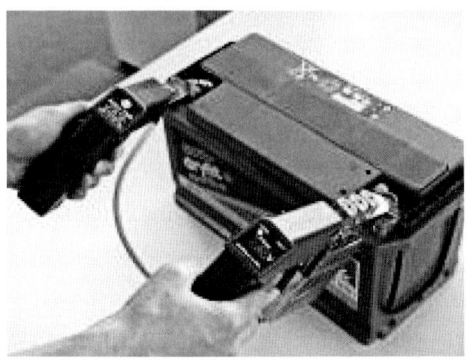

Abbildung 2–14: *Belastungsmessung der Batterie (Leab).*

Die drei Belastungswiderstände können durch Drehen der zugehörigen Rändelmuttern zu- oder weggeschaltet werden. Jeder Widerstand entnimmt einen Prüfstrom von ca. 100 A bei 12 Volt Batteriespannung.

Die Messung der Batteriebelastungsspannung dient sowohl zur Ermittlung des Batterieladezustandes als auch der Startfähigkeit. Der angezeigte Spannungswert wird mit der mitgelieferten Tabelle verglichen und liefert eine genaue Aussage über den Ladezustand.

2.4.1.4 Messung mit Spezialgeräten

Das Testgerät BAT 121 von Bosch führt einen nichtbelastenden Batterietest in zehn Sekunden mit eindeutiger Gut/Schlecht-Aussage für eine Starterbatterie durch.

Das Gerät ist geeignet für Starterbatterien mit 12 V Nennspannung, die Identifizierung erfolgt über den Kälteprüfstrom und das Prüfverfahren.

Abbildung 2–15: *BAT 121 Batterie-Tester (Bosch).*

Angezeigt werden beim Batterietest Batteriespannung, Startleistung und der Batteriezustand.

Zusätzlich bietet das Gerät die Möglichkeit der Überprüfung der 12-V-Lichtmaschine. Beim Generatortest werden die Reglerspannung und die Welligkeit der Generatorspannung beurteilt.

2.4.2 Wartung der Batterien

Bleiakkumulatoren werden in der Regel wartungsfrei nach DIN geliefert. Diese Aussage bedeutet, dass die Batterie keiner Wartung bedarf, sofern die Betriebstemperaturen im üblichen Rahmen bleiben und die Reglerspannung so eingestellt ist, dass die Batterie nicht in den Bereich der Gasungsspannung kommt. Sollten von den Normbedingungen abweichende Werte auftreten, so ermöglichen in der Regel abnehmbare Stopfen auf den Zellen eine Batteriediagnose und eventuell einen Ausgleich des Säurestandes.

Beim Gasen wird nur das Wasser des Elektrolyten in seine Bestandteile zerlegt und verflüchtigt sich, niemals der Säureanteil. Daher kann der Elektrolyt mit destilliertem – also chemisch reinem – Wasser aufgefüllt werden.

Auf keinen Fall darf der Akku mit normalem Leitungswasser aufgefüllt werden, auch wenn dieses abgekocht wurde.

Besonders rasch korrodieren lockere Anschlüsse. Dabei bilden sich Übergangswiderstände. An ihnen kann bei hohen Strömen ein großer Teil der Spannung verloren gehen. Klemmen sind deshalb gut zu befestigen.

Säureverschmutzungen werden mithilfe basischer Lösungen, z.B. Sodalösungen, neutralisiert und dann abgewaschen. Basische Lösungen dürfen auf keinen Fall in das Innere der Zellen gelangen. Bei voller Ladung und bei Tiefentladung entsteht in der Batterie Knallgas. *Bereits kleine Funken in Schaltern oder an lockeren Kontakten können Explosionen auslösen!*

Wasser darf nie in konzentrierte Säure gegossen werden. Das Wasser würde schon an der Oberfläche mit der Mischung reagieren und zusammen mit Säure hochspritzen. *Batteriesäure wirkt stark ätzend. Augen, Haut und Kleidung müssen geschützt werden!* Verletzungen müssen vom Arzt behandelt werden.

Beim Ausbau der Batterie empfiehlt es sich zuerst die Minusleitung, dann die Plusleitung zu lösen (Minus an Masse) und beim Einbau zuerst die Plus- und anschließend die Minusleitung anzuklemmen.

Batterien, die vorübergehend außer Betrieb gesetzt werden, z.B. in der Winterpause, sind kühl und trocken zu lagern. Säuredichte bzw. Ruhespannung müssen im Abstand von ca. drei bis vier Monaten kontrolliert werden; sofern die Werte unter 1,20 g/ml bzw. unter 12,2 V liegen, muss die Batterie nachgeladen werden.

Batterien entladen sich im Laufe der Zeit, auch wenn sie nicht belastet sind. Sie verlieren im Neuzustand bei Raumtemperatur täglich ca. 0,1–0,2 % ihrer Ladung. Mit zunehmendem

Batteriealter kann dieser Wert bis auf 1 % pro Tag und mehr ansteigen und letztlich zum Ausfall führen. Je größer die Umgebungstemperatur wird, desto größer wird die Selbstentladung. Steigt die Temperatur um 10 °C, so verdoppelt sich der Ladungsverlust.

Die mittlere Lebensdauer eines Bleiakkus liegt etwa bei fünf Jahren, wobei dieser Wert stark von der Umgebungstemperatur, der Ladekennlinie und der Anzahl der Tiefentladungen abhängt.

2.4.3 Batterieauffrischer

Die Lebensdauer von Blei-Säurebatterien wird begrenzt durch Bleischlammbildung und durch Sulfatierung der aktiven Bleioberfläche. Die »verbrauchte« Batterie erkennt man daran, dass sie sich beim Laden erwärmt. Am Boden hat sich Bleischlamm angehäuft und bildet einen elektrischen »Heizleiter«.

Während durch die spezielle Bauweise der so genannten »zyklenfesten« Batterien der Bleischlammbildung entgegengewirkt wird, kann die Sulfatierung nur mittels einer aufwändigen speziellen Ladetechnik bedingt beseitigt werden (Laden über längere Zeit mit kleinem, konstantem Strom).

Praxistests haben ergeben, dass die Sulfatierung in 80 % der Fälle zu dem Batterietod führt, wobei Starter-Batterien bereits nach vier Jahren zu der Risikogruppe gehören. Die langen Stillstands-Zeiten, in denen die Batterien an Bord in der Regel nicht genutzt werden, fördern die Sulfatierung sogar noch.

In jeder Blei-Säure-Batterie entsteht bei der Entladung Sulfat. Der chemische Vorgang, bei dem das Bleisulfat Kristallblöcke bildet, verringert die effektiv nutzbare Platten-Oberfläche innerhalb der Batterie, die Kapazität sinkt. In der Praxis lässt die Startleistung stark

Sulfatierung: Mikroskop-Aufnahmen zeigen den schleichenden Batterie-Tod.

 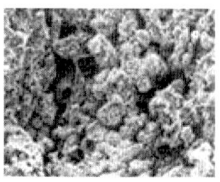

So sehen die Platten-Oberflächen einer neuen Batterie aus: eine schwammartige Fläche.

Eine gepulste Batterie nach knapp einem Jahr: Die Oberfläche ist weitgehend erhalten geblieben.

Eine ungepulste Batterie nach sechs Monaten: Aus dem Bleisulfat bilden sich erste Kristalle.

Platten-Oberfläche einer ungepulsten Batterie nach zwei Jahren: deutliche Kristall-Bildung.

Abbildung 2–16: *Folgen der Sulfatierung (boote-Magazin).*

nach, bis die Batterie schließlich kaum noch Strom abgibt. Auch Nachlade-Versuche sind in diesem Fall meist sinnlos. Durch die fehlende Platten-Oberfläche kann die Batterie keinen ausreichenden Strom mehr aufnehmen, die für einen guten Ladezustand wichtige Säuredichte bleibt zu niedrig. Stark sulfatierte Batterien haben damit nur noch Schrottwert.

Um das spezielle Problem der Sulfatierung in den Griff zu bekommen, wurde in Zusam-

Abbildung 2–17: *Megapulser beseitigt die Sulfatierung.*

menarbeit mit den Raumfahrt-Labors der NASA ein Gerät entwickelt, das den Namen Megapulser trägt.

Der Batterie-Pulser löst durch seine elektronischen Impulse die Sulfatkristalle auf und gibt die daraus freiwerdende Energie der Batteriesäure zurück.

Vereinfacht gesagt besteht der Batterie-Pulser aus elektronischen Komponenten, die Gleichstromimpulse in die Batterie abgeben. Der Pulser bezieht seine Energie für die Gleichstromimpulse direkt aus der Batterie und ist deshalb in der Lage, 24 Stunden am Tag die Platten von Sulfatansammlungen zu befreien. Aufgrund des ununterbrochenen Pulsens und der niedrigen Energie, die dazu benötigt wird, kann die Batterie auch über längere Zeit unbenutzt bleiben, ohne dass diese sulfatiert.

Und taugt dieses Gerät etwas?

In den Medien sind negative Berichte erschienen, die aussagen, dass Pulser nicht funktionieren. Dies ist zum Teil richtig. In den Berichten gehen die Tester davon aus, dass jede Batterie regenerierungsfähig ist. Dies ist natürlich Unfug. Hat eine Batterie z.B. einen Zellenkurzschluss oder sind die Platten aussulfatiert, kann der Pulser auch nichts mehr machen.

Diese Batterien sind zu entsorgen und durch eine neue zu ersetzen.

Folgende Batterieschäden kann der Pulser nicht beheben:

Bei Zellenkurzschluss, Bleischlammablagerung, Kurzschluss der Zellen durch Druck der Sulfatkristalle bzw. durch Schlackenablagerung, Korrosion der Platten durch häufiges Gasen der Batterie (Überladen).

Neben vielen Instituten hat auch die boote-Redaktion einen Test mit dem Gerät durchgeführt und ist zu folgendem Ergebnis gekommen:

»Nach unseren Erfahrungen und den Messungen der Universität Wien ist der Megapulser eine durchaus sinnvolle Investition, um altersschwache Bleisäure- und Gelbatterien wieder zu beleben. Darüber hinaus kann der Megapulser neue Batterien vor der Sulfatierung schützen und so die Lebensdauer deutlich erhöhen. Den Megapulser bekommt man sowohl für 12-V-Batterien (etwa 75 €) als auch für 24-V-Batterien (etwa 290 €) im Fachhandel.«

Installation

Der Megapulser bleibt immer an der Batterie angeschlossen. Er schaltet bei ca. 12,5 Volt selbstständig ab um nicht die Batterie tiefzuentladen, hierbei ist zu bedenken, dass das Gerät seine Energie direkt aus der Batterie zieht und diese damit entlädt. Der Stromverbrauch ist abhängig vom Grad der Sulfatierung und dem Ladezustand der Batterie. Er beträgt maximal 200 mA bei einer stark sulfatierten Batterie und reduziert sich auf weniger als 100 mA bei gepulsten Batterien. Das macht am Tag immerhin zwischen 2,5 Ah und 5 Ah aus, in einer Woche bis zu 35 Ah und in einem Monat erreicht man dann auf einmal 140 Ah, die das Gerätchen für seinen Dienst verdrückt.

Für 24-V-Systeme bietet der Hersteller ein separates Gerät an, das vornehmlich für den industriellen Einsatz bestimmt ist. Es wird zwar erwähnt, dass bei kleineren Kapazitäten in 24-V-Anlagen jeder 12-V-Block einen eigenen Auffrischer bekommen soll (um die Unterschiede in den Batterieblöcken zu berücksichtigen), ich halte von dieser Variante nichts, da die Pulser mit Sicherheit die 12 -V-Blöcke unterschiedlich entladen werden.

Der Megapulser ist sowohl für offene als auch für geschlossene Batterien geeignet, wobei bei den geschlossenen (Gel-Batterien) Folgendes beachtet werden muss:

- Diese Batterien reagieren äußerst sauer auf eine Überladung. Befindet sich das Ladegerät nun in der Nachladephase (die Batterie ist so gut wie voll), so können die Gleichstromimpulse des Megapulsers genau den Effekt der Überladung hervorrufen. Hier ist es ratsam, das Gerät während der Nachladephase abzuklemmen.
- Bei Gelbatterien, die bereits 40 % oder mehr ihrer Kapazität eingebüßt haben, kann der Megapulser eher kontraproduktiv wirken.

Durch seine Stromimpulse erzeugt er an der negativen Platte Reibung, was zu einer Erwärmung der Batterie führt. Wird diese ohne Batterietemperaturfühler geladen, so ist die Überladung vorprogrammiert.

2.4.4 Batterien und Umwelt

Nahezu alle Batterien für den täglichen Gebrauch, insbesondere Primärbatterien, sind heute frei von Quecksilber oder Cadmium. Quecksilberoxid-Batterien, wiederaufladbare Nickel-Cadmium-Akkus und Blei-Akkus enthalten dagegen nach wie vor als unverzichtbaren Bestandteil Schwermetalle. Gelangen sie in größeren Mengen in die Umwelt, können sie Schaden anrichten. Heutzutage müssen die Skipper alle verbrauchten Batterien im Handel oder bei kommunalen Sammelstellen zurückgeben. Das sieht die im April 1998 in Kraft getretene Batterieverordnung vor. Danach sind die Hersteller und Importeure verpflichtet, alle Altbatterien zurückzunehmen, zu sortieren und zu entsorgen. Beim Kauf einer neuen Starterbatterie müssen die Verbraucher 7,50 € Pfand bezahlen, wenn sie keine alte Batterie zurückgeben.

3. Ladetechnik

Die Batterien bilden als Energiespeicher an Bord das Herz der gesamten technischen Errungenschaften. Im Gegensatz zum Haus, wo der Strom aus der Steckdose kommt, muss der Skipper selbst dafür sorgen, dass der Durst seiner elektrischen Systeme gestillt werden kann.

Entsprechend der Kapazitätsberechnung können wir ermitteln, wie lange der Betrieb an Bord aufrechterhalten werden kann, ohne dass die Akkus wieder aufgeladen werden müssen. Irgendwann kommt jedoch der Zeitpunkt, wo wir wieder ans Netz müssen oder eine andere Möglichkeit finden, Energie zu tanken.

Das Tanken elektrischer Energie ist im Gegensatz zum Bunkern von Treibstoff oder Trinkwasser eine mühsame Sache. Es ist nicht damit getan, einfach den Stromschlauch in die Batterie zu halten und dann den Hahn kräftig aufzudrehen, sondern die Batterien möchten das Laden genießen und sich in der wohlverdienten Pause von den Anstrengungen erholen.

Aber wer hat schon Zeit? Erst recht nicht, wenn in der Zeit ein Generator oder eine Hauptmaschine laufen muss oder man sogar mit einem Kabel an die Pier gebunden ist. Also muss der Saft so schnell in die Batterie rein, wie die Physik eben erlaubt.

Je höher der Ladestrom ist, desto mehr Energie wird in die Batterie gepumpt. Dieses multipliziert mit der Zeit ergibt die Kapazität [Ah], die man nun übernommen hat. Aber man sollte nicht meinen, dass diese hinterher auch vollständig zur Verfügung steht, denn beim Laden und Entladen einer Batterie geht Energie verloren. Die vollständige Menge elektrischer Energie, die die Batterie während des Ladens aufnimmt, ist ungefähr 20 % höher als die abgegebene Entlademenge. Nach 5 Stunden Ladung wird demnach rein rechnerisch ca. 1 Stunde davon aufgewendet, um die Batterie zu erwärmen und Wasser in seine Bestandteile zu zerlegen (Gasen).

Die Höhe des maximal zulässigen *Ladestroms* ist eine wichtige Größe um die Zeit zu bestimmen, die für die Ladung investiert werden muss.

Der maximale Ladestrom ist abhängig von dem physikalischen Aufbau (nass oder trocken? AGM oder Traktionsbatterie?), der Kapazität und der Temperatur der Batterie.

In der Vergangenheit wurde der maximale Ladestrom vereinfacht mit 10 % der Batteriekapazität angegeben. Für eine 200-Ah-Batterie ist somit ein Ladestrom von 20 A zulässig. Diese Regel stammt aus einer Zeit, in der die Lader nicht strom- und spannungsreguliert waren.

Mit modernen Ladegeräten, die über entsprechende Regeltechnik verfügen, geht man von einem maximalen Ladestrom von 25 % aus, was bei dem oben genannten Beispiel immerhin schon 50 A sind. Da die Gasungsspannung der Batterie stark von der Temperatur abhängig ist lohnt es sich, dass an der Batterie an der wärmsten Stelle ein Temperatursensor befestigt wird, der mit dem Ladegerät verbunden ist.

Die Firma Mastervolt gibt an, dass es bei Gel-Batterien möglich ist, bis zu 50 % der Kapazität als Ladestrom zu verwenden (im oberen Beispiel 100 A). Hier ist eine Temperaturkompensation der Ladespannung zwingend erforderlich, um die Batterie nicht direkt ins Jenseits zu schicken und dabei möglicherweise das Boot und die Besatzung gleich mitzunehmen.

Abbildung 3–1: *Bei hohen Ladeströmen ist ein Temperatursensor an der Batterie unerlässlich (Vetus).*

Zusätzlich zum Ladestrom muss man bei der Auswahl der Ladeeinrichtung den durchschnittlichen Belastungsstrom berücksichtigen, der an Bord auch während der Ladung entnommen wird. Man will ja nicht, dass das, was eigentlich in der Batterie gebunkert werden soll, direkt wieder verprasst wird.

Die Batterie hat es gar nicht gerne, wenn man ihr beim Laden zu viel Stress macht. Den oben genannten maximalen Ladestrom nimmt sie nur so lange auf, bis sie zu ca. 80 % geladen ist. Anschließend wird sie richtig sauer und fängt an zu kochen, wenn der Strom nicht deutlich reduziert wird.

Die Ladezeit ist abhängig von Typ und Sorte, sowie der vollständigen Entladezeit der Batterie (langsam oder schnell). Als Faustregel gilt: Man dividiert die Kapazität der Batterie durch die maximale Amperezahl des Laders und addiert vier Stunden. Die vier Stunden sind die so genannte Nachladezeit, in der die Batterie festlegt, wie viel Strom sie noch braucht, bis sie wieder zu 100 % geladen ist. Beispiel: Eine Batterie hat 200 Ah, der Lader 40 A, dann beträgt die Ladezeit:

200 Ah : 40 A + 4 Stunden = 5 Std. + 4 Std. = 9 Std. Ladezeit insgesamt.

Wenn die Batterie nur zu 50% entladen ist, lautet die Rechnung:

100 : 40 = 2 + 4 Stunden, also insgesamt 6 Stunden.

Clevere Skipper können jetzt auf die Idee kommen, nur die Hochstromphase des Ladeprozesses zu verwenden und sich mit 80 % der Kapazität zufrieden geben. Warum soll man für die restlichen 20 % nochmal fast genauso lange warten wie für den großen Brocken vorher? Ganz einfach: weil die Batterie dann in kürzester Zeit wegen Nichtbeachtung ihrer wohlverdienten Ruhepause den Dienst quittieren wird. Wird eine Batterie nicht mindestens einmal im Monat vollständig aufgeladen, tritt sehr schnell ein Kapazitätsverlust ein.

Beispiel:
Angenommen, eine 12-Meter-Segelyacht hat eine 12-V-Anlage mit einer Kapazität von 200 Ah. Der maximale Ladestrom wäre 25 % = 50 A. Damit können in zwei Stunden 100 Ah geladen werden. Bei gleichzeitigem Verbrauch von 15 A muss das Ladegerät 65 A

liefern. Der Wirkungsgrad des Ladevorgangs beträgt ca. 80 %, d.h. von den 100 Ah, die man hineingeladen hat, stehen noch ca. 80 Ah für die restlichen 22 Stunden des Tages zur Verfügung. Dieses entspricht einem durchschnittlichen Verbrauch von 80 Ah/22 Stunden = 3,6 A pro Stunde oder einer Leistung von 43 Watt. Die Batterie wird wegen der kurzen Generatorlaufzeit nur auf ca. 80 % bis 85 % aufgeladen und anschließend auf ca. 40 % entladen.

Bei obigem Beispiel nutzt man die Batterie teilgeladen (zwischen 40 % und 85 %). Nasse offene Batterien halten so nur ungefähr 30 Zyklen. Gel-Batterien halten länger, da ihr Elektrolyt festgelegt ist, müssen aber nach ungefähr 30 Zyklen vollständig geladen werden.

Neben dem Ladestrom ist die Temperatur eine wichtige Größe für das Wohlbefinden der Energiespeicher.

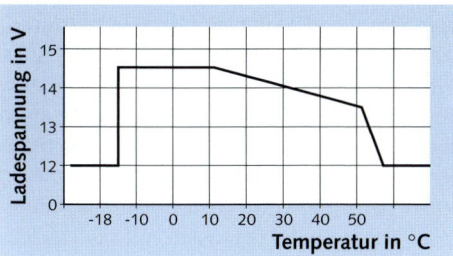

Abbildung 3–2: *Temperaturkompensation der Ladespannung (Mastervolt).*

Die Gasungsspannung und die Ladeerhaltungsspannung fallen mit dem Ansteigen der Batterietemperatur. Dies bedeutet, dass bei einer festen Ladespannung eine kalte Batterie unzureichend und eine heiße Batterie übermäßig geladen wird. Beide Effekte sind sehr schädlich.

Überhitzung führt sehr schnell zur Zerstörung der Batterie, da das Gas die aktive Masse aus den Platten treibt, und es besteht die Gefahr einer Explosion aufgrund innerer Kurzschlüsse und weil Knallgas entstehen kann.

Die Temperatur einer Batterie kann durch folgende Ereignisse stark variieren:

• Schnelles Entladen und Laden. Durch ihren Innenwiderstand erwärmt sich eine Batterie. Die Temperatur steigt im Quadrat des Stromes.

• Der Einbauort: Im Maschinenraum eines Schiffes treten Temperaturen bis 40 °C und darüber auf. In Fahrzeugen kann die Temperatur von –20 °C bis +40 °C variieren.

Eine hohe durchschnittliche Arbeitstemperatur verursacht frühzeitiges Altern, weil der chemische Zerlegungsprozess in einer Batterie bei höherer Temperatur schneller abläuft. Der Batteriehersteller beschreibt die Lebensdauer seines Produktes für 20 °C Umgebungstemperatur. Die Lebensdauer einer Batterie halbiert sich jeweils bei 10 °C Temperaturanstieg. In der Praxis zeigt sich sehr häufig, dass die Möglichkeiten zur Beschleunigung der Ladung gar nicht ausgeschöpft werden. Dieses liegt daran, dass viele Ladeeinrichtungen zu klein dimensioniert sind, Spannungsverluste nicht kompensiert und ungeeignete Ladegeräte verwendet werden. Kombiniert mit der Ungeduld, auf das Laden zu warten, führt dieses zu Tiefentladungen und nicht vollständigem Laden der Batterien, was die Hauptgründe für die geringere Lebensdauer einer Batterie sind.

Der Austausch eines kompletten Batteriesatzes ist häufig mit mehreren hundert bzw. tausend Euro verbunden. Investiert man das Geld in die korrekte Ladetechnik, so erhält man nicht nur eine bessere Rendite, sondern verfügt auch noch über eine zuverlässigere Energiespeicherung an Bord.

3.1 Lichtmaschinen für den Bordgebrauch

Eigentlich besitzt nur ein Fahrrad eine Lichtmaschine, da durch den vorgeschriebenen Dynamo ausschließlich Licht erzeugt wird. An Bord unseres Bootes liefert die Lichtmaschine weitaus mehr als nur Licht. Sie sorgt dafür, dass bei richtiger Auslegung die Starterbatterie schnell wieder nachgeladen und auch die Bordnetzbatterie aufgefrischt wird.

Bei den Lichtmaschinen oder besser gesagt Generatoren unterscheidet man zwischen Gleich- und Drehstromlichtmaschinen.

Gleichstromgeneratoren werden heute praktisch nicht mehr eingebaut, finden sich aber vielleicht noch auf dem ein oder anderen Fahrzeug wieder. Der Gleichstromgenerator ist vergleichbar mit einem Elektromotor, der durch die Hauptmaschine angetrieben wird. Aus Dank liefert er an seinen Klemmen eine Spannung, die zum Laden der Batterien verwendet werden kann.

Um die Batterien nicht zu überladen ist eine Regelung des Ladestroms erforderlich. Dieses erfolgt durch die Beeinflussung des Erregerfeldes des Generators. Es muss sichergestellt werden, dass auch bei wechselnden Drehzahlen des Motors die Batterien nicht überladen werden.

Der Gleichstromgenerator weist im Vergleich zum Drehstromgenerator einige Nachteile auf. Zum einen ist der Ladestrom bedingt durch den physikalischen Aufbau bei niedrigen Motordrehzahlen relativ gering. Zum anderen sind die äußeren Abmessungen relativ groß, womit auch die Massen, die durch den Motor bewegt werden müssen, größer sind. Daraus resultiert ein schlechterer Wirkungsgrad. Der gesamte Ladestrom wird über Kohlebürsten abgegriffen. Das hat zur Folge, dass diese Bauteile häufiger gewartet werden müssen.

Wer nun aber an seiner Maschine noch eine Gleichstromlichtmaschine besitzt braucht nicht direkt ins Leid fallen, da es sich um eine Technik handelt, die sich über mehrere Jahrzehnte bewährt hat.

Ein typischer Fehler, der bei Gleichstromgeneratoren auftreten kann, ist der Zusammenbruch des Erregerfeldes. Der Fehler äußert sich dadurch, dass der Generator auch bei hohen Drehzahlen keine Spannung mehr abgibt. Bevor der entmutigte Skipper nun aber seine liebgewonnene Gleichstromlichtmaschine zum Elektroschrott bringt sollte er noch einmal versuchen, sie neu zu erregen. Dies erfolgt durch einen gezielten Stromstoß auf die Erregerwicklung. Der Effekt, der hierbei einsetzt, ist einfach zu verstehen: Bei stehendem Generator bleibt ein Restmagnetismus übrig, der für den nächsten Anlauf notwendig ist. Und genau dieser Restmagnetismus kann sich durch lange Standzeiten, Erschütterungen oder falsche Polung des Reglers abbauen, und ohne magnetisches Feld kann der Generator keine Spannung abgeben. Durch einen Stromstoß auf die Erregerwicklung (richtige Polung beachten!) wird der Restmagnetismus wieder aufgebaut und kann in vielen Fällen den Generator noch für viele Betriebsstunden aktivieren.

Der *Drehstromgenerator* unterscheidet sich vom Aufbau und von der Wirkungsweise erheblich von seinem Vorgänger. Er besteht aus einem selbsterregten Synchrongenerator. Durch den Antrieb wird in den Wicklungen ein Dreiphasen-Wechselstrom induziert. Da dieser aber nicht direkt auf die Batterien geschaltet

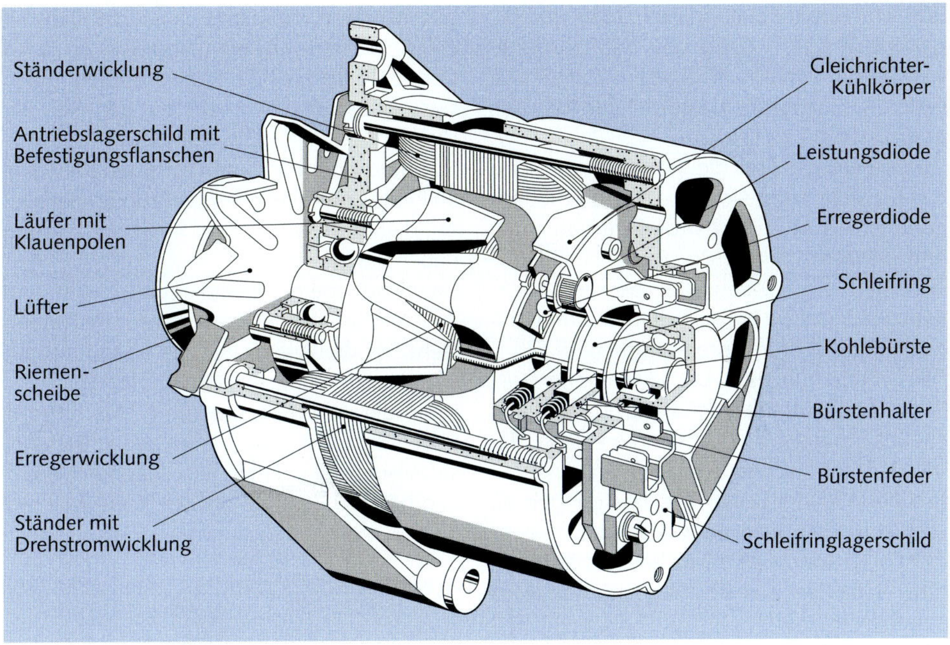

Ständerwicklung

Antriebslagerschild mit
Befestigungsflanschen

Läufer mit
Klauenpolen

Lüfter

Riemen-
scheibe

Erregerwicklung

Ständer mit
Drehstromwicklung

Gleichrichter-
Kühlkörper

Leistungsdiode

Erregerdiode

Schleifring

Kohlebürste

Bürstenhalter

Bürstenfeder

Schleifringlagerschild

Abbildung 3–3: *Drehstromgenerator im Schnitt (Bosch).*

werden kann, muss er vorher über Dioden gleichgerichtet werden. Trotz dieses Mehraufwands weist diese Technik erhebliche Vorteile auf. Der Generator kann bedingt durch seinen physikalischen Aufbau bereits bei geringen Drehzahlen einen hohen Ladestrom abgeben. Die Gleichrichterdioden bewirken zusätzlich, dass bei stehendem Motor kein Entladestrom von der Batterie in den Generator fließen kann. Die Stromkennlinie ist gekrümmt und steigt bei höheren Drehzahlen durch ein Gegenmagnetfeld nicht weiter an. Dieses hat den Vorteil, dass auch bei Überlastung kein größerer Generatorstrom fließen kann und der Generator somit gegen Überlastung geschützt ist.

Ähnlich wie beim Gleichstromgenerator befinden sich im Drehstromgenerator Kohle-

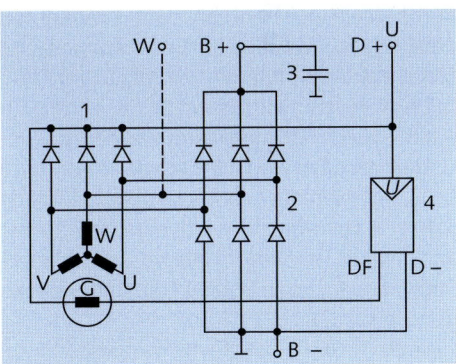

Abbildung 3–4: *Innenschaltbild eines Drehstromgenerators (Bosch)*
1 = Erregerdiode, 2 = Leistungsdiode
3 = Entstörkondensator, 4 = Laderegler

bürsten. Diese transportieren aber nur die geringe Erregerleistung und müssen daher viel seltener gewechselt werden. Zudem sind sie leicht zugänglich und in wenigen Minuten ausgetauscht.

Und schließlich sind die Abmessungen und das Gewicht bei gleicher Leistung erheblich geringer als bei Gleichstromlichtmaschinen und der Preis fällt in der Regel auch noch günstiger aus. Durch den besseren Wirkungsgrad (ca. 50 %) wird der Hauptmaschine weniger Leistung abgenommen.

Die Drehrichtung des Drehstromgenerators ist nur vom Lüfterrad abhängig. Daher kann er auch ohne großen Aufwand an vorhandenen Anlagen nachgerüstet werden.

Um den Generator vor Beschädigungen zu schützen sollte man darauf achten, dass er nicht ohne Anschluss an die Batterie läuft und dass er bei Elektroschweißarbeiten an Bord abgeklemmt wird.

3.1.1 Gerätevarianten

Die Anforderungen an die Lichtmaschine im Bordbetrieb weichen von dem Pkw-Betrieb erheblich ab, da auf einem Boot besonders im Stand elektrische Energie verbraucht wird und mit relativ wenig Motorlaufzeit der Verbrauch schnell wieder ausgeglichen werden soll. Im Gegensatz dazu wird die Batterie im Auto nur beim Anlassen des Motors entladen. Danach liefert die Lichtmaschine ständig Strom, selbst im Leerlauf, um sowohl alle Verbraucher mit Strom zu versorgen als auch die Batterie wieder aufzuladen.

Viele der an Bord installierten Lichtmaschinen kommen aus dem Kfz-Bereich und sind für diese Anwendungen dimensioniert. Die Aussage, dass die Lichtmaschine einen Strom von 60 A produzieren kann, bedeutet noch lange nicht, das sie diesen auch an Bord abgibt. Der

üblicherweise integrierte Laderegler lädt mit einer Spannungsbegrenzung von ca. 13,8 bzw. 27,6 Volt, da die Reglereinstellung den Gasungsbereich von gealterten Batterien berücksichtigt.

Standard-Lichtmaschinen verfügen über eine im Regler integrierte Temperaturkompensation, die im Auto durchaus ihre Berechtigung haben kann.

Da die Batterie nur wenig entladen wird, und weil meistens genug Ladezeit zur Verfügung steht, ist die Anhebung der Spannung auf Gasungsspannungsniveau überflüssig.

Wird die Ausgangsspannung der Batterie über Trenndioden auf verschiedene Batteriesätze aufgeteilt, so tritt ein Spannungsabfall von bis zu 0,7 V auf, der den Ladestrom erheblich reduziert.

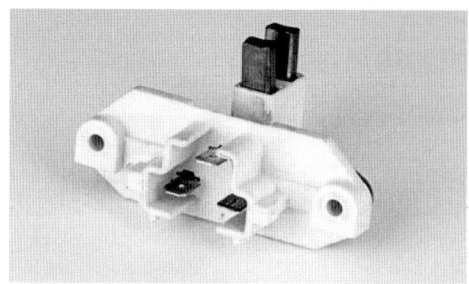

Abbildung 3–5: *Kohlebürstenhalter für einen externen Laderegler (Philippi).*

Nachdem bei uns an Bord die Batteriekapazität ständig gewachsen ist, musste irgendwann eine stärkere Lichtmaschine her. Von Bosch habe ich eine 24-V-/90-A-Lichtmaschine eingebaut und damit das 50-A-Modell ersetzt. Die Lichtmaschine hatte die Aufgabe, zwei Batteriesätze mit einer Gesamtkapazität von 600 Ah, die über Dioden entkoppelt waren, zu laden. Nach dem Einbau musste ich leider feststellen, dass der

Abbildung 3–6: *Lichtmaschine mit nachgerüstetem externem Regler.*

Ladestrom, den das Bordnetz abbekommen hat, gerade mal 25 A war. Nicht dass die Lichtmaschine nicht wollte: Sobald große Verbraucher zugeschaltet wurden hat sie gerne 80 A abgegeben, aber zum Laden war nicht mehr drin. Es war auch kein Wunder, denn die Ladespannung hat gerade mal 27 V betragen, anstatt der 28,8 V, die maximal zulässig sind. Daher habe ich den integrierten Laderegler ausgebaut (nur zwei Schrauben lösen) und von Philippi einen Adapter an die gleiche Stelle montiert. Über diesen Adapter konnte ich nun über ein dreiadriges Kabel einen externen Laderegler installieren, der über eine Einstellschraube sehr fein an die maximale Ladespannung angepasst werden konnte. Wichtig bei dieser Justierung ist, dass die Batterien voll geladen sind. Der Vorteil bei diesem Eingriff ist, dass die Lichtmaschine kaum verändert wird und nicht intern umgebaut wird. Dadurch kann ich im Störungsfall bei jedem Boschdienst ein Ersatzgerät bekommen.

Der kleine Umbau hat dazu geführt, dass das Bordnetz nun mit ansehnlichen 70 A geladen wird.

Um die Starterbatterien nun nicht zu überladen, wurde in Reihe zu der Ladeleitung eine Diode geschaltet, sodass die Ladespannung der Starterbatterie nur 28,1 V beträgt.

Eine andere Möglichkeit besteht darin, die angebaute Lichtmaschine für die Starterbatterie zu lassen und eine zusätzliche Hochstromlichtmaschine für das Laden des Bordnetzes zu installieren.

Die Hochstromlichtmaschinen liefern einen Ladestrom von bis zu 150 A und verfügen über einen abgesetzten Laderegler. Dieser sollte grundsätzlich mit einem Temperaturfühler, der sich direkt an der wärmsten Seite der Batterie befindet, ausgerüstet sein.

Ferner können Spannungsverluste, die durch Trenndioden entstehen, direkt kompensiert werden.

Die Leistung, die durch die Lichtmaschine abgenommen wird, muss vom Motor erst einmal erbracht werden. Bei einer 24-V- / 150-A-

Abbildung 3–7: *zusätzliche Hochstromlichtmaschine (Mastervolt).*

Lichtmaschine sind es bis zu 6 KW, die der Motor zusätzlich bringen muss. Dieses sollte in den meisten Fällen kein Problem sein.

Zu beachten ist aber die Verlustleistung, welche die Lichtmaschine in Wärme umsetzt. So kann die Temperatur der Lichtmaschine unter Volllast schnell mal über 100 °C steigen.

Ab ca. 1000 U/min fangen die Lichtmaschinen an, Strom zu produzieren. Häufig wird das Übersetzungsverhältnis so gewählt, dass die Lichtmaschine doppelt so schnell dreht wie der Motor. Das heißt, im Standgas bei 500 U/min gibt es auch schon (etwas) Strom. Die Kennlinie steigt danach steil an. Die volle Leistung gibt die Lichtmaschine bei einer Drehzahl zwischen 3000 und 4000 U/min ab, was einer Motordrehzahl von 1500 bis 2000 U/min entspricht.

Wie bei jeder Ladetechnik wird in der Hochstromphase die Batterie zu ca. 80 % geladen. Anschließend muss der Ladestrom deutlich reduziert werden, damit in den nächsten vier Stunden die Batterie auf ihre 100 % gebracht werden kann.

Für eine 150-A-Lichtmaschine ist ein Kabelquerschnitt von 70 mm² bis 100 mm² erforderlich. Nun wird es so langsam unhandlich. Verfügt man bei größeren Booten über eine Kapazität von z.B. 1200 Ah oder mehr, so ist ein Ladestrom von 300 A durchaus zulässig. Dieser Strom kann aber auch von einer Hochstromlichtmaschine nicht mehr produziert werden.

Drehstrom-Generatoren gleicher Spannung können zwar ohne weiteres parallel geschaltet werden, da durch die Wirkung der Gleichrichter kein Ausgleichsstrom zwischen den parallel geschalteten Generatoren fließen kann. Ungleiche Generatorbelastung hat keine ungleiche Abnützung zur Folge, da ja kein Kommutator vorhanden ist. Aber irgendwann ist die Keilriemenscheibe der Kurbelwelle auch ausgelastet. Wenn wir uns an die Dimensionierung der Kabelquerschnitte erinnern, stellen wir fest, dass wir für 24-V-Anlagen nur den halben Querschnitt benötigen im Vergleich mit einer 12-V-Anlage. Warum soll bei 24 V Schluss sein? Diese Frage haben sich die Entwickler

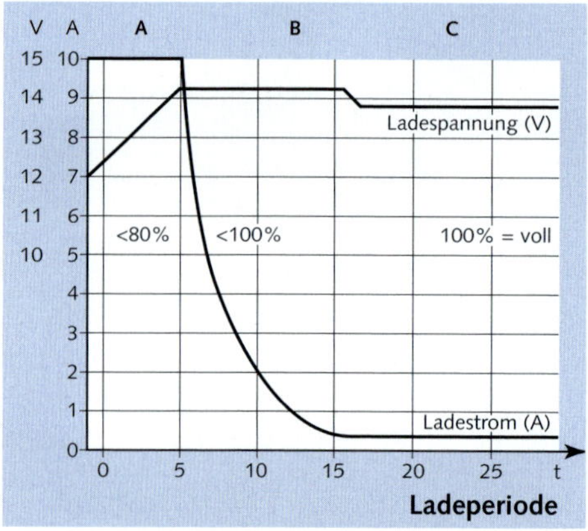

Abbildung 3–8: *Ladekennlinie Hochstromlichtmaschine (Mastervolt).*

Abbildung 3–9: *HTG-Generator liefert bis zu 500 A Ladestrom (Fischer Panda).*

des HTG-Generators (High Technology Generator) auch gefragt und folgende Lösung hervorgebracht:

Die Fischer Panda HTG Drehstromlichtmaschine liefert in Verbindung mit dem externen Ladekonverter eine Leistung, wie man sie bisher nicht für möglich gehalten hätte. Dabei ist der Generator so kompakt, dass auch in engstem Motorraum eine Einbaumöglichkeit gefunden werden kann. Der Wirkungsgrad des HTG-Generators liegt laut Herstellerangaben bei über 80 %. Hinzu kommen die geringen Leitungsverluste, da der Strom vom Generator als Drehstrom mit einer Primärspannung von 240–400 V über ein relativ dünnes Kabel (4 x 2,5 mm²) an den Ladekonverter übertragen werden kann.

Der Ladekonverter regelt die Batterie-Ladespannung mit einer optimierten »CCLM«-Kennlinie. Er muss so nahe wie möglich an den Batterien aufgestellt werden.

Ganz billig ist diese Art der Intensivladung allerdings nicht. Je nach Leistung variieren die Preise für den HTG-Generator inklusive HTL-Ladekonverter zwischen 2000 € für die 4-kW-Version (285 A Ladestrom) und 3500 € für die 8-kW-Version (500 A Ladestrom).

Vergleicht man den Anschaffungspreis jedoch mit der einzigen Alternative, nämlich externen Diesel- oder Benzin-Generatoren, scheint die HTG-Lösung nicht zuletzt aufgrund des geringeren Platzbedarfs eine interessante Alternative zu sein.

3.1.2 Anschluss und Verschaltung der Drehstromlichtmaschine

Der Anschluss an die Bordelektrik erfolgt nach einem gemeinsamen Schema. Der Drehstromgenerator hat in der Regel drei oder vier Klemmen. Der B-Anschluss wird mit der ge-

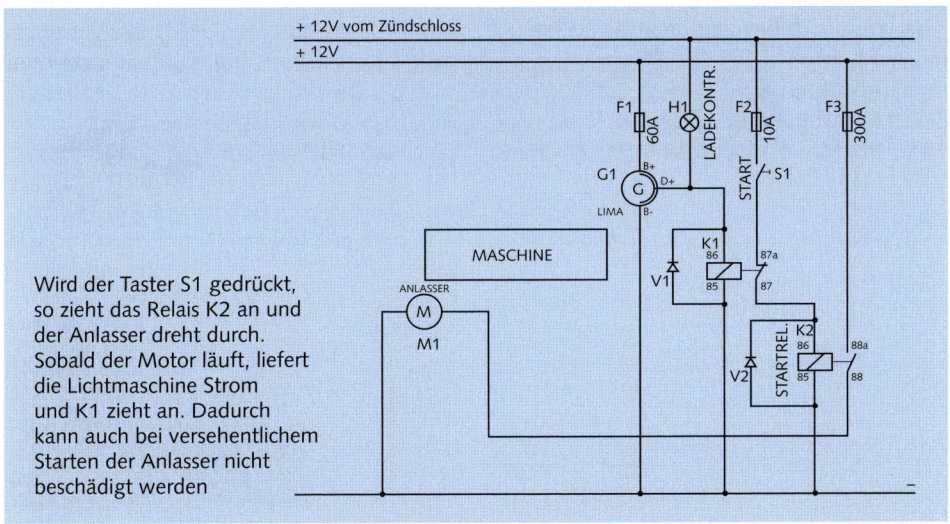

Wird der Taster S1 gedrückt, so zieht das Relais K2 an und der Anlasser dreht durch. Sobald der Motor läuft, liefert die Lichtmaschine Strom und K1 zieht an. Dadurch kann auch bei versehentlichem Starten der Anlasser nicht beschädigt werden

Abbildung 3–10: *Beispiel Anlasserverriegelung.*

73

meinsamen Minussammelschiene der Batterien verbunden, der B+-Anschluss über eine Hochstromsicherung mit den Batterien.

Der D+-Anschluss darf nur mit dem Strom des Reglers, der Generatorkontrolllampe und einem zusätzlichen Strom von 0,2 A belastet werden. Dieser Strom wird zu Ansteuerung eines Relais benutzt. Es zieht an, sobald der Motor läuft. Zum einen lässt sich der Anlasser verriegeln, um eine Betätigung bei laufendem Motor zu verhindern. Zum anderen wird der Betriebsstundenzähler über einen Kontakt eingeschaltet, damit er auch wirklich nur die Stunden erfasst, in denen die Maschine läuft.

Ein weiterer Kontakt kann als Alarmeingang für eine Warnanlage dienen, um bei einer Störung auch einen akustischen Alarm auszulösen. Und schließlich besteht die Möglichkeit durch einen Relaiskontakt z.B einen Maschinenraumlüfter zu schalten, der nur bei laufendem Motor arbeiten soll.

Bei einigen Herstellern (z.B. Paris-Rhone) muss man darauf achten, dass der D+-Anschluss direkt mit dem Pluspol der Versorgungsspannung verbunden werden muss. Daher gibt es bei diesen Modellen keine Ladekontrolllampe und auch nicht die Möglichkeit, ein Relais mit diesem Kontakt zu schalten. Diese Funktionen lassen sich durch den Einsatz von Batterietrenndioden realisieren.

Bei einigen Generatoren steht zusätzlich die Klemme W zur Verfügung. Hier kann ein Drehzahlmesser angeklemmt werden.

3.1.3 Eine Lichtmaschine für mehrere Batterien

Die eleganteste Möglichkeit besteht darin, eine Lichtmaschine mit zwei getrennten Ausgängen zu erwerben. Bei diesem Modell sind die Trenndioden bereits integriert und der Regler für diese Situation eingerichtet.

Bietet die vorhandene Lichtmaschine diese Möglichkeit nicht, so lässt sie sich auch nachträglich herstellen. Eine einfache Methode ist die Verwendung eines Trennrelais. Dieses wird über den D+-Anschluss gesteuert und wird aktiviert, sobald der Generator Strom liefert. Wenn das Trennrelais anzieht, werden die Starter- und die Bordnetzbatterie parallel geschaltet. Sobald die Maschine abgestellt wird, ist diese Verbindung wieder unterbrochen. Der Vorteil dieser Schaltung besteht darin, dass die volle Generatorspannung zum Laden der Batterien zur Verfügung steht.

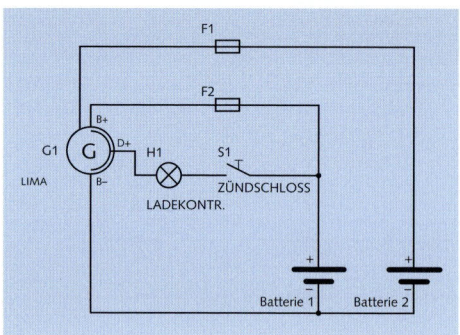

Abbildung 3–11: *Lichtmaschine mit Trenndiode.*

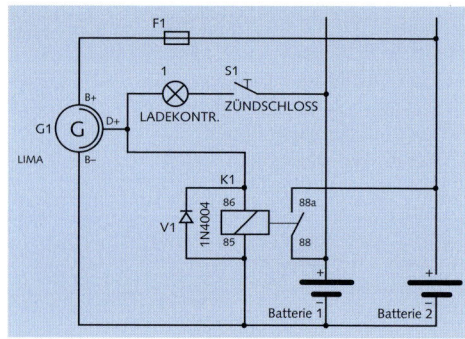

Abbildung 3–12: *Trennrelais.*

Ein großer Nachteil ist, dass hohe Ladeströme die Kontakte des Trennrelais verbrennen oder verkleben können. Darum richtet man die Schaltung so ein, dass die Verbraucherbatterie direkt mit dem B+-Anschluss der Lichtmaschine verbunden ist und die Starterbatterie ihren meist geringeren Ladestrom über das Trennrelais bezieht.

Moderne Ausführungen des Trennrelais werden nicht über den D+-Anschluss des Generators gesteuert, sondern über die Spannung der Batterie (Abb. 3–13). Erst wenn sie einen bestimmten Wert übersteigt zieht das Trennrelais an und ermöglicht das Laden der zweiten Batterie. Sollte die Batteriespannung durch evtl. zu große Ströme oder durch einen Kurzschluss unter einen bestimmten Wert absinken, so wird die Verbindung zwischen den Batterien sofort unterbrochen. Dieses Batterietrennrelais wird z.B. unter der Bezeichnung SEPTOR von der Firma Volvo Penta vertrieben.

Eine weitere Möglichkeit der sicheren Netztrennung bietet der Einsatz von Batterietrenndioden. Eine Diode hat die Aufgabe, den Strom nur in einer Richtung durchzulassen. Aus dem Schaltplansymbol kann man bereits die Funktion des Bauteils erkennen. Die Sei-

Abbildung 3–13: *Ladeverteiler zum Laden von zwei Batteriesätzen aus einer Lichtmaschine (Volvo Penta).*

te, wo der Strom hineinfließt, heißt Anode, der Ausgang nennt sich Kathode.

Im Handel kann man fertig montierte Trenneinheiten erwerben oder sich aus den Bauteilen die Geräte leicht selbst zusammenbauen. Bei der Montage muss man besonders aufpassen, da auf dem Gehäuse zum Teil die volle Betriebsspannung liegt. Würde man den Diodenverteiler direkt mit der Bordwand verschrauben, so erzeugte man mit großer

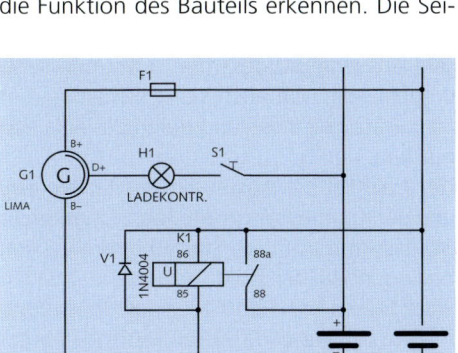

Abbildung 3–14: *Spannungsrelais.*

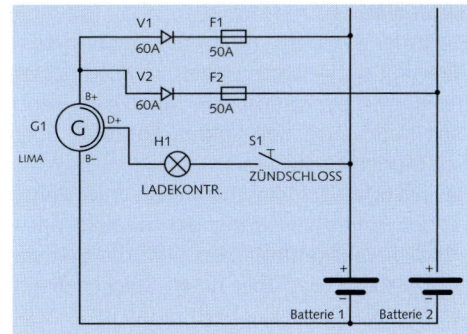

Abbildung 3–15: *Batterietrenndioden.*

Wahrscheinlichkeit einen kräftigen Kurzschluss. Daher muss man für eine sichere Isolierung sorgen. Weiterhin heißt der Kühlkörper so, weil er die Verlustwärme abführen soll. Daher müssen eine ausreichende Bemessung und genügend Luftumwälzung sichergestellt sein.

Da die kleinen Stromventile ihren Dienst nicht umsonst erfüllen, muss man mit einem Spannungsabfall von ca. 0,7 V rechnen. Multipliziert mit dem Ladestrom ergibt dieses die Verlustleistung, die in Form von Wärme abgegeben wird. Das bedeutet, dass die Spannung am Ausgang niedriger ist als die Eingangsspannung. Besser geeignet sind für diesen Zweck die so genannten SHOTKY-Dioden, die einen Spannungsabfall von nur ca. 0,3 V haben.

Der Nachteil bei diesem System besteht darin, dass die Generatorspannung um den Spannungsabfall an den Dioden reduziert wird und somit die Batterien niemals voll geladen werden. Dieser Effekt kann durch die Schaltung einer dritten Diode im Diodensatz der Lichtmaschine kompensiert werden, was aber eine bauliche Veränderung der Lichtmaschine bedeutet, da die Verbindung zwischen Generator und Regler unterbrochen werden muss.

Eleganter ist es, den gesamten Regler gegen einen für die Anforderungen an Bord besser geeigneten auszutauschen. Bei diesem kann man dann auch den Spannungsabfall über den Dioden einstellen.

Bei den 60-A-Lichtmaschinen von Volvo Penta ist der Referenzeingang des Reglers nach außen herausgeführt. Dort befindet sich ein gelbes Kabel, das über einen Stecker direkt mit dem B+-Anschluss verbunden ist. Möchte man jedoch den Spannungsabfall über den Dioden kompensieren, so kann man den

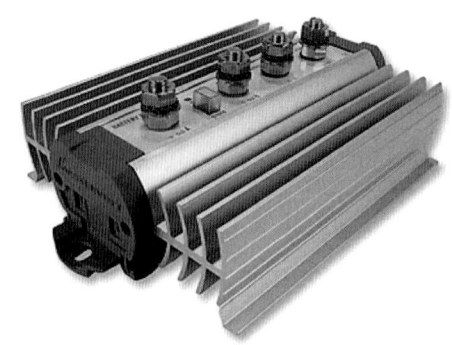

Abbildung 3–16: elektronischer Ladeverteiler (Mastervolt).

Stecker vom B+-Anschluss lösen und das Kabel hinter der Kathode am besten möglichst nahe an der Batterie (über eine Sicherung) wieder anklemmen. Und schon regelt der integrierte Regler die korrekte Spannung. Die Schaltungsvariante mit Trenndioden ermöglicht den Anschluss eines Relais auch an den Generatoren, wo der D+-Anschluss direkt mit dem Pluspol der Versorgungsspannung verbunden werden muss (z.B. Paris-Rhone). An dem B+-Ausgang bzw. der Anoden-Seite der Trenndioden liegt nämlich nur dann Spannung an, wenn der Motor läuft. Da aus diesem Ausgang der gesamte Ladestrom fließt, braucht man sich auch keine Gedanken um die zusätzliche Belastung durch das Relais zu machen.

Der Nachteil bei Austausch des Ladereglers und der Kompensation des Spannungsabfalls ist, dass nun auch die Starterbatterie zu den Bedingungen der Bordnetzbatterie geladen wird. Dieses kann dort zu einer Überladung führen. Um diesen Effekt zu vermeiden nutzt man den Spannungsabfall über einer Diode diesmal aus, indem man eine weitere Diode in Reihe zu der Ladeleitung der Starterbatterie schaltet. Schon wird diese Batterie mit 0,7 V weniger geladen und die Gefahr der Überladung ist gebannt.

Der Vorteil der Schaltung mit Batterietrenndioden ist, dass sie eine zuverlässige Trennung der Batterienetze ermöglicht und auf beliebig viele Netze erweitert werden kann. Der Ladeprozess erfolgt völlig automatisch und es kann durch fehlende Mechanik auch zu keinem Verschleiß wie Kontaktabbrand kommen. Es ist zudem eine preisgünstige Lösung.

Der Nachteil ist der Spannungsabfall an den Dioden, der auf jeden Fall wirksam bekämpft werden muss.

Mit etwas mehr elektronischem Aufwand kann der Spannungsabfall auf 0,1 V reduziert werden:

Elektronische Ladeverteiler können in der Regel drei unterschiedliche Batteriesätze laden. Häufig verfügen Sie bereits über einen speziellen Ladeausgang für die Starterbatterie, der wie oben beschrieben die Ladespannung reduziert oder den Ladestrom begrenzt. Der Vorteil ist, dass man mit dem Spannungsabfall von 0,1 V recht gut leben kann, also keine Änderungen an der Lichtmaschine durchzuführen braucht. Im Vergleich zu klassischen Trenndioden sind diese Geräte jedoch deutlich teurer.

3.2 Ladegeräte für den Bordeinsatz

Neben dem Laden mit der Lichtmaschine ist das Laden über ein Ladegerät die häufigste Art der Batterieladung. Hierbei wird die 230-V-Wechselspannung durch das Gerät in eine Gleichspannung umgeformt um damit der Batterie wieder Energie zuführen zu können.

3.2.1 Geräte und Kennlinien

Ladegeräte teilen sich in mehrere Varianten auf.

Der einfache Netzlader ist das einfachste und damit auch preisgünstigste Ladegerät auf dem Markt. Die Ladespannung und der Ladestrom sind bei diesen Geräten nicht geregelt. Sie hängen von der Netzspannung und dem Zustand der Batterie ab. Das heißt, dass die Ladespannung manchmal so niedrig ist, dass die Ladung nicht mehr erfolgt, oder die Ladespannung so hoch ist, dass Überladung die Batterie möglicherweise zerstört und zur Bildung des gefährlichen Knallgases führt. Diese Geräte sollte man niemals unbeaufsichtigt und nur für kurze Ladezeiten einsetzen. Der Einsatz beschränkt sich auf das gelegentliche Aufladen einer ausgefallenen Batterie.

Eine sicherere Ladung wird durch einen geregelten Netzlader erreicht.

Es gibt zwei Typen, die sich wie folgt unterscheiden:

Die ältere ist die Ladung nach der Wa-Kennlinie. Der Ladevorgang richtet sich nach dem

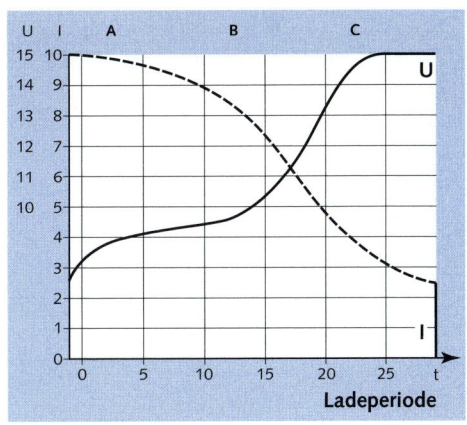

Abbildung 3–17: *Wa-Kennlinie.*

inneren Widerstand der Batterie. Ist sie leer, beginnt der Ladevorgang mit einem hohen Ladestrom. Wegen der ansteigenden Batteriespannung nimmt der Ladestrom jedoch rasch ab.

Nachdem die Gasungsspannung erreicht wird, trennt der Regler das Gerät automatisch von der Batterie, um die Bildung von Knallgas zu verhindern. Die Batterie ist in diesem Zustand erst zu ca. 75–80 % geladen und nach dem Abschalten ist der Ladestrom gleich Null. Der Regler schaltet erst beim Unterschreiten eines gewissen Spannungsniveaus wieder das Ladegerät zu, d.h. dass auch bei angeschlossenem Ladegerät Verbraucher, die parallel zum Laden betrieben werden, in der Abschaltphase des Reglers ihre Energie aus der Batterie entnehmen. Ein Ladevorgang dauert mit einem Gerät dieser Kennlinie ca. 12–14 Stunden (um auf 80 % Ladung zu kommen), der durchschnittliche Ladestrom beträgt 10 % der Batterie Kapazität (K20). Da bei Ladebeginn die Batterie in der Regel aber nicht leer ist, wird der maximale Ladestrom, der auf dem Gerät versprochen wird, fast nie erreicht.

Die Lebensdauer der Batterie reduziert sich deutlich bei dieser Methode und die Ladezeiten sind unangenehm lang. Hier stellt sich die Frage, ob man nicht am falschen Ende spart.

Eine weitaus bessere Ladequalität wird mit Geräten erreicht, die nach der **IU**- oder **IUoU**-Kennlinie arbeiten. Im Gegensatz zu der Wa-Kennlinie wird die Batterie bis zum Erreichen der Gasungsspannung mit einem konstanten Ladestrom geladen, der mit Temperaturfühlerüberwachung bis zu 50 % der Batteriekapazität betragen kann.

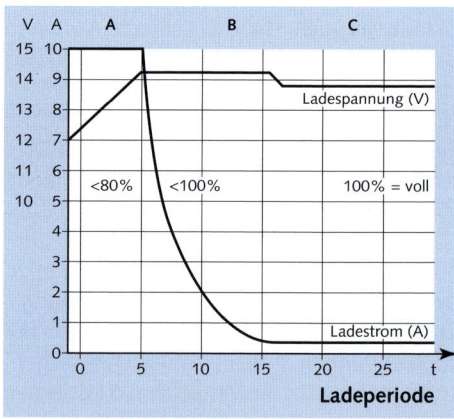

Abbildung 3–19: *IUoU-Kennlinie (Mastervolt).*

Ab dem Erreichen der Gasungsspannung (2,4 Volt je Zelle) bleibt die Ladespannung konstant, was den Ladestrom sehr schnell reduziert, bis er schließlich einen konstanten Wert erreicht.

Geräte mit IUoU-Kennlinie schalten anschließend auf Erhaltungsladung (Reduzierung der Spannung auf 2,25 Volt je Zelle) um den laufenden Verbrauch abzudecken. So wird gewährleistet, dass die Batterie beim Ablegen immer voll ist.

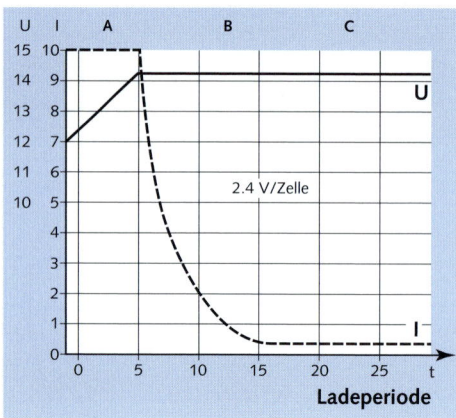

Abbildung 3–18: *IU-Kennlinie.*

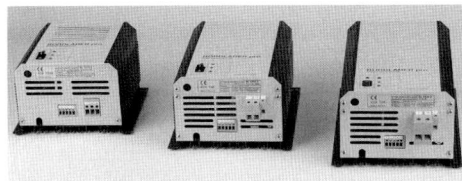

Abbildung 3–20: *moderne Batterielader mit IUoU-Kennlinie (Philippi).*

Gel- und Traktionsbatterien sind auf diese Ladetechnik angewiesen, um nicht auf Dauer beschädigt zu werden.

Moderne Ladegeräte mit IUoU-Kennlinie sind trotz erheblich größerer Ladeströme kaum größer bzw. schwerer als die klassischen Netzlader. Das größte Gewicht macht in der konventionellen Technik der Transformator aus, der die Netzspannung auf das Bordspannungsniveau transformiert. Dieser wird in modernen Geräten durch ein Schaltnetzteil ersetzt, das die Spannung über eine elektronische Schaltung sehr effizient und platzsparend reduziert. Darüber hinaus wird das Ladegerät robust gegen Schwankungen in der Eingangsspannung.

Die Regelung des Ladestroms erfolgt durch einen integrierten Mikroprozessor. Er misst laufend den Ladestrom und die Spannung, kompensiert eventuellen Spannungsabfall im Ladekreis und reguliert in Abhängigkeit von der Batterietemperatur die Ladespannung. Das Gerät sollte die Möglichkeit bieten, dass man den Batterietyp anwählen kann, damit für diesen Typ die Kennlinie optimal adaptiert wird.

Je nach Ausführung werden die Geräte mit einem Fernbedienpaneel ausgerüstet, um z.B. im Steuerstand den Ladeprozess überwachen zu können.

3.2.2 Auswahl des Ladegerätes

Bei der Auswahl des Ladegerätes sollte man sich mit folgenden Fragen auseinander setzen:

Wieviel Ladestrom brauche ich?

Die früher verwendete 10 %-Regel trifft für Ladegeräte der IUoU-Kennlinie nicht mehr zu. Man rechnet heute mit einem Ladestrom von ca. 25 % der Nennkapazität. Möchte man eine Batteriebank mit 200 Ah laden, so sollte das Ladegerät einen Strom von 50 A liefern können.

Hierzu muss der durchschnittliche Verbrauch addiert werden, der parallel zum Laden an Bord benötigt wird. Es soll ja in der Batterie auch etwas ankommen und nicht alles direkt verprasst werden.

Möchte man mit demselben Ladegerät auch die Starterbatterie laden, so wird diese bei der Kalkulation des Ladestroms nicht mit berücksichtigt. Die Starterbatterie wird lediglich zum Starten des Motors verwendet, und man kann davon ausgehen, dass sie nicht oder nur teilweise entladen wird. Sobald der Motor läuft, wird diese Batterie über die Lichtmaschine geladen.

Verfügt man über weitere Batteriesätze (z.B. für Bugstrahl oder Hochstromverbraucher), so gehen sie in die Kalkulation mit ein. Da diese Geräte aber selten im Stand verwendet werden, ist eine Reserve zum Ausgleich des gleichzeitigen Verbrauchs nicht erforderlich.

Können mehrere Batterien gleichzeitig geladen werden?

Mit einem Ladegerät können mehrere Batteriesätze geladen werden, wenn diese geeignet entkoppelt werden. Hierfür bieten sich Trenndioden oder elektronische Ladeverteiler an, die im Zusammenhang mit der

Lichtmaschine bereits beschrieben wurden. Theoretisch ist es denkbar, für die Lichtmaschine und das Ladegerät eine gemeinsame Trenndiode zu verwenden, dies sollte nach Möglichkeit aber vermieden werden. Auf jeden Fall müssen die Dioden ausreichend groß für beide Ladeeinrichtungen dimensioniert sein.

Bei der Verwendung von Trenndioden muss es am Ladegerät die Möglichkeit geben, den Spannungsabfall über den Dioden zu kompensieren.

Verwendet man ein Gerät, das die Funktion eines Ladegeräts und eines Wechselrichters kombiniert, so können Dioden zur Batterietrennung nicht verwendet werden, da im Wechselrichterbetrieb ein Strom aus der Batterie in das Gerät fließen muss.

Viele Hersteller bieten ihre Ladegeräte bereits mit zwei bzw. drei separaten Ladeausgängen an, an denen die unterschiedlichen Netze angeschlossen werden. Häufig gibt es einen separaten Ausgang für die Starterbatterie, an dem ein Ladestrom von ca. 3 A für die Erhaltungsladung zur Verfügung gestellt wird.

Kann ich den Ladestrom durch das Parallelschalten mehrerer Geräte erhöhen?

Das Sortiment vieler Hersteller stößt ab ca. 50 A Ladestrom an ihre Grenzen. Durch die 25 %-Regel ist ein höherer Ladestrom häufig wünschenswert, um z.B. Generatorlaufzeiten möglichst gering zu halten. Da jeder Batterielader seine eigene Ladekennlinie hat, geht er erst einmal davon aus, dass er alleine die Batterie lädt. Ist nun ein zweiter Lader an der Batterie bereits aktiv, so scheint die Batterie eine andere Spannung zu haben. Somit können sich die beiden Ladegeräte gegenseitig beeinflussen. Häufig ist ein Parallelbetrieb von mehreren Ladegeräten

Abbildung 3–21: *Batterielader – auch im Parallelbetrieb (Mastervolt).*

dennoch machbar, muss aber mit dem jeweiligen Hersteller individuell abgesprochen werden.

Wie verwende ich die Ladegeräte bei begrenztem Landstrom?

Der hohe Ladestrom ist ideal, um die Batterien schnell zu füllen. Die dafür benötigte Leistung muss aber von der Einspeisung, z.B. vom Landanschluss zur Verfügung gestellt werden. Ein Ladegerät, das eine 12-V-Batterie mit einem Strom von 50 A lädt, benötigt aus der Landanschlusssteckdose ca. 6 A. Häufig sind diese mit 4 A abgesichert, was in diesem Fall bedeutet, dass die Sicherung an Land in absehbarer Zeit wegen Überlast auslösen wird.

Besonders bei der Auswahl eines Ladegeräts mit einem hohen Ladestrom sollte man daher darauf achten, dass der Ladestrom über ein Potentiometer reduziert werden kann, damit es auch bei begrenztem Landstrom verwendbar ist (Abb. 3–22).

Kann das Ladegerät im Motorraum installiert werden?

Das Laden ist eine mühsame Tätigkeit, wodurch den Ladegeräten recht warm werden kann. Diese Wärme versuchen sie an die Umgebung abzugeben, und je wärmer es dort ist, desto schwieriger wird die Wärmeabgabe. Da der Motorraum von Natur aus recht warm werden kann, ist er nicht der idealste Ort an Bord. Häufig hat man gerade dort noch eine Ecke frei und man möchte das Ladegerät auch so nahe wie möglich bei den Batterien anbringen. Da das Ladegerät relativ selten parallel zu der Hauptmaschine läuft, wird man diesen Ort dennoch in die engere Wahl ziehen.

Die Angabe, ob ein Gerät dort montiert werden kann oder nicht, hängt von der maximal zulässigen Umgebungstemperatur ab, die in der Gerätebeschreibung erwähnt ist.

Zu beachten ist, dass viele Geräte über eine Zwangsbelüftung verfügen, d.h. einen integrierten Ventilator, der die Luft zum Kühlen über die Elektronik pustet. Nun ist die Luft im Motorraum von Natur aus nicht die sauberste, da sich Verbrennungsrückstände, Öldunst und andere Lösungsmittel in der Luft befinden können. Diese werden von dem Ventilator mit angesaugt und über die Zeit bildet sich auf der gesamten Elektronik eine Schicht, die die Wärmeableitung immer schwieriger macht.

Eine Alternative bieten Geräte mit Konvektionskühlung, die ohne Ventilator auskommen. Diese müssen jedoch die Ausgangsleistung in Abhängigkeit von der Temperatur reduzieren, um keinen Hitzetod zu sterben. Je wärmer es wird, desto weniger Saft gibt es für die Batterien.

Daher sollte man grundsätzlich vermeiden, die Geräte im Motorraum zu montieren. Gibt es keine sinnvolle Alternative, so muss man

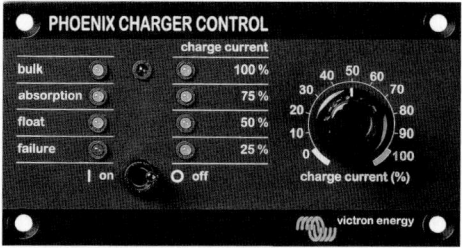

Abbildung 3–22: *Einstellbarer Ladestrom für schwachen Landanschluss (Victron).*

nachsehen, welche maximale Temperatur das Gerät verträgt und in regelmäßigen Abständen kontrollieren, ob die zu kühlenden Flächen noch sauber sind.

Ist jedes Ladegerät für den Bordbetrieb geeignet?

Bei der Auswahl der Kennlinien ist die IUoU-Kennlinie mit Sicherheit der Favorit. Mindestens muss das Gerät über eine Abschaltautomatik beim Erreichen der Gasungsspannung verfügen. Alles andere sollte erst gar nicht an Bord kommen.

Ferner ist es wichtig, dass es am Gerät die Möglichkeit gibt, die Ladekennlinie entsprechend dem verwendeten Batterietyp auszuwählen und den Spannungsabfall von Dioden zu kompensieren, wenn diese zum Einsatz kommen. Bei hohen Ladeströmen sollten diese einstellbar sein, um das Gerät auch bei reduziertem Landstrom betreiben zu können.

Bei der Auswahl sollte man auch ein Augenmerk auf die mechanischen Eigenschaften des Gerätes werfen, was es mehr oder auch weniger geeignet für den Bordeinsatz macht.

• Ist das Gehäuse aus seewasserbeständigem Material oder die Oberfläche entsprechend behandelt?

- Sind alle Schrauben aus V$_2$A gefertigt und besonders die Anschlüsse aus nichtrostendem Material?
- Können die Anschlussleitungen fest verschraubt oder kann durch andere Maßnahmen verhindert werden, dass sie sich losrütteln?
- Ist die Elektronik durch besondere Beschichtung vor Korrosion geschützt, die z.B. durch Betauung an Bord auftreten kann?
- Werden Transformatoren verwendet: Sind diese zum Schutz gegen Feuchtigkeitseinflüsse vakuumgetränkt, eingebrannt und somit luftdicht verschlossen?

3.3 Gleichstromgenerator – eine Alternative?

Um im mobilen Einsatz die Batterien in kurzer Zeit zu laden kann man es kaum vermeiden, die Energie mit einem Verbrennungsmotor zu erzeugen. Hierbei greift man entweder auf die Hauptmaschine zurück, um mit der Lichtmaschine die Batterien zu laden, oder auf einen Generator. Wechselstromgeneratoren erzeugen 230 V und können so über das Ladegerät die Batterien laden. Diese Technik wird im Kapitel 8.3 näher beschrieben.

Eine interessante Alternative bieten Gleichstromgeneratoren, die in den letzten Jahren schrittweise ihren Platz an Bord finden.

Die Hauptmaschine nur zum Batterieladen anzuwerfen ist eine unwirtschaftliche Angelegenheit. Auch wenn sie mit einer Hochstromlichtmaschine ausgerüstet ist, ist die abgenommene Leistung im Verhältnis zur Antriebsleistung Spielerei. Da die Leerlaufdrehzahl zur Abgabe des gewünschten Ladestroms nicht ausreicht, wird man die Maschine im Leerlauf

mit mindestens 1.000 U/min betreiben. Durch die geringe Leistungsabnahme erreicht die Maschine kaum oder nur sehr langsam ihre Betriebstemperatur, was sie häufig durch entsprechende Qualmentwicklung unterstreicht. Sie arbeitet mit Sicherheit nicht im optimalen Arbeitspunkt.

Im Gegensatz dazu ist ein mit einem Verbrennungsmotor ausgerüstetes Bordstromaggregat für die Stromerzeugung optimiert worden. Es arbeitet im optimalen Arbeitspunkt und sollte bei entsprechender Stromabnahme auch schnell die Betriebstemperatur und eine saubere Verbrennung erreichen.

Im Gegensatz zu Wechselstromgeneratoren, die zur Versorgung von unterschiedlichen 230-V- oder 400-V-Verbrauchern verwendet werden, dienen Gleichstromgeneratoren ausschließlich der Batterieladung. Sie werden daher auch Batterieladegeneratoren genannt. Alle Verbraucher werden anschließend aus der Batterie gespeist, Wechselstromverbraucher werden über Wechselrichter versorgt. Hier werden zwei unterschiedliche Technologien am Markt angeboten:

3.3.1 Ladegenerator mit Hochstrom

Diese Technologie verfolgt die gleiche Philosophie wie die Hochstromlichtmaschine oder der Batterielader. In möglichst kurzer Zeit soll so viel Energie wie möglich in die Batterie gepumpt werden. Fischer Panda geht bei ihrer Dimensionierung davon aus, dass bei einem Leistungsbedarf von 4 kWh am Tag eine Laufzeit des Generators von zwei- bis dreimal 20 bis 30 Minuten ausreicht.

In dieser Zeit wird die Batterie jedoch nur zu ca. 80 % geladen. Um auf Dauer die Batterie nicht zu schädigen, muss man ihr bei Gel-Batterien mindestens alle 30 Zyklen eine

Abbildung 3–23: *Gleichstromgenerator (Fischer Panda).*

Vollladung (mindestens zusätzlich vier Stunden) gönnen. Diese erfolgt im Idealfall über den Landanschluss, während längerer Fahrt durch die Hauptmaschine, durch Zusatzgeneratoren wie Wind- oder Solaranlagen oder im ungünstigen Fall durch den Ladegenerator, der dann nur wenig belastet wird. Die Ladegeneratoren der Firma Fischer Panda werden für den 12-V- und 24-V-Bereich in einer Leistung zwischen 2,5 und 5,5 kW angeboten. Sie werden dann mit einem 1- bzw. 2-Zylinder-Dieselmotor angetrieben, der zwischen 1800 und 3200 U/min arbeitet. Sie geben somit einen Ladestrom zwischen 180 A und 280 A bei 12-V-Anlagen und zwischen 90 A und 210 A bei 24-V-Anlagen ab. Bei Dauerbetrieb ist die Leistung um 20 % zu reduzieren.

Wird der Generator nur für die Hochstromphase des Batterieladens verwendet, so hat er gegenüber anderen Technologien in der Tat einige interessante Aspekte:

- Der Generator wird nur eingeschaltet, wenn auch eine adäquate Leistungsabnahme gewährleistet ist. Der Generator läuft nicht ohne Last im Leerlauf.
- Der Generator läuft im Intervallbetrieb. Damit wird eine Störung der Nachbarn nur für jeweils kurze Zeit nötig sein, um die Batterie wieder aufzuladen.
- Die Abgasemission ist erheblich geringer, da der Motor besser ausgelastet ist.
- Der Generator muss nicht auf einer festen Drehzahl laufen, sondern kann diese entsprechend der geforderten Leistung reduzieren. Die Leistung ist proportional zur Drehzahl. Je weniger Leistung gefordert wird, desto langsamer kann der Generator laufen. Diese Karte können Wechselstromgeneratoren nicht ausspielen, da sie eine feste Netzfrequenz liefern müssen, die eine Drehzahl von 1500 bzw. 3000 U/min voraussetzt.
- Im Vergleich zu Wechselstromgeneratoren sind Ladegeneratoren nach Angaben des Herstellers bis zu 30 % kleiner und haben auch ein Gewicht, das ca. 1/3 geringer ist.

Die Firma Fischer Panda ist darüber hinaus der Meinung, *dass mit einem Ladegenerator die Kapazität der Bordbatterien erheblich reduziert werden kann. Man ist dabei nicht darauf angewiesen, die Energie für längere Zeit »auf Vorrat« zu tanken, sondern kann den Generator zu jeder Gelegenheit problemlos in Betrieb setzen.* Bei diesen Gedanken darf man aber nicht außer Acht lassen, dass man sich in eine gefährliche Abhängigkeit von seinem Ladegenerator bringt. Fällt dieses Gerät aus, so steht man sehr schnell im Dunkeln.

Eine Einschränkung ist, dass 230-V-Verbraucher nicht an den Generator angeschlossen werden können. Möchte man diese im mobilen Betrieb auch versorgen, so benötigt man einen leistungsfähigen Wechselrichter.

3.3.2 Ladegenerator mit niedrigem Ladestrom

Von der Firma victron energy wird mit dem WhisperGen ein völlig anderes Ladekonzept vorgeschlagen. Anstatt die Batterien schnell vollzupumpen propagieren sie ein System, das ständig läuft und über die Zeit die Batterien auflädt. Mit einer elektrischen Leistung von nur 750 Watt ist bei einer 12-V-Anlage gerade mal ein Ladestrom von 53 A erreichbar. Trotzdem soll das System in der Lage sein, eine Batteriekapazität von bis zu 1500 Ah in 24 Stunden aufzuladen.

Aber wer möchte seinen Generator schon 24 Stunden am Tag laufen lassen? Das Geheimnis, welches sich hinter dem System verbirgt, ist eine andere Antriebstechnik: der Stirling-Motor.

Konventionelle Generatoren arbeiten mit lauten Innenverbrennungs-Diesel- oder Benzinmotoren. Das Hauptmerkmal des Stirling-Motors ist sein leiser Betrieb, weil er keine Innenverbrennungsmaschine ist. Sein Prinzip basiert auf permanenter äußerlicher Verbrennung. Ein kesselähnlicher Brenner erhitzt die Außenseite der Zylinderköpfe des Motors auf etwa 700 °C. Das Arbeitsgas (Stickstoff) ist in den Zylindern eingeschlossen, es wird durch die Bewegung der Kolben abwechselnd im Zylinderkopf erhitzt (Ausdehnung) und am gekühlten Motorblock abgekühlt (verdichtet). Die daraus entstehende Bewegung der Kolben wird über einen speziellen Mechanismus in eine Drehbewegung umgesetzt und treibt den Gleichstromgenerator an.

Von Sir Robert Stirling 1816 erfunden, war die Maschine Thema zahlloser Forschungen. Bis vor kurzem jedoch ist es niemandem gelungen, eine praktische Anwendung zu entwickeln, um die Maschine für den täglichen Gebrauch geeignet zu machen. Der Whisper-

Abbildung 3–24: *WhisperGen mit Stirling-Motor (victron energy).*

Gen ist das erste kommerziell verfügbare Produkt, das einen Stirling-Motor enthält.

Die Energiebilanz des WhisperGen rechnet sich unter der Voraussetzung, dass auch die erzeugte thermische Energie verwendet wird. Bei den kurzen Betriebszeiten eines herkömmlichen Generators macht dieses eher weniger Sinn. Da der WhisperGen aber für den Langzeitbetrieb gedacht ist, kann und muss er während des Betriebes seine Wärme loswerden.

Die neue Technologie hört sich wirklich verlockend an, aber wo ist der Haken? Die folgenden Punkte sollte man bei der Auswahl des WhisperGen beachten:

• Im Vergleich zur Wärmeleistung (6 kW) liefert der WhisperGen nur eine elektrische Leistung von 750 Watt. Unter der Voraussetzung, dass ich für die Wärme auch Verwendung habe, wird ein Wirkungsgrad von mehr als 90 % angegeben. Kann ich die Wärme aber nicht gebrauchen, weil z.B. im Sommer mein Dampfer schon heiß genug ist und ich auch nicht das Bedürfnis für eine warme Dusche habe, so beträgt der Wirkungsgrad elektrisch gesehen gerade noch 10 %. Die nicht benötigte Wärme muss man trotzdem an die Umwelt abgeben, damit der Generator nicht überhitzt wird.

- Der Generator ist mit seinem relativ geringen Ladestrom nicht für die Abdeckung von Stromspitzen gedacht. Werden große Verbraucher über den Wechselrichter betrieben, so muss sichergestellt sein, dass diese noch über genügend Kapazität verfügen. Der WhisperGen braucht einfach eine längere Zeit, um die Batterien wieder aufzuladen und kann die Stromspitzen nicht abdecken. Zudem benötigt er ca. fünf Minuten für den Start bzw. den Stopp.

- Wie bei allen Gleichstromgeneratoren ist der Betrieb von Wechselstromgeräten ausschließlich über einen Wechselrichter möglich.
- Dieser Generatortyp ist relativ neu auf dem Markt und wird nur in kleinen Stückzahlen hergestellt. Dadurch sind die internationalen Wartungs- und Reparaturmöglichkeiten begrenzt.

Der große Vorteil des Systems ist mit Sicherheit das geringe Betriebsgeräusch und der Verbrauch von nur 0,7 l Diesel in der Stunde bei voller Leistung. Hat man den Bedarf an der abgegebenen Wärme durch viele Reisen in der Übergangszeit, wo es auch schon mal kalt werden kann, und schätzt man den Komfort, ständig heißes Wasser verfügbar zu haben, so

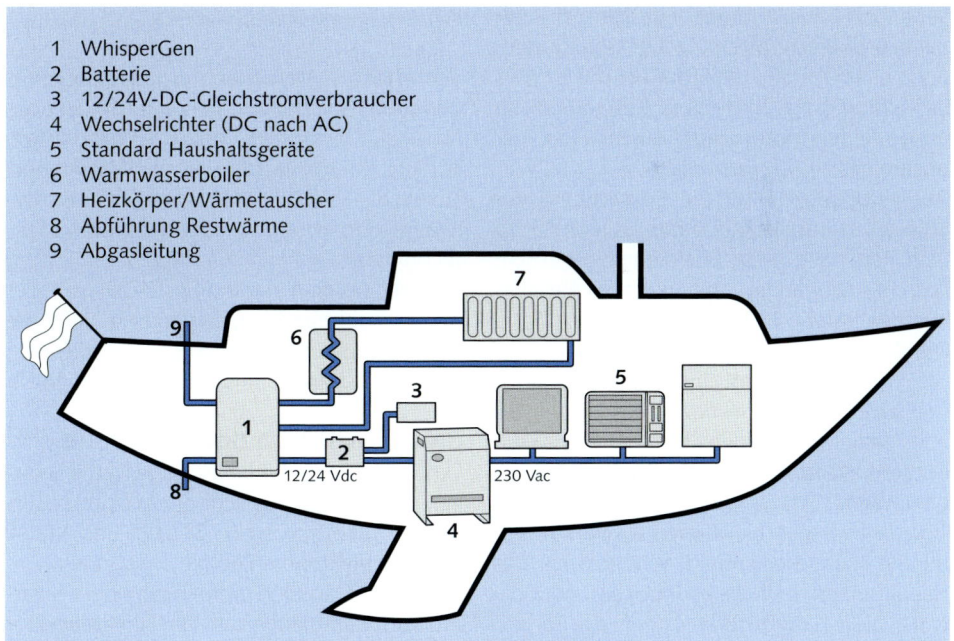

1 WhisperGen
2 Batterie
3 12/24V-DC-Gleichstromverbraucher
4 Wechselrichter (DC nach AC)
5 Standard Haushaltsgeräte
6 Warmwasserboiler
7 Heizkörper/Wärmetauscher
8 Abführung Restwärme
9 Abgasleitung

Abbildung 3–25: *Installationsbeispiel WhisperGen (victron energy).*

stellt das System eine interessante Alternative zu der konventionellen Generatortechnik dar. Es setzt jedoch ein Umdenken voraus, denn diesen Generator schmeißt man nicht mal eben an, wenn man Saft braucht, sondern lässt ihn länger auf Vorrat schaffen.

3.4 Solartechnik für den Bordeinsatz

3.4.1 Was sind Solarzellen?

Solarzellen sind lichtelektrische Wandler, die vorhandenes Sonnenlicht, Tageslicht oder auch Glühlampenlicht direkt in elektrischen Strom umwandeln. Der Rohstoff für diese Zellen ist Sand, welcher vielfach die Ufer der Seen und Meere bildet. Ein Rohstoff, der nahezu unerschöpflich zur Verfügung steht und der am Aufbau der Erdkruste mit 27,5 % beteiligt war. Natürlich muss dieser Sand erst einige Reinigungsprozesse durchlaufen, um hochreines Silizium zu erhalten.

Ausschlaggebend für die Entwicklung der Solarzellen war die Raumfahrt, da man für die Satelliten nach einer Energiequelle gesucht hat, die unabhängig von herkömmlichen chemischen Batterien war.

Die Kosten waren am Anfang mit 500 Euro pro installiertem Watt Solarstrom sehr hoch und daher die Technik nur einem kleinen Teil von Spezialisten vorbehalten.

Mittlerweile ist die Fertigung wirtschaftlicher geworden.

Trotzdem können die Solarzellen die konventionelle Energieversorgung nicht ablösen. Das Hauptproblem stellt die geringe Leistungsdichte dar, die je nach geographischer Lage, Jahreszeit und Witterung zwischen 100 W/m² und 1000 W/m² schwanken kann. Außerdem wer-

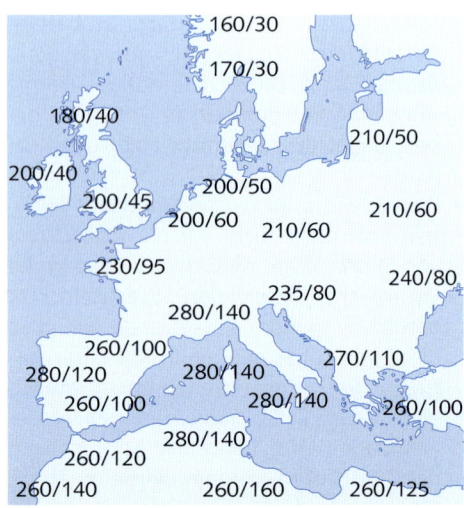

Abbildung 3–26: *Ertrag eines Solarmoduls in Wh/Tag, jeweils Sommer/Winter.*

den effektive Methoden zur Energieübertragung und Speicherung benötigt, da die Sonneneinstrahlung örtlich und zeitlich stark variiert. Für die Energieversorgung im Wassersport stellen die Solarzellen bereits heute eine interessante Ergänzung zur konventionellen Ladetechnik dar.

Auf der obrigen Karte Abb. 3–26 wird der durchschnittliche Energieertrag eines SunWare 50/1 Solarmoduls in Europa im Sommer/Winter, angegeben in Wattstunden pro Tag, dargestellt.

3.4.2 Funktion der Solarzelle

Das Herzstück jeder Solaranlage ist die Solarzelle, die das Sonnenlicht durch einen natürlichen Prozess zwischen Silizium und Metall direkt in elektrische Energie umwandelt.

Mehrere Solarzellen werden zu einem Solarmodul zusammengefasst. Ein Solargenerator wiederum setzt sich aus mehreren Solarmodulen zusammen.

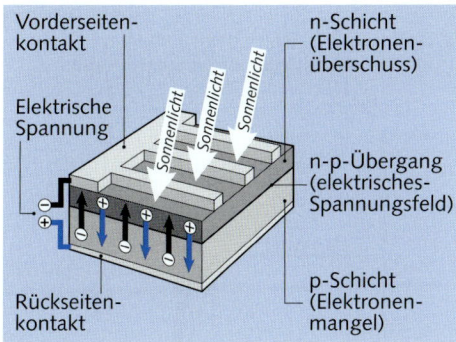

Abbildung 3–27: *Aufbau einer Solarzelle.*

Solarzellen können nach ihrem Herstellungsprozess in drei Gruppen aufgeteilt werden. Man unterscheidet *monokristalline, multikristalline* und Dünnschicht-Solarzellen aus *amorphem* Silizium.

Monokristalline Solarzellen entstehen durch Sägen aus einem Einkristall-Stab. Preiswertere multikristalline Solarzellen werden in einem quadratischen Block gegossen und anschließend zu Scheiben von 0,5 mm Stärke gesägt. In beiden Fällen ist das Ausgangsmaterial hochreines Silizium. Der Wirkungsgrad dieser Zellen liegt heute zwischen 12 % und 16 %. Dieses bedeutet, dass Solarzellen in der Lage sind, mindestens 12 % des einfallenden Sonnenlichtes direkt in elektrische Energie umzuwandeln. Im Labor sind Wirkungsgrade von 20–26 % keine Seltenheit.

Die Dünnschicht-Solarzelle aus amorphem Silizium wird vorwiegend in Taschenrechnern und Uhren eingesetzt. Der erzielbare Wirkungsgrad liegt gegenwärtig bei 7 % bis 10 %.

Alle Solarzellen haben auf der dem Licht zugewandten Seite eines gemeinsam: die blaue bis blaugraue Färbung, die so genannte Antireflexschicht. Sie ermöglicht, dass das Sonnenlicht nicht wie an einem Spiegel reflektiert wird, sondern direkt in die Zellen eindringen kann.

3.4.3 Kennlinien der Solarzellen

Über Messgeräte können der Strom sowie die Spannung zur Aufnahme einer typischen Solarzellenkennlinie in Abhängigkeit von der Beleuchtungsstärke ermittelt werden. Damit der Umgang mit Solarzellen für den Praktiker problemlos und ohne Enttäuschung abläuft, soll an dieser Stelle detailliert auf einige Kennlinien der Solarzellen hingewiesen werden.

Maßgebend ist die Leerlaufspannung, der Kurzschlussstrom und der Punkt maximaler Leistung in Abhängigkeit von der Lichtintensität. Die Angaben der Solarzellen-Hersteller beziehen sich immer auf eine Lichtintensität von 100 mW/cm², gleichbedeutend mit 1000 W/m² bei 25 °C Zelltemperatur. Der Punkt maximaler Leistung ist mit MPP dargestellt, in der Fachsprache als »maximum power point« bezeichnet; gebräuchlich ist auch die Bezeichnung Wp (Watt peak); sie entspricht der Spitzenleistung unter Standard-Testbedingungen.

In der Kennlinie *a* wird die Ermittlung des optimalen Arbeitspunktes MPP dargestellt. Die Fläche unter der Kurve ist ein Maß für die abgegebene Leistung. Man legt nun ein Rechteck mit der größtmöglichen Fläche unter die Kurve und erhält den MPP. Bei der Anpassung der Solarzellen an den Verbraucher sollte dieser Punkt erreicht werden.

Kennlinie *b* beschreibt den Einfluss der Einstrahlungsleistung auf die Stromerzeugung eines Solarmoduls. Man kann erkennen, dass die Solarzellen schon bei geringer Lichtintensität ihre volle Betriebsspannung erreichen, wobei der Strom linear mit der Strahlungsintensität zunimmt. Das bedeutet, dass bei 50 %

a) Elektrische Kennlinie einer Solarzelle

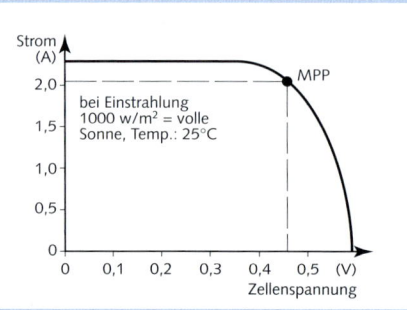

MPP = optimaler Arbeitspunkt

b) Einfluss der Einstrahlungsleistung auf die Stromerzeugung eines Solar-Moduls

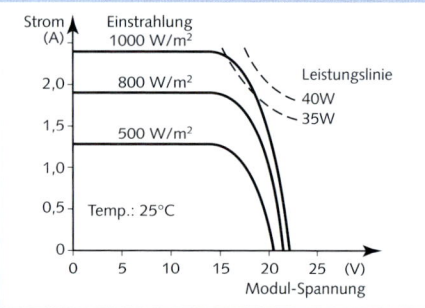

Einstrahlung = 1000 w/m²
≙ 0,1 w/cm² ≙ volle Sonne

c) Einfluss der Temperatur auf die Spannungshöhe eines Solar-Moduls

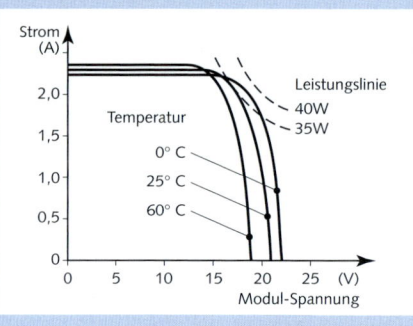

d) Leerlaufspannung U_o und Kurzschluss-strom I_k einer Silizium-Solarzelle in Abhängigkeit von der Einstrahlungs-leistung

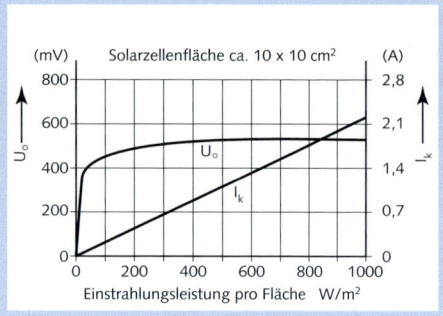

Solarzellenfläche ca. 1 dm²

Abbildung 3–28: *Kennlinien von Solarzellen.*

Einstrahlung auch nur 50 % des Solarstromes zur Verfügung stehen und damit auch nur ca. 50 % der Leistung. Eine Solarzelle arbeitet also schon bei bedecktem Himmel.

Wie alle Halbleiter ändern auch Solarzellen ihre Leitfähigkeit mit der Temperatur. Dieser Effekt wird in der Kennlinie c dargestellt. Der Strom bleibt nahezu konstant, die Solarspannung nimmt aber mit zunehmender Temperatur ab. Das heißt, dass das Produkt von Spannung und Strom – die Leistung – mit zunehmender Temperatur geringer wird. Deshalb ist bei der Montage eines Solarmoduls auf ausreichende Wärmeableitung hinter den Solarzellen zu achten, um die Maximalleistung zu erreichen.

Kennlinie d verdeutlicht die Leerlaufspannung und den Kurzschlussstrom einer Solarzelle in Abhängigkeit von der Einstrahlungsleistung. Der Kurzschlussstrom (d.h. Modul in voller Sonne bei kurzgeschlossenen Leitungen) entspricht etwa dem fließenden Ladestrom der Anlage, da die Batterie einen sehr geringen elektrischen Widerstand darstellt. Solarzellen sind kurzschlussfest.

Solarzellen haben je nach Bauart und Qualität eine Leerlaufspannung von 0,5 bis 0,55 V. Werden höhere Spannungen benötigt, so schaltet man mehrere Solarzellen in Reihe (Reihenschaltung). Soll der Versorgungsstrom vergrößert werden, so werden die Zellen parallel geschaltet. Auf diesem Weg entstehen die Solarmodule. Für die Zusammenschaltung dürfen nur Solarzellen gleicher Größe und Bauart (gleiche Stromabgabe) verwendet werden.

Beim Kauf ist zu beachten, dass häufig Solarmodule aus Fernost auch nur unter der tropischen Sonne ihrer Heimat arbeiten können. So kann z.B. ein Solarmodul mit 28 in Reihe geschalteten Solarzellen keine 12-V-Batterie laden, denn 23 x 0,4 Volt = 11,2 Volt liegt unter der Nennspannung der 12-Volt-Batterie. Hier würde der Strom aus der Batterie in die Solarzelle fließen. 30 Solarzellen, im Idealfall 40, sollten für unsere Breiten mindestens vorhanden sein, da Leitungsverluste sowie eine Entladeschutzdiode oder ein Laderegler einen Spannungsverlust verursachen.

3.4.4 Auslegung der Solaranlage

Eine Solaranlage besteht aus folgenden Komponenten:

- Solarpaneel(e)
- Energiespeicher (Batterie)
- Laderegler

Verbraucher	Leistung (Watt)		Betriebszeit (h/Tag)	Bedarf am Tag (Wh/Tag)
Stromsparleuchte	8 Watt	x	4 Stunden/Tag	32 Wattstunden/Tag
Stromsparleuchte	11 Watt	x	2 Stunden/Tag	22 Wattstunden/Tag
s/w-Fernseher	30 Watt	x	3 Stunden/Tag	90 Wattstunden/Tag
Radio	10 Watt	x	3 Stunden/Tag	30 Wattstunden/Tag
Wasserpumpe	50 Watt	x	1 Stunde/Tag	50 Wattstunden/Tag
			Tagesbedarf:	224 Wattstunden/Tag
			Wochenendbedarf:	ca. 560 Wattstunden

Tabelle 3–1: *Energiebilanz für die Auslegung der Solaranlage.*

Solarpaneele

Die Anforderungen an die Solarpaneele unterscheiden sich in den elektrischen und den mechanischen Eigenschaften.

Folgende mechanische Eigenschaften sollten Solarmodule für den Einsatz an Bord erfüllen:

• je nach Aufstellort begehbar
• salz- und seewasserbeständig
• UV-stabil
• sturm- und hagelfest
• korrosionsfrei
• nahezu wartungsfrei
• leichte Montage
• gute Wärmeableitung durch geeigneten Metallrahmen

Die elektrischen Eigenschaften richten sich nach dem erwünschten Effekt, verfügbaren Platz und nötigen Kleingeld. Man kann zwei Einsatzgebiete unterscheiden:

Eine Solaranlage für ein Boot, das vornehmlich am Wochenende genutzt wird:

In diesem Fall sollen im Lauf der Woche die Selbstentladung der Batterien und der Verbrauch vom Wochenende ausgeglichen werden. Das Beispiel in Tabelle 3–1 verdeutlicht die Ermittlung des passenden Solarmoduls.

Dieser Verbrauch soll innerhalb von sieben Tagen ausgeglichen werden (während der Abnahme arbeitet das Solarmodul auch). Aus der Abbildung 3–26 kann man den durchschnittlichen Energiegehalt eines 50-Wp-Solarmoduls im Sommer und im Winter entnehmen. Hieraus lässt sich überschlagsmäßig die Zeit bestimmen, in der das Solarmodul seine maximale Leistung abgibt. Für die Nordseeküste wird beispielsweise ein Energieertrag im Sommer von 200 Wh angegeben. Ein Solarmodul mit 25 Wp Leistung würde für diesen Zweck in den Monaten Mai bis September ausreichen. Denn 100 Watt x 7 Tage ergeben 700 Wattstunden/Woche. Pro Tag verbleiben noch 20 Wattstunden, um die Selbstentladung der Batterie und die Verluste auszugleichen.

Auf einem ständig genutzten Boot ist anzustreben, dass die Solaranlage den durchschnittlichen Tagesbedarf innerhalb eines Tages deckt. Es wären also Solarmodelle mit etwa der 3,5-fachen Leistung zu installieren, was freilich selten möglich ist.

Aufstellwinkel

Der günstigste Aufstellwinkel für einen ganzjährigen Solarbetrieb ist, wenn die Solarzellen zum Süden ausgerichtet sind und wenn die Wintermittagssonne im rechten Winkel auf die Solarmodule fällt – bei einer Montage auf der südlichen Halbkugel natürlich ungekehrt. Bei einer Ausrichtung Süd-Südost oder Süd-Südwest ist nur eine geringe Leistungsminderung bemerkbar. Auf keinen Fall sollten zwei Module nach Osten und zwei Module nach Westen ausgerichtet werden. In Deutschland sollte der Aufstellwinkel zwischen 45 Grad und 55 Grad liegen. Weiter hat sich aus der praktischen Anwendung gezeigt, dass eine Nachführung zum Sonnenstand etwa 30 % mehr Energieausbeute bewirkt.

Abschattungen auf den Solarmodulen durch Segel oder Masten sind zu vermeiden. Die Solarmodule sollen nach Möglichkeit immer gleichmäßig von der Sonne beleuchtet werden. Dies gilt insbesondere dann, wenn mehrere Module verschaltet werden.

3.4.5 Laderegler

Damit die Solarmodule in der Dunkelphase die Batterie nicht entladen, muss eine Sperrdiode vorgesehen werden. Bei einigen Herstellern ist diese bereits in das Modul integriert.

Kleinsolaranlagen verschiedener Hersteller werden mit und ohne Regler und Tiefentladeschutz angeboten.

Wird die Spannung von 10,5 Volt unterschritten, so können Verbraucher abgeschaltet werden, um eine Tiefentladung zu vermeiden. Ab einer Spannung von 12 Volt werden die abgeschalteten Verbraucher wieder an das Netz freigegeben.

Um die Batterien vor einer Überladung zu schützen sollte grundsätzlich ein Laderegler vorgesehen werden, wenn in den Anlagen mit längeren Zeitabschnitten gerechnet werden muss, in denen der Batterie keine Energie entnommen wird.

Es gibt Laderegler, die für zwei Batteriesysteme ausgelegt sind. Bei diesen werden die beiden angeschlossenen Batterien nacheinander geladen. Sobald eine Batterie die Gasungsspannung erreicht hat, wird auf die zweite umgeschaltet.

Bei Solaranlagen wird die Ladung überwiegend mit Spannungsbegrenzung durchgeführt. Dabei erfolgt keine starke Durchmischung der Säure zwischen und oberhalb der Platten. Um bei ausschließlich Solarladung die Schichtung zu reduzieren, ist die Vollladung ein- bis zweimal jährlich an einem externen Ladegerät erforderlich.

Die Laderegler müssen an die Leistung des Solarmoduls angepasst werden.

3.4.6 Schlussbetrachtung

Die Solartechnik ist eine verlockende Alternative, um lautlos und ohne Emissionen Energie an Bord zu tanken.

Für einen Ladestrom von 3 A in einer 12-V-Anlage benötigt man eine Fläche von ca. 0,7 x 0,7 = 0,49 m². In einer 12-V-Anlage kann man demnach maximal 6 A pro m² erreichen, bei einer 24-V-Anlage sind es 3 A pro m². Dieses entspricht einer Leistung von ca. 70 W unter idealen Bedingungen. In unseren Breiten lassen sich somit im Zeitraum zwischen Mai und August ca. 35 Ah pro m² und Tag für eine 12-V-Anlage gewinnen.

Aber wer hat schon 2 m² freien Platz an Deck?

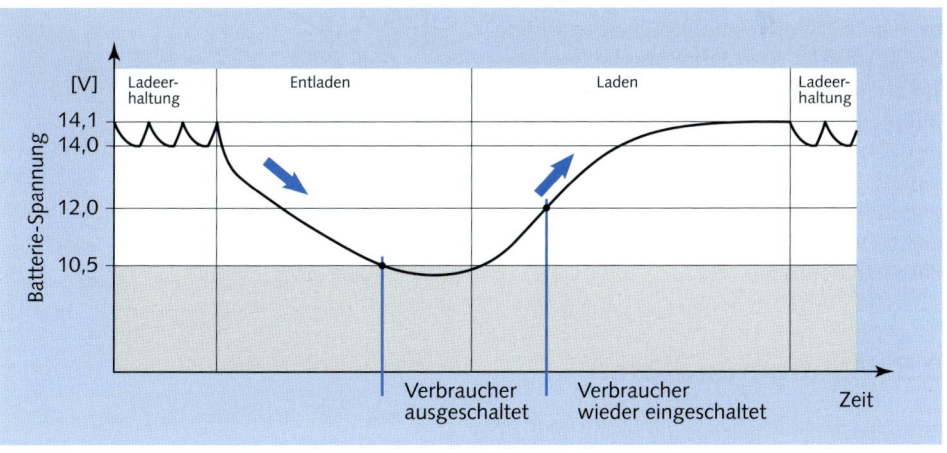

Abbildung 3–29: Kennlinie und Wirkungsweise eines Solarreglers.

Abbildung 3–30: *Erhaltungsladung mit dem Solarpaneel (Mastervolt).*

Abbildung 3–31: *Windgenerator (Conrad).*

In Kombination mit der Hochstromlademöglichkeit mit Lichtmaschine, Gleichstromgenerator oder Ladegerät bietet die Solarzelle eine interessante Ergänzung. Nachdem mit möglichst kurzer Laufzeit und hohem Ladestrom die Batterien zu 80 % schnell geladen wurden, kann die Solaranlage mit ihrem relativ kleinen, aber kontinuierlichen Ladestrom die Ausgleichs- und Erhaltungsladung ohne störende Geräusch- oder Geruchsbelästigung übernehmen. Somit muss die Solaranlage nicht zur Ladung der gesamten Batteriebank dimensioniert sein und kann trotzdem einen wesentlichen Beitrag für die Vollständigkeit der Ladetechnik und zur Lebensdauer der Batterien beitragen.

3.5 Windgeneratoren

Eine weitere alternative Energieform kann mit der Windenergie angezapft werden.
Ein Windgenerator mit einem Durchmesser

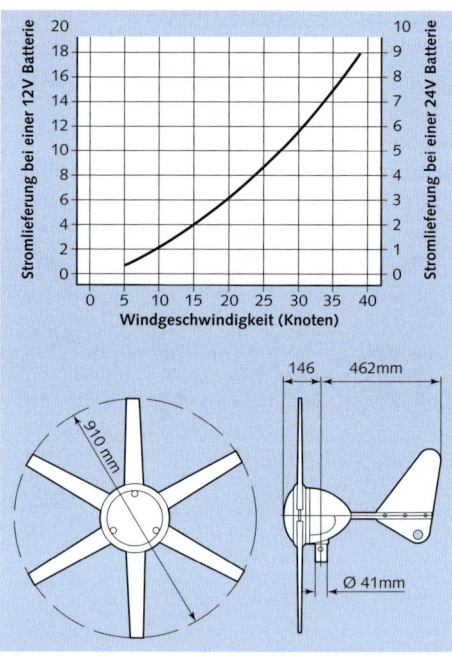

Abbildung 3–32: *Windgenerator Kennlinie (Conrad).*

von ca. 90 cm kann bei Windstärke 5 einen Ladestrom von 6 A für ein 12-V-Netz produzieren. Bei Windstärke 3 kann er nur noch 2 A liefern, bei 7 Beaufort sind es stolze 14 A.

Der wesentliche Vorteil des Windgenerators ist seine Fähigkeit, seinen Dienst auch im Dunkeln und im Herbst und im Frühjahr zu verrichten, vorausgesetzt es pustet auch. Im Gegensatz zur Solarzelle macht er dieses jedoch nicht geräuschlos, sondern kann durch den drehenden Rotor schon eine deutliche Geräuschbelästigung werden.

3.5.1 Montage

Der Windgenerator sollte in sicherer Position aufgebaut werden, mindestens 2,30 Meter hoch, sodass die Rotorblätter von Hand nicht berührt werden können und Hindernisse, wie z.B. Segel, etc. sich nicht störend auf die Rotorblätter und Windfahne auswirken können. Bei der Auswahl des Standortes müssen die Vibrationen des Generators besonders bei starkem Wind berücksichtigt werden.

Achten Sie bei der Befestigung des Windgenerators auf einem Standrohr oder einem Segelmasten darauf, dass je nach Windstärke ein großer Druck (Windlast) auf die Befestigungselemente auftreten kann. Die Befestigung muss daher auch extremen Bedingungen (Sturm, Hurrikan usw.) standhalten.

4. Das richtige Material für die Bordinstallation

Die Bordelektrik stellt besondere Anforderungen an das für die Installation verwendete Material. Im Gegensatz zur Standard-Hausinstallation haben wir es an Bord mit erheblich höheren Strömen zu tun, welche die Geräte verkraften müssen, und im Gegensatz zur Kfz-Elektrik müssen wir uns mit erheblich raueren Umgebungsbedingungen auseinander setzen.

Aus diesem Grund lohnt es sich für die Bordinstallation, direkt das geeignete Material zu verwenden, alles andere ist Sparen am falschen Ende.
Seit der Veröffentlichung der Normen EN ISO 10133 und EN ISO 13297 gibt es für die Ausrüstung der elektrischen Systeme an Bord enge Grenzen. Somit gibt es seit 2001 auch eine rechtliche Grundlage für die Auswahl des korrekten Installationsmaterials.

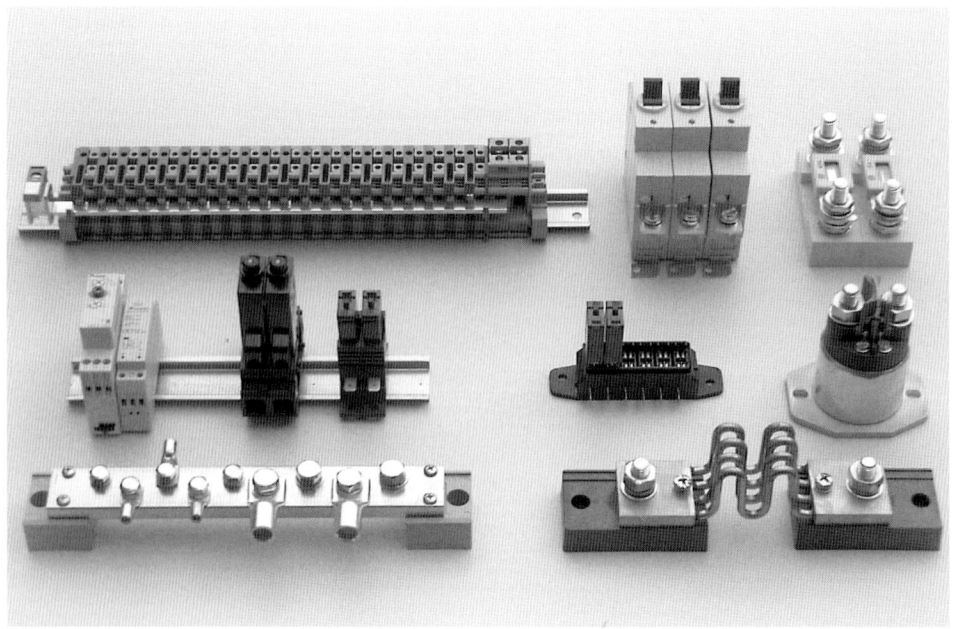

Abbildung 4–1: *Installationsmaterial für den Bordeinsatz (Philippi).*

4.1 Schutzarten und PG-Verschraubungen

Elektrische Geräte und Komponenten verfügen meistens über ein Gehäuse, das den Schutz der eigentlichen Kontaktstelle vor äußeren mechanischen Einflüssen wie Stößen, Fremdkörpern, Staub, unbeabsichtigter Berührung, Eindringung von Feuchtigkeit, Wasser oder anderen Flüssigkeiten wie Reinigungsmittel, Kühlmittel, Öle etc. ermöglicht.

Welchen Schutzgrad das Gehäuse bietet, ist in der Norm IEC 60 529 festgelegt, die eine Einteilung in verschiedene Schutzarten enthält (siehe Tabelle 4–1).

Code-Buchstabe (International Protection) IP	Erste Kennziffer (Schutz gegen feste Fremdkörper) 6	Zweite Kennziffer (Schutz gegen Wasser) 7

Erste Kennziffer	Schutz gegen feste Fremdkörper	Zweite Kennziffer	Schutz gegen Wasser
0	Kein Berührungsschutz, kein Schutz gegen feste Fremdkörper	0	Kein Wasserschutz
1	Schutz gegen großflächige Berührung mit der Hand Schutz gegen Fremdkörper Ø > 50 mm	1	Schutz gegen senkrecht fallende Wassertropfen
2	Schutz gegen Berührungen mit den Fingern Schutz gegen Fremdkörper Ø > 12 mm	2	Schutz gegen schräg fallende Wassertropfen (beliebiger Winkel bis zu 15° zur Senkrechten)
3	Schutz gegen Berührungen mit Werkzeug, Drähten o.Ä. mit Ø > 2,5 mm	3	Schutz gegen Wasser aus beliebigem Winkel bis zu 60° aus der Senkrechten
4	Schutz gegen Berührungen mit Werkzeug, Drähten o.Ä. mit Ø > 1 mm	4	Schutz gegen Spritzwasser aus allen Richtungen
5	Schutz gegen Berührung Schutz gegen Staubablagerungen im Inneren	5	Schutz gegen Wasserstrahl (Düse) aus beliebigem Winkel
6	Vollständiger Schutz gegen Berührung Schutz gegen Eindringen von Staub	6	Schutz gegen vorübergehende Überflutung
		7	Schutz gegen Wassereindringung bei zeitweisem Eintauchen
		8	Schutz gegen Druckwasser bei dauerndem Untertauchen

Tabelle 4–1: *Schutzarten entsprechend IEC 60529.*

Um die entsprechende Schutzart bei der Installation an Bord zu gewährleisten müssen besonders Kabeldurchführungen durch Schotts bzw. Kabeleinführungen in Geräte oder Verteilungen gründlich untersucht werden.

Hier gibt es auf der einen Seite das Bedürfnis, das Kabel in der Bohrung vor Beschädigung zu schützen und auf der anderen Seite die Anforderung, das Schott durch die Kabeldurchführung nicht zu schwächen bzw. für Gas und Wasser durchlässig zu machen.

Jede Bohrung für eine Kabeldurch- bzw. Einführung sollte mindestens mit einer Durchführungstülle versehen werden. Diese schützt das Kabel vor dem Scheuern im Bohrloch und sichert eine minimale Abdichtung der Bohrung. Sobald an die Kabeldurchführung höhere Anforderungen gestellt werden, greift man auf Schottdurchführungen oder so genannte PG-Verschraubungen zurück. Diese werden entweder in ein vorhandenes Gewinde eingeschraubt oder mit einer Gegenmutter befestigt. Neben der wasserdichten Durchführung gewährleisten sie eine Zugentlastung des Kabels und je nach Ausführung auch einen Biegeschutz (s. Abb. 4–2). Bei korrekter Montage wird die Schutzart IP 68 erreicht.

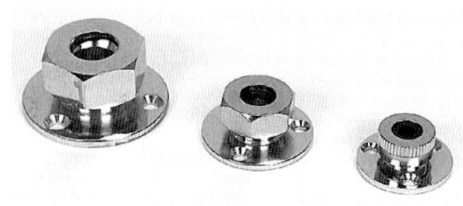

Abbildung 4–3: *Deckdurchführung (SVB)*

Hat man das Bedürfnis, dass die Schottdurchführung noch besser gegen mechanische Einwirkungen geschützt ist, so empfiehlt sich die Verwendung der PG-Verschraubungen aus Metall.

Für die Kabeleinführung an Deck gibt es im Zubehör passende Deckdurchführungen aus Metall, die durch drei Schrauben auch vom Deck aus angeschraubt werden können. Somit ist es nicht erforderlich, die Verschraubung an zum Teil unzugänglichen Stellen mit einer Gegenmutter zu versehen. Zudem tragen diese relativ wenig auf und können mit einer Verschlusskappe abgedeckt werden, falls kein Kabel verwendet wird (s. Abb. 4–3).

Sollen mehrere Kabel durch das Deck geführt werden, so bietet sich eine neuartige Decks-

Abbildung 4–2: *Kabeldurchführung mit Zugentlastung (Conrad).*

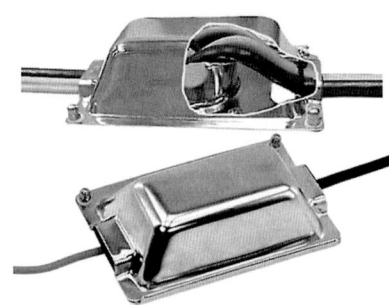

Abbildung 4–4: *Kabel-Decksdurchführung aus Edelstahl (SVB).*

durchführung aus Edelstahl an (s. Abb. 4–4). Sie besteht aus einer zweiteiligen Konstruktion, die ähnlich wie bei einem Dorade-Lüfter das Eindringen von Wasser verhindert. An Deck wird eine Grundplatte mit einem Rohr zur Einführung auch mehrerer Kabel befestigt. Anschließend wird diese Platte mit einer Haube abgedeckt. Zu beachten ist, dass im Gegensatz zu einer PG-Verschraubung diese Decksdurchführung nicht die gleiche Schutzart hat und z.B. beim Deckwaschen unter ungünstigen Umständen Wasser eindringen kann. Dafür ist es eine sehr robuste und trittfeste Konstruktion, die an Deck weniger Behinderung darstellt.

4.2 Leitungsverbindung

An Bord werden die unterschiedlichsten Kabel für die verschiedenen Verwendungszwecke verlegt. Jedes Kabel hat zwei Enden und diese stellen häufig ein Problem dar. Wie kann man den Anschluss der Kabelenden fachgerecht durchführen, damit diese auch noch nach Jahren im rauen Bordeinsatz ohne Probleme funktionieren?

Die EN ISO 10133 sagt grundsätzlich aus, dass keine blanken Drähte an Stift- oder Schraubverbindungen angebracht werden dürfen. Bei Schraubverbindungen muss der Anschluss als Ring oder selbstsichernder Kabelschuh ausgeführt sein, damit die Kontaktsicherheit nicht nur davon abhängt, wie stark man die Schraube angedreht hat. Und wenig überraschend ist, dass Verbindungen, die durch Umwickeln oder Verdrillen hergestellt werden, an Bord nicht zulässig sind. Das einfache Verdrillen von Leitungen gilt als »Flickschusterei« und ist an Bord auch nicht als Notlösung akzeptabel. Dieses Provisorium bietet keinen sauberen Kontakt und ist weder gegen Zug

noch gegen Umwelteinflüsse geschützt. Eine professionelle Quetschverbindung ist sicherer und wird als durchgehende Verbindung angesehen.

Auch Lötverbindungen haben an Bord keine Zukunft, da das Lötzinn nicht nur an dem Kabelende bleibt, sondern durch die Kapillarwirkung auch in das Innere des Leiters eintritt. Dadurch ist das Kabelende sehr steif gegenüber der flexiblen Litze. Deshalb wird das Kabel grundsätzlich an der Übergangsstelle vom flexiblen Teil zum verlöteten Ende brechen. Diese Fehler sind teilweise schwierig zu lokalisieren, da sie häufig nur zu einem Wackelkontakt führen.

Für die Leitungsverbindung hat man an Bord folgende Alternativen:

4.2.1 Quetschverbindung

Für das Bearbeiten der Kabelenden für einen Schraubanschluss bzw. für Steckverbindungen haben sich lötfreie Quetschverbindungen etabliert. Diese Verbindungen sind nach

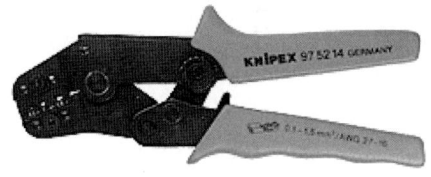

Abbildung 4–5: *Quetschzange für den Bordeinsatz (Knipex).*

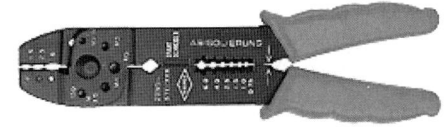

Abbildung 4–6: *Diese Zange hat an Bord nichts zu suchen.*

EN ISO 10133 zulässig, unter der Voraussetzung, dass sie mit dem für sie vorgeschriebenen Crimpwerkzeug ausgeführt sind. Hierbei muss jede gequetschte Verbindung einer für den Querschnitt spezifischen Abzugskraft widerstehen, die z. B. zwischen 40 N bei 0,75 mm^2 und 400 N bei 50 mm^2 liegt.

Die Quetschzange für den Bordeinsatz hat in ihrem Quetschbereich farbige Markierungen, um die Quetschung für den richtigen Kabelquerschnitt sicherzustellen. Über eine spezielle Mechanik wird sichergestellt, dass die Zange erst wieder öffnet, wenn die Quetschung auch mit einem ausreichenden Anpressdruck durchgeführt wurde. Ferner wird die Quetschung gleichzeitig an zwei Stellen nebeneinander durchgeführt. Mit diesem Werkzeug erhält man eine korrekte und dauerhafte Verbindung zwischen dem Kabelschuh und dem Leitungsende.

In jedem Baumarkt werden für ein paar Euros preisgünstige Varianten als Quetschzangen verkauft (s. Abb. 4–6). Mit diesen Modellen ist die Qualität der Quetschung reiner Zufall, der geforderte minimale Anpressdruck ist nicht sichergestellt und die Quetschung wird auch nur an einer Stelle durchgeführt. Verwenden Sie die Zange zur Not als Bieröffner oder Grundgewicht, aber nicht in Ihrer Bordelektrik.

Die Quetschverbinder sind für unterschiedliche Kabelquerschnitte verfügbar, wobei folgender Farbcode gilt:

rot = 0,25 bis 1,0 mm^2, blau = 1,0 bis 2,5 mm^2 und gelb = 2,5 bis 6 mm^2.

Da der Kabelschuh aus einem Blech gerollt wird, ist auf die Lage der Stoßkante beim Quetschen zu achten: Sie sollte in der Mitte des Quetschprofils in der Zange liegen. Bei seitlicher Lage klafft die Kante auseinander und der Leiter wird nicht gasdicht und ungenügend geklemmt.

Flachstecker	Flachstecker-hülse	Flachstecker-verteiler
Flachstecker-hülse isoliert	Leitungs-verbinder	Ringöse
Rundstecker	Rundstecker-hülse	Kabelendstift

Tabelle 4–2: *Quetschverbindungen (Conrad).*

Abbildung 4–7: *richtige Quetschung (Knipex).*

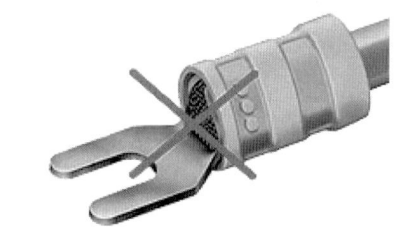

Abbildung 4–8: *falsche Quetschung (Knipex).*

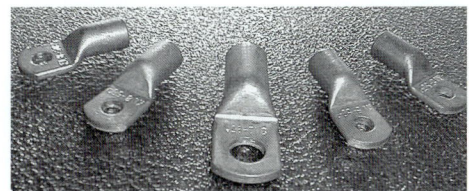

Abbildung 4–9: *Presskabelschuh für große Querschnitte.*

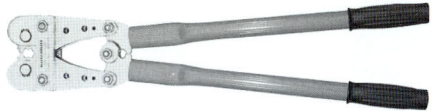

Abbildung 4–10: *Quetschzange für große Kabelquerschnitte (Philippi).*

Oberhalb von 6 mm² ist eine korrekte Bearbeitung der Kabelenden mindestens genauso wichtig, da hier mit hohen Strömen bei einer relativ geringen Bordspannung zu rechnen ist. Jeder Übergangswiderstand verursacht einen mit dem Strom steigenden Spannungsabfall, der sehr häufig zum Ausfall oder unzureichender Funktion des Verbrauchers führt. Dieses kann man bei korrekter Verarbeitung der Leitungsenden vermeiden.

Die Kabelenden werden mit einem unisolierten Presskabelschuh versehen, der mit einer für den Kabelquerschnitt geeigneten Quetschzange aufgepresst wird. Verwenden Sie unbedingt eine geeignete Quetschzange für diese Aufgabe und keinen Schraubstock oder andere Hilfsmittel! Da die Anschaffung für die Zange relativ teuer ist, kann man diese evtl. auch beim lokalen Elektriker ausleihen.

Die unisolierten Kabelschuhe werden anschließend mit Schrumpfschlauch bis zur Ringöse isoliert und diese an die Schraubverbindung des Verbrauchers angeschraubt.

4.2.2 Adernendhülsen

Nach EN ISO 10133 ist an Bord die Verwendung von Litze für die Bordinstallation vorgeschrieben. Die Litze besteht aus mehreren Einzeladern, die vor dem Anschluss behandelt werden müssen.

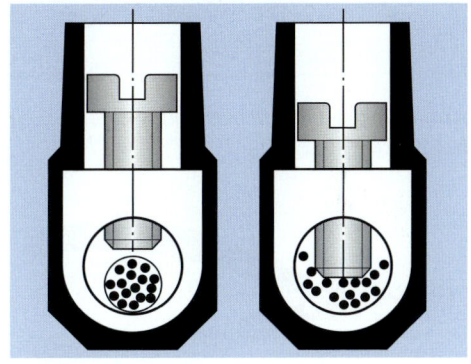

Abbildung 4–11: *Unbehandelte Kabelenden sorgen für schlechte Kontakte und sind häufige Fehlerquellen.*

Abbildung 4–12: *Adernendhülsen mit Isolierkragen (Conrad).*

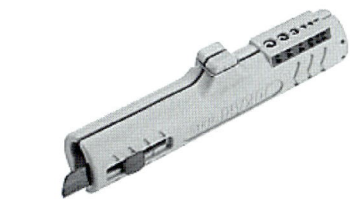

Abbildung 4–13: *Mit dem Abmantler wird der Mantel des Kabels entfernt, ohne die innen liegenden Leiter zu beschädigen.*

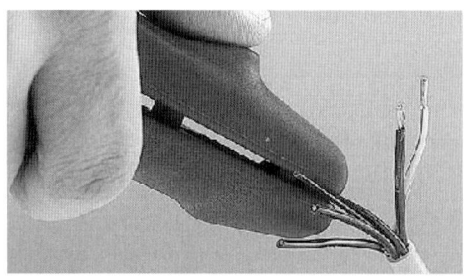

Abbildung 4–14: *Anschließend werden die Leitungsenden abisoliert.*

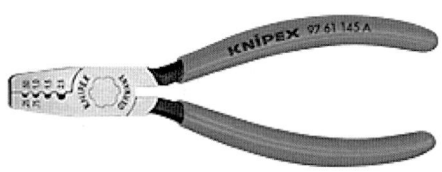

Abbildung 4–15: *Mit einer Spezialzange werden die Adernendhülsen gequetscht.*

Schraubt man die Kabelenden ohne Bearbeitung in einer Klemme fest, so werden nur einzelne Adern befestigt. Die anderen liegen mehr oder weniger lose um den Kontakt herum, oxidieren, bilden mit der Zeit Übergangswiderstände und brennen bei zu großer Strombelastung ab oder werden durch Zug aus der Klemme gerissen.

Die Kabelenden müssen in geeigneter Weise auf das Anklemmen vorbereitet werden. Für diesen Zweck haben pfiffige Techniker die Adernendhülse erfunden. Sie besteht aus einer kleinen Metallbuchse, die über das abisolierte Kabelende gestülpt und mit einer Spezialzange festgequetscht wird. Dieses bietet einen dauerhaften und dabei auch flexiblen Abschluss für das Kabel.

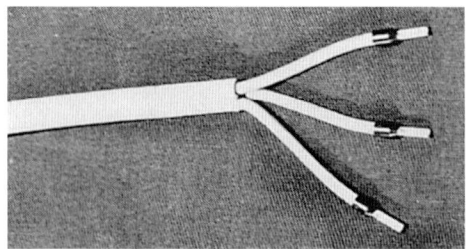

Abbildung 4–16: *Das fertige Kabel, so wie es aussehen soll.*

Es lohnt sich nicht, an dem benötigten Spezialwerkzeug zu sparen. Adernendhülsen, die mit der rostigen Kombizange aus der Seenotkiste zusammengequetscht werden, sind wertlos.

Für den Bordeinsatz haben sich besonders Adernendhülsen mit Isolierkragen bewährt. Der untere Rand der Buchse ist mit einem Kunststoffkragen versehen, der einen überlappenden Übergang zu dem Leitermantel schafft. Dadurch wird der Skipper zusätzlich bei zufälliger Berührung geschützt.

4.2.3 Steckverbindungen

Eine weitere Möglichkeit der fachgerechten Kabelverbindung ist die Verwendung einer Steckverbindung. Sie besteht aus einer Buchse und einem Stecker. An der Buchse liegt grundsätzlich die Spannung an und der Verbraucher erhält den Stecker. Wird dieses nicht beachtet, kann der Stecker, dessen Anschlüsse meistens berührt werden können, unter Spannung stehen und zu einem Schlag oder einem Kurzschluss führen.

Jede Steckverbindung stellt eine mögliche Fehlerquelle dar. Auch wenn die Anschlüsse fachgerecht ausgeführt wurden kann die Verbindung mit der Zeit oxidieren. Fast jeder Skipper kann ein Lied von oxidierten Kontakten

Abbildung 4–17: Spezielle Stecker für Niederspannung mit Verpolungsschutz in IP65 (Aquasignal).

singen, die über kurz oder lang zum Ausfall des angeschlossenen Verbrauchers führen. Hier kann die Verwendung von Vaseline oder Kontaktspray auch vorbeugend vor Überraschungen schützen.

Die Steckverbindungen müssen nicht nur für den erforderlichen Strom zugelassen, sondern auch vor Verpolung geschützt sein. Standard-

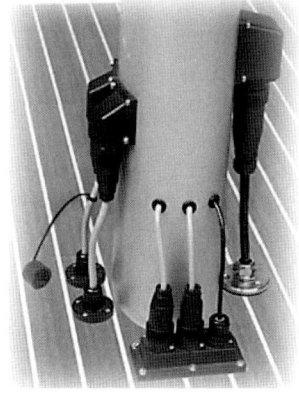

Abbildung 4–18: Steckverbindungen am Mast (Philippi).

stecker aus der Hausinstallation sind dieses nicht und können beim falschen Zusammenstecken den Verbrauchern erheblichen Schaden zufügen.

Steckdosen und Buchsen für das Gleichstromsystem dürfen nicht mit denen des Wechselstromsystems vertauscht werden können.

Sobald die Steckverbindung Witterungseinflüssen wie Regen-, Spritz- oder Schwallwasser ausgesetzt sind, müssen diese mindestens der Schutzart IP 55 genügen. Ist mit Überflutung oder mit kurzzeitigem Untertauchen zu rechnen, so müssen diese Verbindungen mindestens IP 67 erfüllen.

Zur Trennung elektrischer Leitungen an Bord von Yachten werden vorzugsweise wasserdichte Rundsteckverbinder eingesetzt. Diese verfügen über folgende Eigenschaften, die sie für den Einsatz an Bord besonders auszeichnen:

• hoher zulässiger Nennstrom
• Schraubanschlusstechnik
• kleine Abmessungen
• einfache und sichere Gewindeverriegelung
• großer Anschlussraum für einfache und bequeme Montage

Die Rundsteckverbinder sind vom Germanischen Lloyd geprüft und für Wassersportfahrzeuge für Niederspannung 230 V/50 Hz und Kleinspannung bis 50 V zugelassen.

Werden mehrere Kabel z.B. aus einem Mast herausgeführt, so sollten die Steckverbindungen farblich gekennzeichnet werden, um Verwechslungen zu vermeiden. Abdeckkappen schützen die Buchsen, wenn kein Stecker eingesteckt ist.

Für typische 12-V- und 24-V-Verbraucher werden im Zubehörhandel Bordspannungssteckdosen angeboten. Bei der Montage ist darauf zu achten, dass die Steckdosen einen sauberen

Anschluss für das Minuskabel bekommen, da sie es aus dem Kfz gewohnt sind, Minus über das Gehäuse zu bekommen. Wenn möglich sollten die Steckdosen isoliert von der Masse des Bootes installiert werden. Über eine Abdeckkappe lässt sich die Steckdose vor Schmutz und Feuchtigkeit schützen, falls kein Stecker eingesteckt ist. Für den Außenbereich gibt es die Steckdosen bis zur Schutzart IP 67.

Der Anschluss der Verbraucher erfolgt über den verpolungssicheren Stecker. Der Pluspol befindet sich grundsätzlich in der Mitte. Im Zubehörhandel sind eine Reihe von unterschiedlichen Ausführungen erhältlich, mit integrierter Schmelzsicherung und sogar mit eingebauter Spannungsüberwachung, die den Verbraucher beim Unterschreiten eines Schwellwertes abschaltet und so die Batterie vor Tiefentladung schützt.

Abbildung 4–20: *Bordspannungssteckdose, nicht wasserdicht (Conrad).*

Abbildung 4–21: *Bordspannungsstecker, nicht wasserdicht (Conrad).*

Abbildung 4–19: *Steckverbindung für die Mastverkabelung mit Abdeckkappen.*

Für Koaxialkabel werden besondere Steckverbindungen verwendet, die im gegebenen Fall auch für den Außenbereich geeignet sein müssen. In der Regel werden die Anschlüsse an diese Stecker und Buchsen angelötet. Da die Kabel zusätzlich durch eine Zugentlastung entlastet werden, kommt hierbei der oben beschriebene Effekt beim Löten nicht zum Tragen.

Wichtig beim Anlöten der Kabel ist, dass die Lötstelle sauber und fettfrei ist. Der Lötkolben muss genügend warm sein, damit das Lot eine saubere Verbindung zwischen dem Kontakt und der Leitung herstellt. Kalte Lötstellen

Abbildung 4–22: *Koaxialkabel verlangen spezielle Steckverbindungen (SVB).*

führen zu erheblichen Übergangswiderständen und können somit das gesamte Gerät außer Betrieb setzen.
Abgeschirmte Leitungen müssen so angeschlossen werden, dass Ausfransen von Litzen verhindert und einfaches Abklemmen ermöglicht werden.

4.3 Verteilung

Verteilungen haben das Ziel, dass eine ankommende Leitung auf eine oder mehrere abgehende Leitungen verteilt werden kann. Beim Einbau ist darauf zu achten, dass die Anschlussklemmen zugänglich sind. Bezüglich der Schutzart gelten nach EN ISO 10133 folgende Anforderungen:

- mindestens IP 67, wenn kurzzeitiges Eintauchen in Wasser möglich ist
- mindestens IP 55, wenn mit Spritzwasser zu rechnen ist
- mindestens IP 20, wenn die Verteilung im geschützten Bereich unter Deck montiert ist.

4.3.1 Klemmen

Um die leitende Verbindung zwischen mehreren Leitern herzustellen, haben sich industrielle Klemmverbindungen in der Praxis bewährt. Bei der Auswahl der Klemmen muss man an Bord wählerisch sein, um vor bösen Überraschungen geschützt zu sein.

Abbildung 4–23: *Rangierverteilung im Kunststoffgehäuse (van Beckum).*

Die Norm fordert von den verwendeten Materialien, dass sie korrosionsbeständig und mit den Leitern und Anschlüssen galvanisch verträglich sind.
Lüsterklemmen aus dem Baumarkt haben häufig Eisenschrauben und daher an Bord nichts zu suchen. An Bord ist die Luftfeuchtigkeit größer als an Land. Die Eisenschraube, verbunden mit einem Kupferleiter, bildet in kurzer Zeit durch Kondenswasser ein kleines galvanisches Element und löst sich durch Ihre niedrigere Stellung in der Spannungsreihe auf. Der eigentliche Zweck der Klemme wird damit in Frage gestellt.

Die Reihenklemmen-Leiste ist die Schnittstelle der Bordelektrik. Alle ankommenden Leitungen der Bordinstallation werden dort angeklemmt und gelistet. Für spätere Ergänzungen oder Servicearbeiten ist ein schneller Zugriff auf jede Leitung ohne mühsames Suchen möglich. Dadurch ergibt sich eine sichere und übersichtliche Bordinstallation. Die Verkabelung zur Schalttafel, die die Absicherung und Verteilung vornimmt, wird ebenfalls an der Klemmenleiste angeschlossen.

Im Gegensatz zur klassischen Lüsterklemme haben die Reihenklemmen eine hohe Kontaktkraft, die dauerhaft auf den Leiter wirkt. Dies wird auf folgende Weise erreicht: Beim Andrehen der Klemmschraube federt der obere Gewindelappen leicht auf und kontert die Klemmschraube. Dadurch ist der Anschluss rüttelsicher. Das elastische Verhalten des Zugbügels gleicht die durch Temperaturschwankungen entstehenden Durchmesseränderungen vollständig aus. Eine Selbstlockerung erfolgt nicht. Der Anschluss ist unter allen Bedingungen wartungsfrei. Ein Nachziehen der Klemmschraube ist nicht erforderlich.

Natürlich sind diese Klemmen aus nicht rostendem Material. Aus Einzelklemmen können beliebig große Klemmleisten zusammengestellt werden. Die Klemmen gibt es für die unterschiedlichsten Kabelstärken.

Bei der Firma Philippi sind die Klemmleisten in drei verschiedenen Standardgrößen erhältlich, die ergänzt werden können. Für die Hauptzuleitungen stehen für den Minuspol und für den Pluspol Klemmen mit einem größeren Querschnitt zwischen 10 mm^2 und 35 mm^2 zur Verfügung. Die Klemmen für den Verbraucheranschluss sind für 4 mm^2-Kabel ausgelegt. Bei allen Klemmleisten sind die Minusklemmen untereinander gebrückt und bilden ein Potenzial. Somit dienen sie auch als Sammelschiene für die Minusanschlüsse der Verbraucher.

Bei der Installation sollten die folgenden Hinweise der VDE-0113 beachtet werden:

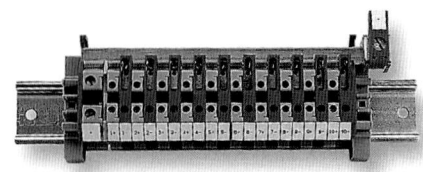

Abbildung 4–24: *Professionelle Klemmleiste für den Bordeinsatz (SVB)*

- Klemmen an Klemmleisten müssen deutlich gekennzeichnet sein und mit den Kennzeichnungen auf den Plänen übereinstimmen.
- Klemmleisten müssen so angebracht und verdrahtet sein, dass keine Leiter über die Klemmen verlaufen.
- Die Anschlussstellen müssen für den Querschnitt und die Art der anzuschließenden Leiter geeignet sein.
- Der Anschluss von zwei oder mehr Leitern an eine Klemme ist nur dann zulässig, wenn die Klemmen für diesen Zweck ausgelegt sind. Jedoch darf nur ein Schutzleiter an einen Klemmenanschlusspunkt angeschlossen werden.

4.3.2 Verteilerdosen

Werden Verbindungen von Leitungen an Deck vorgenommen, so steht man häufig vor der Herausforderung, diese Verbindungen gegen äußere Einflüsse zu schützen. Hier geht es besonders darum, die Leitungsverbindung vor Wasser, Staub und mechanischen Schlägen zu bewahren und auch eine Isolierung zur Vermeidung von Kurzschlüssen und elektrischen Schlägen vorzunehmen.

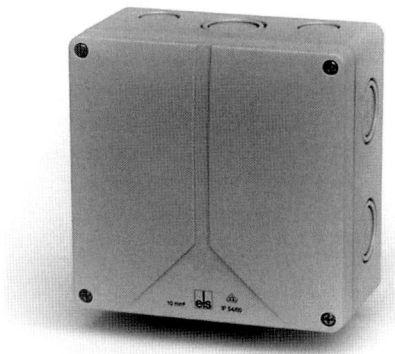

Abbildung 4–25: *Kunststoff-Verteilerdose (Philippi).*

Abbildung 4–26: *Verteilerdose aus Messing.*

Speziell für den Bordeinsatz gibt es unterschiedliche Alternativen:
Die Kunststoff-Verteilerdose der Firma Philippi besteht aus einer Zweikomponenten-Spritzgusstechnik mit angespritzten Einführungsmembranen, die nach Bedarf ausgestochen werden können. Die entsprechenden Leitungen durchstoßen nur die neuartigen Membranen und sorgen für absolute Dichtigkeit. Ab Modell AZK 60 sorgt eine hoch gesetzte

Klemme für maximalen Verdrahtungsraum und übersichtliche Klemmenanordnung. Die Kabel lassen sich bequem unter der Klemmenreihe hindurchführen und dann sauber anschließen. Abzweigkästen gleicher Größe sind an allen vier Seiten beliebig aneinander anreihbar. Ab AZK 60 sind PG-Verschraubungen zur Kabeleinführung erforderlich. Die Abzweigkästen sind aus schlagfestem, flammwidrigen Polystyrol gefertigt und haben bei korrekter Montage die Schutzart IP 65.
Wer es etwas schiffiger mag, der kann z.B. bei der Firma Toplicht maritime Verteilerdosen aus Messing erwerben, die für den rauen Bordeinsatz konzipiert wurden. Hier kann auch einmal eine Pütz gegenschlagen, ohne dass die Verteilerdose nennenswert Notiz davon nimmt. Aber wer will das Messing immer putzen?

4.3.3 Sammelschienen

Häufig steht man vor der Herausforderung, dass man große Querschnitte auf mehrere Verbraucher verteilen muss. Eine sinnvolle Art dieses fachgerecht auszuführen ist die Verwendung von Sammelschienen für große Querschnitte. Sie bestehen aus einem Stück galvanisch vernickeltem Kupfer, das auf Kunststoff-Isolierstützen montiert wird. Auf der Schiene befinden sich mehrere Bohrungen mit Gewinde, die z.B. für den Anschluss von 4 x 95 mm² (M8)- und 5 x 25 mm² (M6) -Kabelschuhen ausgelegt sind. Der Nennquerschnitt der Schiene beträgt 300 mm². Wird die Sammelschiene für den Pluspol verwendet, so ist

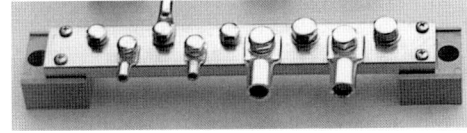

Abbildung 4–27: *Sammelschiene (Philippi).*

105

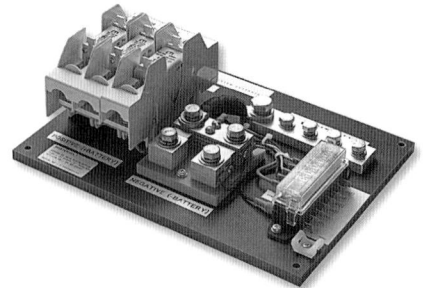

Abbildung 4–28: *Sammelstützpunkt (Philippi).*

Abbildung 4–29: *Gleichstromverteiler für hohe Ströme (Mastervolt).*

besonders darauf zu achten, dass keine versehentliche Verbindung mit der Minusschiene oder der Masse auftreten kann. Diese würde sich mit einem erheblichen Funkenregen bemerkbar machen. Daher sollte die Plus-Sammelschiene immer mit einer isolierenden Plexiglasabdeckung versehen werden.

Hat man nicht den Platz für eine Sammelschiene, so kann häufig bereits ein Sammelstützpunkt für eine korrekte Montage sorgen. Der Sockel wird mit zwei Schrauben isoliert montiert und in der Mitte befindet sich ein Gewindebolzen, an dem die Kabelschuhe befestigt werden.

4.3.4 Hochstromverteiler

Die Firma Mastervolt bietet einen konfektionierten Gleichstromverteiler an, der für die Hauptverteilung hinter den Batterien gedacht ist. Auf einer isolierten Montageplatte befinden sich drei Hochstromsicherungen, um durstige Verbraucher wie den Wechselrichter, die Lichtmaschine und das Bordnetz abzusichern. In der Minusleitung befindet sich bereits für jeden der beiden Batteriesätze ein Shunt (Nebenwiderstand) für die Strommessung. Diese sind auf einer gemeinsamen Minus-Sammelschiene zusammengeführt. Über kleine Steuersicherungen sind die Span-

nungen für Messzwecke direkt am Verteiler abgreifbar.

4.4 Schalter

Schalter werden an Bord eingesetzt, um den elektrischen Stromkreis gezielt zu unterbrechen oder herzustellen. Hierbei wird in der einen Schalterstellung der Kreis unterbrochen und in der anderen Stellung der Kreis geschlossen. Es gibt sie auch als Taster, die den Stromkreis nur so lange schließen, wie der Taster gedrückt wird. Wird der Taster losgelassen, so öffnet der Taster über einen Federmechanismus.

4.4.1 Schalterarten

Die Schalter werden nach unterschiedlichen Kriterien unterschieden:

- Die *Spannungsfestigkeit* gibt an, bis zu welcher Spannung der Schalter eingesetzt werden kann.
- Die *Stromfestigkeit* sagt aus, bis zu welchem Strom mit dem Schalter geschaltet werden darf. Hier unterscheiden sich die Angaben entsprechend der verwendeten Spannung und der Art der Verbraucher, die geschaltet

werden sollen. Induktive Verbraucher (z.B. Motoren) haben einen größeren Abrissfunken beim Schalten. Deshalb haben die Schalter für diese Art von Verbrauchern ein geringeres Schaltvermögen.

Durch die hohen Ströme, die wir besonders in einem 12-V-Netz zu schalten haben, kommen viele Schalter sehr schnell an ihre Grenzen. Hinzu kommt, dass bei Gleichspannung der Abrissfunke größer ist als bei Wechselspannung und die Schalter somit an Bord stärker belastet werden. Bei der Auswahl sollte daher unbedingt darauf geachtet werden, ob der optisch ansprechende Schalter auch zu der Stromaufnahme der Verbraucher passt.

- Die *Polanzahl* gibt an, wie viele Pole gleichzeitig mit dem Schalter geschaltet werden. In der Hausinstallation werden zum Großteil nur einpolige Schalter verwendet. An Bord ist zu beachten, dass bei Gleichstromanlagen, die Minus nicht auf Masse haben (massefrei) und bei Landanschlussanlagen ohne Trenntransformator grundsätzlich zweipolige Schalter verwendet werden müssen. Ausgewählte Verbraucher wie die Spannungsversorgung für die UKW-Funkanlage müssen immer mit zweipoligen Schaltern ausgerüstet werden.
- Die *Schaltungsart* informiert, ob der Kontakt bei Betätigung geschlossen wird (Schließer), ob er geöffnet wird (Öffner) oder ob umgeschaltet werden soll (Wechsler). Für das Schalten üblicher Verbraucher werden *Schließer* verwendet. *Öffner* finden ihre Anwendung in den so genannten Ruhestromkreisen. Hier fließt z.B. zur Überwachung ständig ein Strom, und wenn etwas nicht in Ordnung ist öffnet der Schalter und es wird ein Alarm ausgelöst. Der Vorteil dieser Schaltung ist, dass der Stromkreis ständig überwacht wird und Fehler in der Installation sofort entdeckt werden. Der Umschaltkontakt bietet drei Anschlüsse. Er kombiniert den Schließer und den Öffner mit einer gemeinsamen Wurzel. Bei Betätigung des Schalters wird ein Kontakt geschlossen und der andere geöffnet. Auf diese Weise lässt sich z.B. eine Wechselschaltung aufbauen, mit der z.B. eine Lampe von zwei unabhängigen Umschaltern ein- bzw. ausgeschaltet werden kann.
- Die *Schutzart* gibt an, inwieweit der Schalter auch für den Außeneinsatz geeignet ist. Hierfür benötigt er mindestens die Schutzart IP 54.
- Bei der *Bauform* gibt es die unterschiedlichsten Varianten auf dem Markt. In der Vergangenheit wurden aus dem Kfz-Bereich häufig Kippschalter verwendet, die jedoch die Gefahr haben, dass der Hebel leicht abbrechen kann. Der Vorteil der Kippschalter liegt in der zentralen Befestigung mit einer Mutter, die leider für das Auge nicht so schön ist.

Wippschalter haben den Vorteil, dass sie relativ flach sind und sich so gut in das Lay-

Abbildung 4–30: *Kippschalter (SVB).*

Abbildung 4–31: *Wippschalter für Einlochmontage (Conrad).*

out des Innenausbaus anpassen lassen. Häufig haben Wippschalter eine rechteckige Einbauöffnung. Diese Öffnung ist jedoch mühsam mit Laubsäge und Feile herzustellen. Einfacher wird es bei der Verwendung von runden Wippschaltern, die z.B. bei Conrad erhältlich sind. Für die Montage benötigt man nur eine 20-mm-Bohrung, die einfacher herzustellen ist. Wippschalter werden mit der Snap-In-Montage festgeklemmt, daher sind sie nur für relativ dünne Materialien (max. 5 mm) geeignet.
Die Anforderungen in der Industrie decken sich sehr gut mit denen an Bord, da wir es

auch hier mit erschwerten Bedingungen zu tun haben. Die dort verwendeten Schalter und Meldeleuchten heißen Befehls- und Meldegeräte. Sie bestehen aus einem Frontelement mit Tast- oder Drehschalter, das in verschiedenen Farben und mit verschiedenen Symbolen ausgerüstet sein kann. Es ist auch möglich eine Meldeleuchte im Schalter zu integrieren. Auf der Rückseite werden Funktionsbausteine aufgeklickt, die nun mit bis zu drei verschiedenen Kontakten bzw. Funktionen ausgerüstet werden können. Zur Auswahl stehen Öffner- und Schließerkontakte, aber auch Leuchten, LEDs oder Lampentestmodule.
Schalter aus der Hausinstallation bieten ein breites Spektrum an Designmöglichkeiten. Vor dem Einsatz an Bord sollte man gründlich die verwendeten Materialien prüfen und auf das Modell aus verzinktem Stahlblech eher verzichten. Viele Schalterhersteller haben Feuchtraumprogramme in ihrem Sortiment, die eher für den Einsatz an Bord geeignet sind, da sie auch bei Unterputzmontage von außen die Schutzart IP 44 erreichen.
Bei Einbau der Schalter in die Verschalung (Unterputzmontage) ist unbedingt darauf zu achten, dass die Schalter in einer Hohl-

Abbildung 4–32: *Industrielle Schalter und Meldeleuchten schaffen auch an Bord eine professionelle Bedienung (Moeller).*

Abbildung 4–33: *Schalter aus der Hausinstallation (Conrad).*

Abbildung 4–34: *Hohlwanddose (Westfalia).*

wanddose montiert werden. Diese wird von außen in den 68-mm-Normausschnitt in der Wand gesteckt und über zwei Schrauben festgesetzt. Anschließend bricht man eine Kabeleinführung in der Dose aus und führt das Kabel dort ein. Innerhalb der Dose versieht man das eingeführte Kabel mit einem Kabelbinder um eine Zugentlastung zu erreichen. Danach erfolgt der Kabelanschluss an den Schalter.

Im industriellen Bereich werden häufig Nockenschalter eingesetzt, die sowohl bei den Schaltungsvarianten (ein- oder mehr-

Abbildung 4–35: *Nockenschalter (Moeller).*

stufige Schaltung), Polanzahl und bei den Montagemöglichkeiten (Ein- oder Aufbau im Gehäuse) vielen Anforderungen gerecht werden. Neben Steueraufgaben werden diese Schalter auch als Lasttrennschalter bei Strömen bis zu 300 A eingesetzt. Möchte man größere Verbraucher direkt mit einem Schalter schalten, so führt praktisch kein Weg an diesen Schaltern vorbei.

• Bei der *Anschlussart* unterscheidet man zwischen Schraubverbindungen, Lötanschluss und Flachsteckeranschluss. Der Lötanschluss ist an Bord aufgrund der Vibrationen und Erschütterungen zu vermeiden. Die bessere Variante ist die Leitung mit einem Ringkabelschuh zu versehen und an dem Schraubanschluss zu befestigen oder über einen 4,8-mm-Kabelschuh die Verbindung herzustellen. Da die Kontakte recht nahe nebeneinander liegen lohnt sich die Verwendung von voll isolierten Kabelschuhen.

Die Schalter aus der Hausinstallation werden heutzutage nur noch über eine Klemmtechnik angeschlossen. Diese ist für die Verwendung von starren Leitungen ausgelegt, sodass die an Bord vorgeschriebene Litze nicht direkt angeklemmt werden kann. Da die Anschlussenden relativ lang sein müssen, werden die Leitungsenden mit Adernendhülsen ohne Isolierkragen versehen. Anschließend werden sie in die Anschlussklemme eingeführt und durch Zug überprüft, ob der Kontakt auch sauber hergestellt wurde.

4.4.2 Batterie-Trennschalter

In der EN ISO 10133 ist vorgeschrieben, dass zwischen dem positiven Leiter der Batterie und den versorgten Stromkreisen so nahe wie möglich an der Batterie ein Batterie-Trennschalter eingebaut sein muss.

109

Abbildung 4–36: *Batterie-Trennschalter (Volvo Penta).*

Keine Regel ohne Ausnahme: Bestimmte elektrische Verbraucher dürfen auch nach wie vor direkt an der Batterie angeklemmt sein, unter der Voraussetzung, dass diese Stromkreise über geeignete Sicherungen oder Leistungsschalter so nahe wie möglich an der Batterie verfügen. In der Norm werden Geräte mit geschützten Speicherbereichen, automatische Bilgepumpen, Abluftgebläse für Maschinenräume oder Ladeeinrichtungen genannt.

Ich empfehle den Abgriff vor dem Batterie-Trennschalter so gering wie möglich zu halten. Durch Ausschalten des Batterie-Trennschalters will man sichergehen, dass alle Verbraucher vom Netz getrennt sind und dass man ungefährdet an der Elektrik montieren kann.

• Hat man an Bord Geräte, die ständig Energie zum Speichern benötigen (z.B. das Radio mit der Senderspeicherung), so lohnt es sich, nahe bei dem Gerät einen eigenen Akku zu spendieren. Hier reicht ein kleiner Akku mit z.B. 4 Ah aus, um die Sender über Monate nicht zu verlieren. Geladen wird der Akku, sobald im Netz wieder Spannung vorhanden ist. Schaltet man in die Ladelei-

tung noch ein bis zwei Dioden in Reihe, so wird über den Spannungsabfall von 0,7 bis 1,4 V sichergestellt, dass dieser Akku nicht überladen werden kann.

• Die Automatikschaltung der Bilgepumpe ist sehr umstritten, da man keinen Einfluss darauf hat, was die Pumpe nach außen befördert. Sobald sich etwas Öl oder Diesel im Wasser befindet, begeht man eine Straftat, wenn dieses außenbords gepumpt wird, und hier hilft nicht die Ausrede, dass die Pumpe ja selbst aktiv geworden ist. Ich kenne mehrere Skipper, die genau aus diesem Grund bereits die Wasserschutzpolizei an Bord hatten.

• Ein wichtiger Verbraucher, der direkt an die Batterie angeklemmt werden sollte, ist die UKW-Funkanlage, damit diese auch beim Ausfall des Trennschalters oder der Hauptverteilung noch funktionieren kann.

Der Trennschalter muss so ausgelegt sein, dass er den gesamten Strom des Anlassers oder anderer Großverbraucher ohne Schaden übersteht. Nicht alle am Markt angebotenen Batterie-Trennschalter sind für diese Anforderungen geeignet.

Eine wichtige Eigenschaft der Trennschalter ist die Gasdichtigkeit. Häufig werden Batteriehauptschalter im Motorraum installiert. Vorteil dieses Montageortes ist der kurze Leitungsweg von der Batterie zum Schalter. Nachteil ist jedoch, dass der Schalter hier von Benzin- oder Dieselgasen umgeben sein kann und nicht gasdichte Schalter durch den Schaltfunken eine Explosion auslösen können. In undichte Schalter können zusätzlich salzhaltige Seeluft und Feuchtigkeit eindringen, die über einen längeren Zeitraum zu Korrosion an den Schaltkontakten führen, was Übergangswiderstände und Spannungsverluste in der Bordelektrik zur Folge hat.

Ein von den Kollegen der boote-Redaktion veranlasster Test von Batterie-Trennschaltern hat ergeben, dass die wenigsten am Markt befindlichen Schalter diese Kriterien erfüllen! Weitere Kriterien sind der Korrosionsschutz der Kontakte, der Übergangswiderstand im Schalter und die mechanische Lebensdauer des Schalters.

Die boote-Redaktion kam in ihrem im Jahr 2000 durchgeführten Test zu folgendem Eindruck:

»Zusammenfassend machten Philippi BH 3000 und der H+B Hauptschalter den besten Gesamteindruck. Sie sind sowohl vom Material, der Gasdichtigkeit als auch vom Korrosionsschutz her erste Wahl.

Berücksichtigt man zusätzlich noch den Preis, kristallisiert sich der H+B Hauptschalter von Yacht-Elektrik-Wedel als Testsieger heraus. Das Mittelfeld bilden Philippi BH 1000, BH 2000, Vetus SW 600, Guest 2300 und 1171 Marine. Alle Schalter erfüllen ihre Aufgabe einwandfrei, sodass in der Praxis keine Probleme zu erwarten sind. Nimmt man den Preis als Kriterium, sind aus dieser Gruppe die Philippi-Schalter (BH 1000 und BH 2000) am empfehlenswertesten, weil sie korrosionsgeschützt sind.

Klarer Testverlierer ist der No-Name-Batterieschalter, den man bei diversen Ausrüstern zu Preisen zwischen 8 und 10 € bekommt. Er versagte in allen relevanten Testpunkten.«

4.4.3 Batteriewahlschalter

Verfügt man über mehrere Batterien an Bord, kann sich die Situation ergeben, dass man zwischen mehreren Batterien umschalten möchte, um z.B. Starthilfe zu geben.

Mit diesen Schaltern hat man nun die Möglichkeit, die Batterie vom Netz zu trennen, aber

Abbildung 4–37: *Batteriewahlschalter ermöglichen das Ein- und Umschalten von zwei Batterien.*

auch zwischen zwei Batterien auszuwählen (1 oder 2) oder die Batterien parallel zu schalten (both). Für diese Schalter gelten die gleichen Kriterien wie bei den konventionellen Batterie-Trennschaltern, wie Strombelastbarkeit, Gasdichtigkeit, Korrosionsbeständigkeit und mechanische Lebensdauer.

Die Redaktion der Zeitschrift boote führte auch hier im Jahr 2000 einen umfangreichen Test durch, mit dem ernüchternden Ergebnis, dass die Hälfte der geprüften Modelle durchfiel.

»Nur Guest 2304, Guest Smart Switch und Vetus Accusch blieben ohne Mängel. Diese Schalter sind erste Wahl, wenn es um die Aufrüstung der Bootselektrik geht.

Hinzu kommt, dass man den Vetus-Schalter aufgrund seiner Gasdichtigkeit sogar im Motorraum installieren kann und der Guest Smart Switch eine integrierte Spannungsanzeige hat.

Die anderen Schalter (AAA, Noname und YEW-Batteriehauptschalter) fallen in erster Linie durch den mangelhaften mechanischen

Aufbau und durch die zum Teil schlechte Kontaktanordnung auf.«

4.4.4 Fernbedienbare Schalter (Relais)

Die bisher beschriebenen Schalter haben den Nachteil, dass sie den gesamten Laststrom schalten müssen. Möchte man die Schalter an einer Stelle montieren, wo sie gut zugänglich sind, so muss man die Kabelquerschnitte u.U. vergrößern um den Spannungsabfall zu vermeiden. Baut man die Schalter direkt an den Verbrauchern an, sind sie nur schlecht zugänglich.

Die rettende Lösung bietet ein Relais. Ein Relais ist ein elektrisch betätigter Schalter. Das Magnetfeld einer Spule bewegt einen Anker, der einen Schaltkontakt schließt. Über diesen Kontakt können je nach Bauart auch große oder sehr große Ströme geschaltet werden. Die Erregerleistung für die Spule ist im Vergleich zur geschalteten Leistung relativ gering und kann daher über einen kleinen Kabelquerschnitt transportiert werden. So können auf einfache Weise auch große Verbraucher über kleine Schalter und ohne spürbare Spannungsverluste gesteuert werden.

Neben diesen Vorteilen hat das Relais auch einige Nachteile:

Beim Abschalten des Relais wird in das Bordnetz eine Spannungsspitze induziert, da eine Spule gar nichts von plötzlichen Stromänderungen hält. Angeschlossene Verbraucher und besonders elektronische Geräte können hierdurch beschädigt oder zerstört werden, da die Bordspannung für einen klitzekleinen Moment auf über 100 V ansteigen kann.

Diesen Effekt kann man mit einem Löschglied oder einer Freilaufdiode eliminieren, die in Sperrrichtung parallel zu dem Relais angeklemmt wird. Die Kathode (meistens der Ring

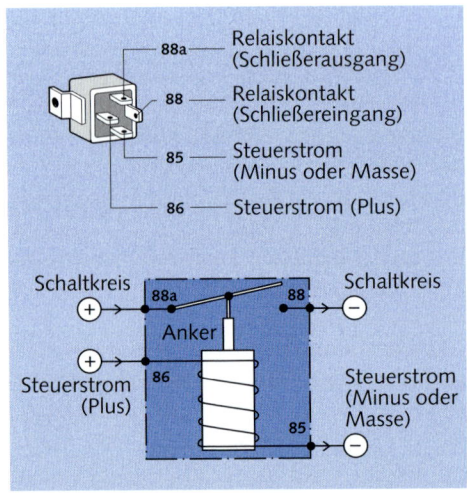

Abbildung 4–38: *Das Relais ist ein elektrisch betätigter Schalter (VDO/Donat).*

an der Diode) wird an den Plus-Anschluss des Relais angeklemmt. Wird die Polung nicht beachtet, kommt es zu einem Kurzschluss, der die Diode sofort zerstören wird.

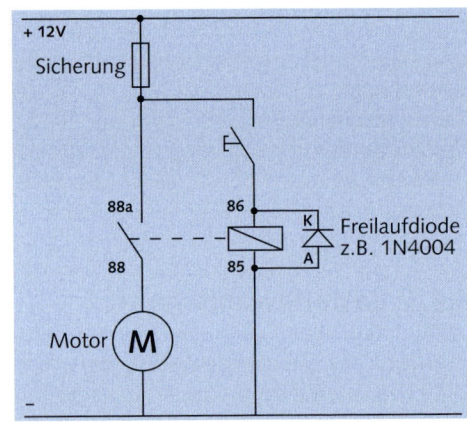

Abbildung 4–39: *Eine Freilaufdiode wird in Sperrrichtung dem Relais parallel geschaltet.*

Abbildung 4–40: *Kfz-Relais (Conrad).*

Abbildung 4–41: *Kfz-Relaisfassung (Conrad).*

Für Verbraucher bis zu 30 A hat sich der Einsatz von Kfz-Relais bewährt. Diese Relais haben keine integrierte Freilaufdiode, die demnach vor Ort nachgerüstet werden muss. Der elektrische Anschluss erfolgt entweder direkt über 6,3 mm voll isolierte Kabelschuhe oder über eine Fassung, in die das Relais eingesteckt wird.

Die Fassung hat den Vorteil, dass das Relais im Störfall schnell ausgewechselt werden kann. In rauen Umgebungsbedingungen muss es ggf. durch einen Kabelbinder festgesetzt werden, damit es sich in der Fassung nicht selbstständig macht.

Für den Schalttafeleinbau eignen sich Relais aus der industriellen Anwendung, da diese direkt zur Montage auf eine Hutschiene geschnappt werden können und bereits über eine integrierte Freilaufdiode verfügen. Sollte das Relais eine Störung haben, so kann es aus der Fassung entnommen und ausgetauscht werden (s. Abb. 4–42).

Werden große Verbraucher wie Bugstrahlantrieb, Ankerwinde oder Winsch geschaltet, so fällt das Relais ein paar Nummern größer aus. Immerhin muss es Ströme von bis zu 300 A schalten können. Hier kann es durchaus vorkommen, dass auch die Erregerleistung für das Relais bereits 10 A und mehr beträgt, was dann zu einer Kaskadierung führt. Ein kleines Relais wird aus der Ferne über eine dünne Leitung angesteuert. Dieses Relais schaltet das Hochstromrelais, welches wiederum den Saft für den großen Verbraucher freigibt.

Auch wenn die Erregerleistung im Vergleich zur Schaltleistung relativ gering ist, macht sie sich auf die Dauer im Batteriehaushalt be-

Abbildung 4–42: *Relais für den Schalttafeleinbau (Conrad).*

Abbildung 4–43: *Hochstromrelais (Vetus).*

merkbar. Gerade bei Verbrauchern, die über lange Zeit eingeschaltet sind, wirkt sich der Verbrauch des Relais negativ auf den Stromhaushalt aus. Bevor wir jetzt wieder auf den klassischen Schalter zurückgreifen, gibt es noch eine Alternative, das Stromstoßrelais:

Das Stromstoßrelais ist ein so genanntes bistabiles Relais, das zwei Schaltzustände kennt: ein und aus. Um von einem zu dem anderen Zustand zu gelangen, braucht es einen kurzen Stromimpuls. Danach bleibt es in diesem Zustand bis der nächste Stromimpuls es wieder in den anderen Zustand zurückbringt. Die Ansteuerung erfolgt also über einen Taster, der jeweils zum Ein- und zum Ausschalten einmal gedrückt wird. Der Vorteil ist, dass dieses Gerät keinen Ruhestromverbrauch hat – im Gegenteil –, ist es ständig wie ein »normales« Relais an Spannung angeschlossen, so wird es zerstört. Ein weiterer Vorteil besteht darin, dass man eine beliebige Anzahl von Tastern parallel schalten und von jeder Stelle z.B. die Wasserpumpe ein- und auch wieder ausschalten kann.

Diese Technologoie ist geradezu prädestiniert, um als fernbedienbarer Batteriehauptschalter eingesetzt zu werden. Das »normale« Relais macht hier wenig Sinn, da es für seinen Dienst mehrere Ampere ständig aus der Batterie saugen würde.

Die Firma Philippi vertreibt einen Batteriehauptschalter, der nach dem Prinzip des Stromstoßrelais arbeitet. Das Gerät befindet sich in einem wasserdichten Gehäuse (IP 67) und die Freilaufdiode ist bereits integriert. Es benötigt einen Anzugsstrom von 6,6 A (12 V) bzw. 3 A (24 V) für 0,05 Sekunden, danach ist der Energiebedarf bis zum nächsten Schalten gleich Null. Das Gerät verträgt einen Dauerstrom von 300 A, kann für 20 Sekunden auch schon mal mit 600 A belastet werden und verkraftet 1 Sekunde lang sogar 2400 A.

Eine Spur mehr Sicherheit bietet der von ETA entwickelte Batteriehauptschalter, der auch bei Philippi im Programm ist. Das Gerät besteht aus einem 240-A-Schutzschalter, der das Netz vor Überlast und Kurzschluss schützt. Auf dem Schutzschalter befindet sich ein Elektromagnet, der den Hebel des Schutzschalters bewegt und somit das Netz ein- oder ausschaltet. Hierfür benötigt er für 0,1 Sekunden einen Strom von bis zu 30 A. Optional kann

Abbildung 4–44: *fernbedienbarer Batteriehauptschalter (Philippi).*

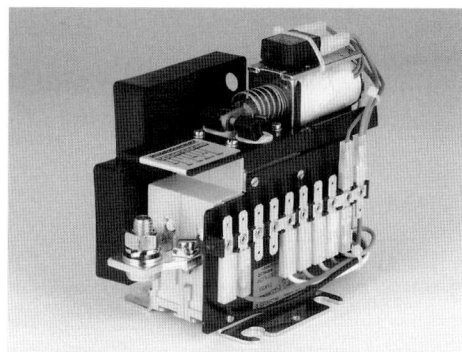

Abbildung 4–45: *Batteriehauptschalter mit Schutzfunktion und Unterspannungsauslösung (Philippi).*

das Gerät mit einem Tiefentladschutz ausgerüstet werden. Sinkt die Batteriespannung länger als 40 Sekunden unter die Abschaltspannung, so schaltet es ab und trennt damit alle Verbraucher von der Batterie. Für diesen Überwachungsdienst benötigt es ständig 1 mA (= 0,001 A) aus der Batterie, was in der Energiebilanz vernachlässigt werden kann.

Abbildung 4–46: *Einfache Nachrüstung eines fernbedienbaren Batteriehauptschalters, der »Battery-Brain« (SVB).*

Der große Vorteil der fernbedienbaren Batterie-Trennschalter ist, dass sie in der unmittelbaren Nähe der Batterie eingebaut werden können, auch wenn dieses an einer schlecht zugänglichen Stelle und der Einsatz eines handelsüblichen Schalters dort nicht möglich ist. Die Schalter für die Ansteuerung können an beliebiger Stelle gut zugänglich eingebaut werden. Wird dieser Schalter als Schlüsselschalter ausgeführt, so kann man einfach einen gewissen Zugriffsschutz herstellen.

Eine besonders einfache Ausführung eines fernbedienbaren Batteriehauptschalters wurde unter dem Namen »Battery brain« auf den Markt gebracht. Er wird direkt an der Batterie an der Plus-Polklemme aufgesteckt. Die bisherige Polklemme wird unverändert direkt hinter dem kleinen Gerät befestigt. Somit wird die bestehende Installation praktisch nicht verändert und es müssen insbesondere keine großen Kabelschuhe gequetscht werden.

Das Gerät überwacht ständig die Spannung der Batterie. Sinkt die Spannung länger als 60 Sekunden über einen eingestellten Wert ab, so trennt sie alle Verbraucher vom Netz und rettet somit den erforderlichen Saft, um die Maschine noch einmal zu starten. Für diesen Dienst saugt der Schalter 10 mA aus der Batterie. Hat es einmal abgeschaltet so ist der Verbrauch gleich Null.

Das Wiedereinschalten erfolgt durch einen Taster am Gerät oder über eine Funk-Fernbedienung, die bis zu einem Umkreis von 10 m funktionieren soll. Verwendet man den Battery Brain in der Ausführung »Type 3«, so kann über die Fernbedienung das Netz auch ausgeschaltet werden.

Für alle fernbedienbaren Batterie-Trennschalter fordert die EN ISO 10133, dass diese im Notfall auch von Hand betätigt werden können.

4.5 Sicherungen

Die Wärmeentwicklung des elektrischen Stromes wurde schon früh erkannt und führt auch heute noch zu den meisten Unfällen in elektrischen Anlagen.

Was muss wie abgesichert werden?

Um die Bordkabel, Verbraucher und Erzeuger an Bord zu schützen, verwendet man üblicherweise Sicherungen. Hinter dem Oberbegriff Sicherung verbergen sich die unterschiedlichsten Ausführungen, Größen und Einsatzbereiche, die Schritt für Schritt erläutert werden.

Der Germanische Lloyd (GL) hat sich in seinen Klassifikations- und Bauvorschriften im Kapitel 4 wie folgt geäußert:

Abbildung 4–47: Kombinierter Schalter mit Schutz gegen Kurzschluss und Überlast (ETA).

Abschnitt 6.C   Sicherungen und Schalter

1. *Zum Abschalten der Bordnetzbatterien ist in Batterienähe ein Hauptschalter vorzusehen. Die Kabelwege zwischen Batterien und Hauptschalter müssen so kurz wie möglich sein.*
2. *Jeder Generator ist gegen Kurzschluss und Überlastung zu schützen.*
3. *In der Hauptschalttafel oder Unterverteilung sind für jeden Verbraucher bzw. für jede Verbrauchergruppe im Pluspol, bei Wassersportfahrzeugen mit Metallrümpfen in jedem nicht geerdetem Leiter, Sicherungen als Überstrom- und Kurzschlussschutz vorzusehen. Empfohlen wird, für jeden durch Sicherungen geschützten Verbraucherabgang einen Schalter zum Abschalten des Stromkreises vorzusehen. Es sind Sicherungen mit geschlossenem Schmelzraum zu verwenden.*
4. *Betriebswichtige Verbraucher sind grundsätzlich einzeln abzusichern und, wenn erforderlich, einzeln zu schalten.*
5. *Navigationslichter müssen mindestens als getrennte Gruppe unabhängig von weiteren Verbrauchern abgesichert und schaltbar sein.*

Die Bordnetzbatterie liefert einen Kurzschlussstrom von mehreren hundert Ampere. Wird auch nur eine dünne Leitung ohne Sicherung an den Akku angeschlossen und verursacht diese einen Kurzschluss, so wird die Leitung bis zur Unkenntlichkeit verbrennen und unter Umständen das gesamte Boot mitreißen.

Eine Sicherung dient als Sollbruchstelle; wird ihr typischer Wert überschritten, so schaltet sie mehr oder weniger schnell den Stromkreis ab, bevor ein Schaden entstehen kann.

Dieses kann zum einen bei Überlastung der Leitung auftreten und zum anderen durch einen Kurzschluss. Die Sicherung soll dabei die Leitung vor hoher Erwärmung schützen.

Zum Schutz bei Überlast von Leitungen müssen folgende Bedingungen erfüllt sein:

$$I_B \leq I_N \leq I_Z$$

I_B zu erwartender Betriebsstrom des Stromkreises

I_Z Strombelastbarkeit der Leitung oder des Kabels

I_N Nennstrom des Schutzorgans

Sicherungen zum Schutz bei Überlast müssen am Anfang jedes Stromkreises sowie an allen Stellen eingebaut werden, an denen die Strombelastbarkeit gemindert wird, sofern ein vorgeschaltetes Schutzorgan den Schutz nicht sicherstellen kann.

Ursachen für die Minderung der Strombelastbarkeit können sein:

Verringerung des Leitungsquerschnittes, andere Verlegungsart, andere Leiterisolierung und andere Aderzahl.

Den Schutz bei *Kurzschluss* übernimmt die gleiche Sicherung wie bei Überlastung. Der Unterschied besteht aber in der Auslösezeit. Während sich der Leiter bei Überlastung langsam erwärmt und auf seine maximal zulässige Temperatur zusteuert, fließt im Falle des Kurzschlusses ein erheblich größerer Strom, der ein Vielfaches des Betriebsstroms erreicht. In diesem Fall muss sofort gehandelt werden, um ein Verbrennen des Leiters zu vermeiden. Im Bild 4–48 wird dieser Unterschied in der Auslösezeit noch einmal verdeutlicht.

Auf der waagerechten Achse ist die Erhöhung des Nennstromes aufgetragen, auf der senk-

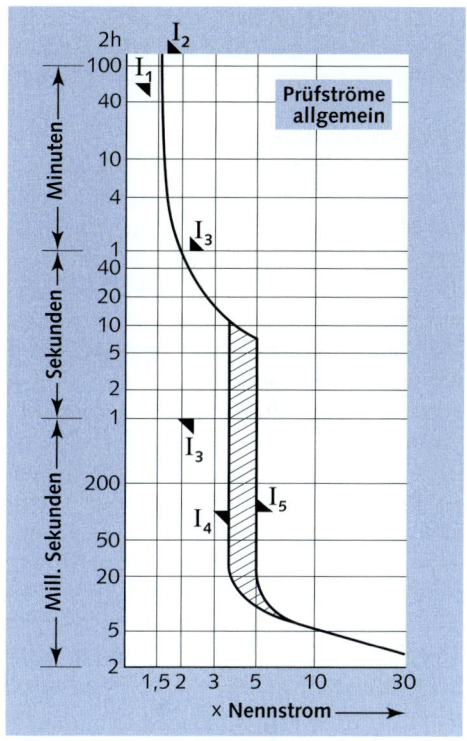

Abbildung 4–48: *Auslösekennlinie eines Leitungsschutzschalters.*

rechten die Auslösezeit. Die Skalen sind nicht linear, das bedeutet, dass die Zeitachse mit Millisekunden beginnt und bei Minuten endet. Entscheidend ist für uns folgende Betrachtung:

Wird der Nennstrom durch eine höhere Belastung um 50 % überschritten, so wird sich der Leiter sehr langsam erwärmen. Erst nach 100 Minuten sieht sich diese Sicherung genötigt, den Verbraucher abzuschalten. Bei einer Überschreitung des Nennstromes um das 30-fache wird die Sicherung auf einmal wach. In nur 3 ms (= 0,0003 Sekunden) ist der Verbraucher vom Netz getrennt und das Bordnetz gerettet.

Für die Anordnung der Sicherungen für den Schutz bei Kurzschluss gelten die gleichen Regeln wie bei Überlast.

Absicherungskonzept

Einer der wichtigsten Punkte ist – neben der bekannten Absicherung der einzelnen Verbraucherzuleitungen auf Schalttafeln – die Absicherung aller abgehenden Leitungen direkt an der Batterie. Ein funktionierendes Absicherungskonzept sieht vor, möglichst nahe an der Batterie eine erste Absicherung vorzunehmen (Hauptsicherung).

Von der Hauptsicherung aus werden alle abgehenden Leitungen, die zu Schalttafel, Ladegerät, Ankerwinsch, Messgeräten, Heizungen etc. führen, dem jeweiligen Kabelquerschnitt entsprechend, nochmals abgesichert. Beispielsweise wird als Hauptsicherung ein 240-A-Leistungsschalter eingesetzt. Von hier aus wird die Schalttafel-Zuleitung mit 50 A abgesichert, bevor sie mit 16 mm² ihre Reise zu der Schalttafel antritt. Die nachfolgend zu den Verbrauchern führenden Leitungen kleineren Querschnitts werden auf der Schalttafel abgesichert, sodass diese bei der Bestimmung der Zuleitungsabsicherung nicht berücksichtigt werden müssen.

Bei einem Störfall möchte man erreichen, dass möglichst die Sicherung auslöst, die unmittelbar vor der Fehlerquelle liegt. Durch einen Fehler z.B. in der Pantrybeleuchtung soll nicht das gesamte Boot stromlos geschaltet werden, sondern nur der Stromkreis, an den die Beleuchtung angeklemmt ist. Hierfür ist es erforderlich, die Selektivität zu beachten. Bei Sicherungen wird diese durch jeweils um zwei Nennstromstufen höhere Werte bei der Hintereinanderschaltung realisiert. Zu beachten ist aber, dass die maximal zulässige Belastung des Leiters nicht überschritten wird. Leitungsschutzschalter werden mit einer trägen Schmelzsicherung von 63 A abgesichert. Untereinander kann bei Leitungsschutzschaltern keine Selektivität hergestellt werden.

NH-Sicherungen und andere schwere Geschütze

Auf vielen Booten findet man Sicherungen für die einzelnen Bordnetzkreise. Auch die Maschinenanlage ist teilweise – wenn vom Hersteller vorgesehen – abgesichert. In den seltensten Fällen findet man aber eine Hauptsicherung oder eine Absicherung von Verbrauchern und Generatoren, die mit sehr großen Strömen belastet werden. Doch gerade in diesen Fällen hat ein Kurzschluss verheerende Folgen: Durch die kurzen und dicken Leitungen kann sich ein sehr hoher Strom aufbauen, bevor das Kabel in Asche zerfällt oder die Batterie platzt.

Eine sinnvolle und sichere Absicherung für diesen Bereich ist notwendig und auch gar nicht so teuer, wie manch einer denkt.

Der einfachste Schutz ist mit einer NH-*(Niederspannungs-Hochstrom)*-Sicherung möglich. Die Sicherung besteht aus einem ein- oder mehrpoligen Unterteil und den dazugehörigen Einsätzen.

Der NH-Sicherungseinsatz enthält einen Schmelzleiter aus Kupferband. Bei Kurzschluss wird diese Querschnittsverengung unterbrochen. Die Überlastauslösung hängt von der Schmelztemperatur des Lotes ab. NH-Sicherungen sind meist für den Kabel- und Leitungsschutz bestimmt und sind für die unterschiedlichsten Stromstärken erhältlich.

In der Tabelle 4–3 sind die entsprechenden Ausführungen nach der VDE 0636 Teil 2 aufgelistet. In den Sicherungshalter werden die Sicherungseinsätze mit einem speziellen Griff eingesetzt. Somit wird das Sicherungselement

Abbildung 4–49: *Aufbau eines NH-Sicherungselements (Bussmann).*

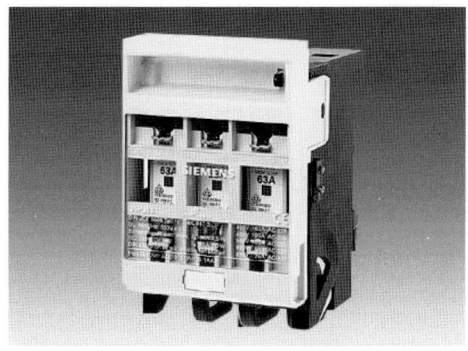

Abbildung 4–50: *NH-Sicherungshalter in dreipoliger Ausführung (Siemens).*

Abbildung 4–51: *Streifensicherungshalter (SVB).*

korrekt eingesetzt und man ist bei der Montage vor dem Berühren spannungsführender Teile geschützt.

Neben den beschriebenen NH-Sicherungen sind im Zubehör verschiedene Varianten an Hochstromsicherungen verfügbar.
Der Sicherungshalter zur Aufnahme von Streifensicherungen besteht aus einem hochwärmefesten Duroplast-Werkstoff. Die Anschlussschrauben und -muttern sind aus vernickeltem Messing.
Dort werden die Streifensicherungen eingelegt und mit den Muttern festgehalten. Es sind Sicherungseinsätze von 35 A bis 500 A erhältlich. Im Gegensatz zur NH-Sicherung ist der Einsatz von Streifensicherungen nur in Kleinspannungsnetzen bis 80 V zulässig.
Für den Bordeinsatz lohnt sich eine dreipolige Ausführung mit einem 160-A-Unterteil. In dieses Unterteil werden eine Sicherung für den Anlasser (z.B. 160 A), eine Hauptsicherung für das Bordnetz (z.B. 100 A) und eine Sicherung für die Lichtmaschine (z.B. 50 A) eingesetzt.

Diese Kombination in einem festen Gehäuse ist über den Elektrofachhandel erhältlich.
Für kleinere Abmessungen werden an Bord häufig Feinsicherungen oder Kfz-Sicherungen verwendet. Die Anschlüsse werden an den Feinsicherungshalter angelötet. Da es sich zum Teil um große Kabelquerschnitte handelt (bei einer 30-A-Sicherung können das schnell 10 mm^2 sein), ist die Lötstelle großer mechanischer Belastung ausgesetzt.
Die Montage erfolgt durch eine 10-mm-Einbauöffnung , in der die Fassung von vorne eingelassen und von hinten mit einer Überwurfmutter festgehalten wird. Die Anschluss-

Abbildung 4–52: *Feinsicherungshalter (SVB).*

leitungen können erst nach der Befestigung angelötet werden.

An der Frontseite kann eine Kappe geöffnet werden, in die das Sicherungselement eingelegt wird. Wird die Kappe anschließend etwas fester angedreht, so ist die Fassung schnell beschädigt und muss ausgetauscht werden.

Die Kfz-Flachsicherungen können nicht in ein Schalterpaneel integriert werden. Ein Sicherungshalter nimmt mehrere Sicherungselemente auf, sodass mehrere Stromkreise mit einer Stromaufnahme von bis zu 30 A abgesichert werden können. Da die Flachsicherungselemente offene Schmelz-

räume haben, sind sie an Bord mit Vorsicht zu genießen.

Eine interessante Alternative bieten kleine Sicherungsautomaten, die anstatt der Flachsicherung in den Sicherungshalter gesteckt werden. Sie bestehen aus einem einpoligen thermischen Überstrom-Schutzschalter, der für Ströme zwischen 6 A und 25 A ausgelegt ist. Die Nennspannung beträgt 12 V.

An Stelle von Schmelzsicherungen werden meist Leitungsschutzschalter, auch Sicherungsautomaten genannt, verwendet. Sie haben gegenüber Schmelzsicherungen den Vorteil, dass sie nach dem Auslösen wieder betriebsbereit geschaltet werden können, ohne dass ein Sicherungselement ausgewechselt werden muss. Aufgrund der Auslösecharakteristik ist eine Selektivität zwischen Leitungsschutzschaltern nicht möglich, sodass als Haupt- bzw. vorgeschaltete Schutzeinrichtung häufig Schmelzsicherungen verwendet werden.

Leitungsschutzschalter sind für die Montage auf Hutschienen vorgesehen und können

Größe des Schmelz-ersatzes	Nennströme I_N in A		Nennverlust-leistung in W	Mindestbereich der anschließbaren Leiter-Nennquerschnitte in mm²	
	Unterteil	Einsätze		eindrähtig	mehrdrähtig
00	100	6 bis 100	7,5	16	50
0	160	6 bis 160	16	35	95
1	250	80 bis 250	23	70	150
2	400	125 bis 400	34	150	300
3	630	315 bis 630	48		
4	1000	500 bis	90	2 x (40 x 5)	
4a	1250	1000	110	2 x (60 x 5)	

Tabelle 4–3: *NH-Sicherungen (Messerkontaktsicherungen).*

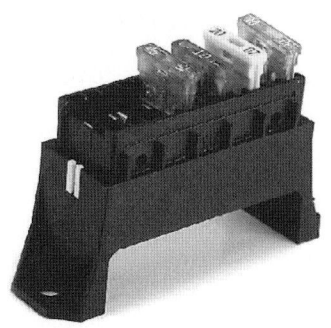

Abbildung 4–54: *Sicherungsautomaten als Ersatz für Kfz-Flachsicherungen (ETA).*

Abbildung 4–53: *Halter für 8 Kfz-Flachsicherungen (SVB).*

schlecht in ein Schalterpaneel mit Bedienung von der Frontseite eingebaut werden.

Hier bietet z.B. das Unternehmen ETA unterschiedliche Schutzschalter an, die neben der Schutzfunktion auch gleichzeitig als Schalter verwendet werden können. Handelsübliche Sicherungsautomaten werden zwar auch häufig als Schalter missbraucht, sind hierfür aber nicht konzipiert.

Viel interessanter sind Schalter, die in das Armaturenpaneel eingelassen werden können und gleichzeitig die Funktion der Sicherung übernehmen. Somit wird nicht kostbarer Platz durch eine Doppelbelegung vergeben.

In dem in Abb. 4–55 dargestellten Schaltpaneel werden 25 unterschiedliche Stromkreise an Bord mit ETA-Schutzschaltern gleichzeitig abgesichert und bedient. In diesem

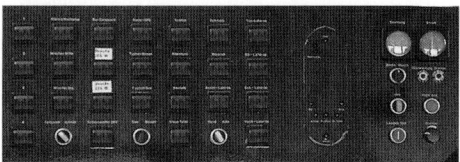

Abbildung 4–55: *Schalterpaneel mit ETA Schutzschaltern.*

Projekt kamen dreipolige Wippschalter mit einer großflächige Wippe und integrierter Leuchtdiode (LED) zum Einsatz.

Die dreipolige Ausführung wurde gewählt, um mit zwei Polen den Plus- und den Minuspol der Verbraucher abzuschalten und mit dem dritten Anschluss die integrierte Leuchtdiode anzusteuern. Auf diese Weise kann die Helligkeit der LEDs gedimmt werden, was besonders bei Nachtfahrten zwingend erforderlich ist, und über eine Lampentestschaltung die Funktion der LEDs überprüft werden.

5. Die Arbeit des Bordelektrikers

Abbildung 5–1: *Der Bordelektriker vermeidet den Kabelsalat an Bord (Mastervolt).*

5.1 Werkzeug

Die Qualität der elektrischen Installation an Bord steht und fällt mit dem entsprechenden Werkzeug des Bordelektrikers. Selbst wenn das korrekte Material ausgewählt wurde, kann es nur dann zu einem zuverlässigen System zusammengefügt werden, wenn man das richtige Equipment dafür hat.

Kabelschere

Presszange für Aderendhülsen

Zange für Quetschverbinder

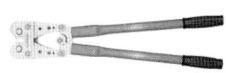

Presszange für Kabelschuhe

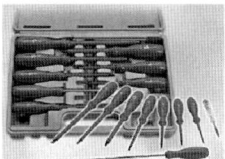

Isolierte Elektriker-Schraubendreher und Elektronikschraubendreher

Heißluftpistole zum Erwärmen von Schrumpfschlauch

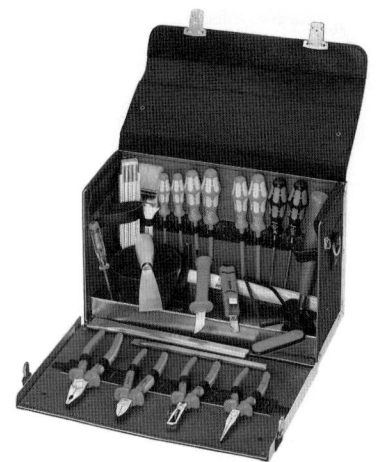

Abbildung 5–2: *Das Werkzeug für den Bordelektriker (Conrad)*

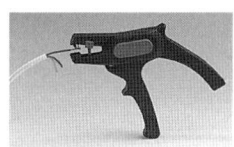

Automatische Abisolierzange

Kombizange

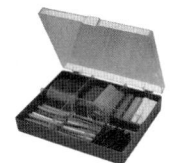

Schrumpfschlauchsortiment zur Leitungsisolation

Abmantler zum Beseitigen des Kabelmantels, ohne die Leiter zu beschädigen

Spitzzange

Seitenschneider

Kontaktspray für feuchte oder oxidierte Kontakte

123

5.2 Kabelverlegung

In der EN ISO 13297 sind einige Anforderungen für die Kabelverlegung an Bord festgehalten worden. Hiervon möchte ich zwei hervorheben:

- Die Kabel müssen auf der gesamten Länge in Installationsrohren oder Kabelkanälen verlegt sein oder durch Stützen oder Halterungen mindestens alle 45 cm fixiert werden.
- Wechsel- und Gleichstromkreise dürfen nur in denselben Verlegesystemen sein, wenn folgende Maßnahmen beachtet wurden:
  - Die Kabel sind entsprechend ihrer Netzspannung isoliert und in einem getrennten Kanal verlegt.
  - Die Kabel sind in Kabelwannen installiert, in denen es verschiedene Fächer für Gleich- und Wechselspannungsleitungen gibt.
  - Ein getrenntes Schutzrohr oder eine getrennte Umhüllung wurde verwendet.
  - Die Gleich- und Wechselspannungskabel sind mindestens in einem Abstand von 10 cm befestigt.

Auch aus Sicht der gegenseitigen Störeinstrahlung sollten die Leitungen so weit wie möglich getrennt voneinander sein.

Für das Umsetzen in die Praxis stellt uns der Markt mehrere Hilfsmittel zur Verfügung.

Wenn es der Platz erlaubt, hat es sich bewährt für die Kabelbahnen Kabelkanäle zu verwenden. Später können Leitungen mühelos nach-

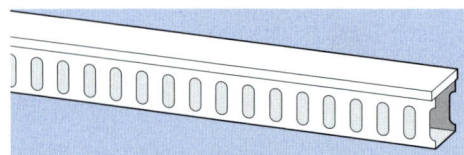

Abbildung 5–3: *Kabelkanal.*

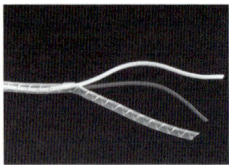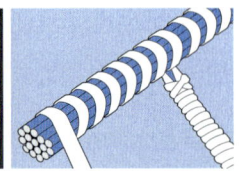

Abbildung 5–4: *Spiralschlauch für den Schutz einzelner Äste des Kabelbaums (Conrad).*

Abbildung 5–5: *Kabelschutzschlauch schützt sicher das Kabel auch bei rauen Umgebungsbedingungen (Conrad).*

gerüstet werden, vorausgesetzt, es wurde genug Reserve in dem Kabelkanal vorgesehen. Speziell aus dem Steuerungsbau gibt es Kabelkanäle, die an den Seiten geschlitzt sind und so eine saubere Verdrahtung innerhalb der Schalttafel ermöglichen (s. Abb. 5–3).

Einzelne Äste des Kabelbaums lassen sich sauber mit Spiralschlauch zusammenfassen. Dieser wird von der Rolle geliefert und kann auf die gewünschte Länge zugeschnitten werden. Er wird mühelos um die Leitungen gewickelt und ergibt so ein perfektes Bild.

Bei mechanisch hohen Anforderungen bietet sich die Verwendung von Kabelschutzschlauch an. An den Enden wird er über PG-Verschraubungen mit dem Gehäuse verschraubt, sodass sich sauber wasserdichte Anschlüsse des Schlauchs herstellen lassen. Verzweigungen werden mit speziellen Y-Stücken ausgeführt.

Als weiteres Hilfsmittel haben sich die Kabelbinder auf dem Markt durchgesetzt. Sie beste-

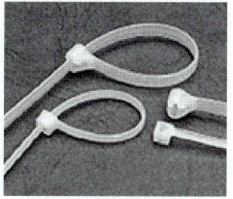

Kabelbinder   *Sockel für Kabelbinder*

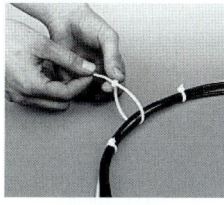
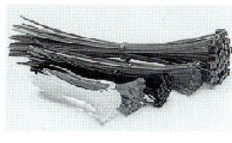

Befestigung   *Sortiment*

Abbildung 5–6: *Kabelbinder sind für die Installation an Bord unentbehrlich (Conrad).*

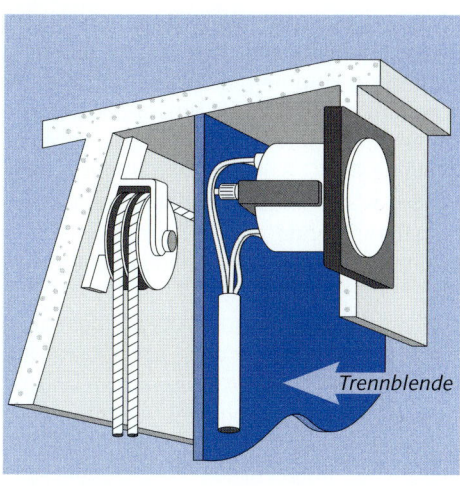

Abbildung 5–7:
Eine Trennblende schützt die Installation vor drehenden Teilen (VDO/Donat).

hen aus einer Kunststoffrasterschlaufe, die nicht wieder geöffnet werden kann. Durch diese können Kabel dauerhaft zusammengefasst werden. Das Zusammenbinden mit Isolierband gehört somit der Vergangenheit an, da sich dieses mit der Zeit wieder von selbst löst. Auch feuchte und fettige Leitungen werden durch die Kabelbinder dauerhaft zusammengehalten.

Als Zusatzwerkzeug gibt es eine Zange, die in einem Arbeitsgang den Kabelbinder spannt und das überstehende Ende abschneidet.

Müssen Kabeläste wieder aufgetrennt werden, so kann man die Kabelbinder nur aufschneiden, da sie sich nicht wieder öffnen lassen. Sie sind aber auch hervorragend als Zugentlastung geeignet, da sie sich kaum auf dem Leiter verschieben.

Einen weiteren Schutz der Leitungen muss man durch geeignete bauliche Maßnahmen

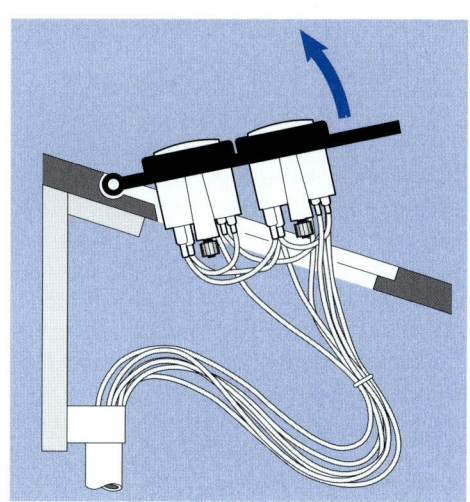

Abbildung 5–8:
Eine Kabelbucht erleichtert den Zugriff auf die Anschlüsse (VDO/Donat).

vorsehen. Es ist auf jeden Fall zu vermeiden, dass Leitungen mit drehenden Teilen in Berührung kommen, an Ecken und Kanten scheuern können oder Umgebungstemperaturen ausgesetzt werden, für die sie nicht geeignet sind (z.B. in der Nähe vom Auspuff). Im Bedarfsfall muss der Kabelbaum durch eine Trennblende abgeteilt und mit einem zusätzlichen Isolierschlauch überzogen werden.

Vielfach kann man aus Platzgründen nicht hinter der Verschalung einen Verbraucher anklemmen. Die Leitungen müssen daher lang genug sein, um einen korrekten Anschluss auch außerhalb zu gewährleisten (s. Abb. 5–8).

Durch das Zurückschieben der Leitungen darf sich aber keine Steckverbindung lösen und die Leitung auch nicht scheuern. Daher ist es besser, wenn der Kabelbaum eine Bucht ergibt, die genügend Stabilität hat, um sich selbst zu tragen, aber flexibel genug ist, um keine Kraft auf die Steckverbindungen auszuüben.

Zusätzlich wird durch diese Technik die Anschlussseite vor mechanischen Schwingungen geschützt. Vielfach werden die Leitungen auch zu einer kleinen Feder aufgewickelt, um besonders bei bewegten Verbrauchern (z.B. Geber an der Maschine) eine flexible Verbindung herzustellen. Diese Feder wirkt aber wieder wie eine kleine Spule und kann bei größeren Strömen zu Störspannungen (Induktionsspannungen) führen. Deshalb vermeidet man diese Technik besser.

Ergänzend zu der Norm EN ISO 13297 kann man in der Vorschrift VDE 0113 folgende nützliche Hinweise finden:

- *Leiter, Kabel und Leitungen müssen durchgehend von Anschlussklemme zu Anschlussklemme ohne Zwischenverbinder verlegt werden.*

- *Falls es notwendig ist, Kabel und Leitungen anzuschließen und abzuklemmen, müssen ausreichend extra lange Kabel und Leitungen vorgesehen werden.*
- *Die Enden mehradriger Kabel und Leitungen sind abzufangen, falls übermäßiger Zug auf die Leiterenden ausgeübt werden kann.*
- *Leiter und ihre Anschlüsse ... müssen in geeigneten Kanälen (d.h. Schutzrohre oder Leitungskanalsysteme) verlaufen, mit Ausnahme von geeignet geschützten Kabeln und Leitungen, die ohne Kanäle und mit Verwendung von Kabelpritschen oder Kabelbefestigungen installiert werden dürfen.*
- *Flexible Schutzschläuche oder flexible Mehrleiterkabel und -leitungen müssen verwendet werden, wenn es erforderlich ist, bewegliche Verbindungen ... herzustellen.*

Abbildung 5–9:

Schalttafelaufbau, wie er sein sollte. Eine zusätzliche Plexiglasabdeckung auf der Türrückseite sollte die eingebauten Geräte vor Berührung schützen (Philippi).

5.3 Praxis der Schaltpaneele

Das Design einer Yacht ist für viele heute das A und O. Von außen schnittig oder schiffig, innen – auch bei einem begrenzten Platzangebot – bequem und gemütlich und der gleiche, gewohnte Komfort wie zu Hause.

Der Umfang der Technik übersteigt bei vielen Booten den eines Einfamilienhauses. Neben der Antriebstechnik, die aus ein oder zwei Maschinen besteht, muss das gesamte Fahrzeug mit Strom versorgt, das Trinkwasser aus den Tanks gepumpt, die Einsatzbereitschaft der Kombüse und die Versorgung oder Erzeugung mit 230-V-Landstrom sichergestellt werden, ganz zu schweigen von der Navigationselektronik.

Die Bordelektrik teilt sich in verschiedene Stromkreise auf, die aus unterschiedlichen Batteriesätzen gespeist werden. Zusätzlich kommt auf vielen Booten noch ein 230-V-Netz, das durch den Landanschluss oder einen Generator gespeist wird.

Soweit es das Platzangebot zulässt, sollten diese Kreise in separaten Kabelbäumen verteilt und an unterschiedlichen Stellen überwacht werden. Auf jeden Fall muss eine klare Trennung zwischen dem Bordnetz und der 230-V-Verteilung erfolgen.

Alle Verbraucher des Bordnetzes werden von einer zentralen Stelle gespeist. Diese so genannte Hauptschalttafel enthält in der Regel verschiedene Messgeräte sowie eine mehr oder weniger große Anzahl von Sicherungsautomaten und Schaltern. Es empfiehlt sich, wichtige Verbraucher durch eine eigene Sicherung zu schützen (z.B. Pumpen), um nicht die gesamte Versorgung durch einen Fehler in einem Beleuchtungskreis außer Kraft zu setzen. Die Schalttafel muss schnell zugänglich sein, da es im Dunkeln besonders

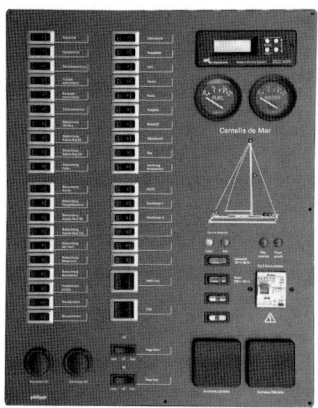

Abbildung 5–10: *Hauptschalttafel für eine Segelyacht (Philippi).*

unangenehm ist, sich durch mehrere Schränke zu dem versteckten Sicherungspaneel durchzutasten. Zudem erleichtert eine zugängliche Schalttafel die Installation und eventuelle Fehlersuche.

Ist genügend Platz vorhanden, so sollten Sicherungen und Schalter für die Navigationslichter und andere Verbraucher des Fahrbetriebs nicht in die Hauptschalttafel integriert werden. Ich halte eine deutliche, räumliche Trennung hier von Vorteil, damit besonders dann, wenn schnelles Handeln gefordert ist, nicht wertvolle Zeit durch Suchen nach einer Sicherung verloren geht. Den Ausfall eines Navigationslichts merkt man in der Regel erst dann, wenn man sie auch wirklich braucht. Sind die Sicherungen für diese Verbraucher neben den zugehörigen Schaltern angeordnet, so ist es nur ein Handgriff, um sich wieder mit vorschriftsmäßiger Lichterführung zu zeigen. Daher empfiehlt es sich, diese Schalter mit in das Armaturenpaneel zu integrieren. Sollte dort kein Platz mehr vorhanden sein, so werden von verschiedenen Herstellern vorgefertigte Schalttafeln mit diversen Sicherungen und Schaltern angeboten, die das Armaturenpaneel sinnvoll ergänzen.

5.3.1 Zugänglichkeit und Montage

Für die Anordnung von Schalttafeln und Schaltgeräten gibt es keine einheitliche Norm. Vielfach sind die Fahrzeuge so individuell ausgebaut, dass man sich immer nach den örtlichen Gegebenheiten richten muss.

Der Germanische Lloyd hält in seiner Klassifikations- und Bauvorschrift im Kapitel 6.B. Folgendes fest:

1. *Schalttafeln und Schaltgeräte sind an gut zugänglichen Stellen anzubringen.*
2. *Schalttafelgehäuse sind aus Metall oder aus einem Werkstoff zu fertigen, der schwer entflammbar und selbstverlöschend ist.*

Die Zugänglichkeit beschränkt sich nicht nur auf die eingebauten Schalter und Lampen, sondern auch auf die angeschlossenen Kabel. Was nützt ein optisch perfektes Paneel, wenn die Anschlüsse zu Wartungsarbeiten nicht erreichbar sind?

Bei einem klappbaren Paneel sollte man unbedingt darauf achten, dass die Länge des Kabelbaums auch ein Öffnen der Klappe zulässt. Die entstehende Bucht kann man mit Kabelbindern oder mit einem Spiralschlauch sauber zusammenhalten.

Vielfach ist die Verschalung, in die ein Paneel eingelassen wird, von beiden Seiten aus zugänglich. Man vereinfacht sich die Arbeit erheblich, wenn man auf der Rückseite der Verschalung eine Klappe vorsieht. Das Paneel kann angepasst und sicher verschraubt werden. Die Anschlüsse können von der Rückseite aus gut zugänglich verdrahtet und ggf. gewartet werden.

Abbildung 5–11: *Technik darf auch schön sein – die Glastüren schützen vor versehentlicher Bedienung (Mastervolt).*

Abbildung 5–12: *Die Verdrahtung des Paneels ist durch den Einbau in eine Klappe sehr gut zugänglich (Mastervolt).*

Die Betriebssicherheit der Anlage ist ständig durch zwei Gefahren bedroht: die mechanische Beschädigung von außen und die Beschädigung der Leitungen durch drehende Teile von innen.

Abbildung 5–13: *Eine praktische Klappe an der Rückseite der Verschalung (VDO/Donat).*

Abbildung 5–14: *Ein vorstehender Schalter im Cockpit kann leicht abgetreten werden (VDO/Donat).*

Paneele, die sich z.B. im Cockpit eines Seglers direkt im Gefahrenbereich von ungewollten Fußtritten befinden, müssen entsprechend geschützt werden. Vielfach stehen Schalter, Sicherungen und Lampen über die Oberfläche hinaus. Dieses sind dankbare Angriffspunkte für hastige Skipper, die noch schnell den Festmacher erreichen wollen.

Ein abgebrochener Schalter kann aber sehr viel Unannehmlichkeiten mit sich bringen: Der Stromkreis ist nicht einsatzklar und muss provisorisch überbrückt werden. Der Schalter ist bestimmt nicht ab Lager lieferbar und muss erst noch bestellt werden. Und schließlich reißt man beim Ausbau des Paneels noch ein paar Kabel ab, um die nächsten Stunden mit der Suche zu verbringen, welche Leitung auf welchen Stecker gehört.

Setzt man die Schalttafel aber ein wenig in die Verschalung ein, so fällt es dem Skipper erheblich schwerer, den gleichen Schaden anzurichten. Zusätzlich kann man die Vorderseite und im Idealfall auch die Rückseite mit einer Plexiglasscheibe vor Umwelteinflüssen und zufälligem Berühren schützen.

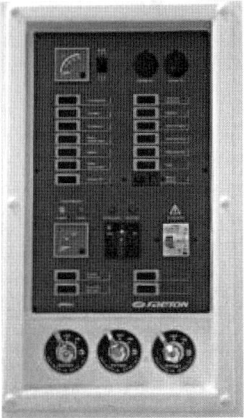

Abbildung 5–15: *Schaltpaneel in die Verschalung integriert (Philippi).*

Die Schäden, die hinter der Schalttafel auftreten können, sind noch verheerender. Ein Kabel, das an einem Ruderdraht scheuert, verursacht zunächst nur einen Wackelkontakt oder einen kurzzeitigen Kurzschluss. Die Kriechströme entladen aber kräftig die Batterie und können sogar einen Kabelbrand verursachen. Der Aufwand, um eine defekte Leitung zu erneuern, ist erheblich und ich möchte ihn ohne Not keinem zumuten.

Vielfach werden heute auf Booten hydraulische Ruderanlagen eingesetzt. Ein Schlauch, der sich an einer Kontaktschraube aufscheuert, führt zum sofortigen Druckabfall und damit zur Manövrierunfähigkeit – eine abenteuerliche Situation, besonders auf dicht befahrenen Gewässern.

Daher sollte man die Elektrik vor der Mechanik durch eine stabile Trennblende schützen.

5.3.2 Erstellung eines Schaltpaneels

Die Bedienungselemente der Bordelektrik werden häufig auf Paneelen angeordnet. Darunter versteht man Montageplatten aus Aluminium oder Kunststoff, in die Schalter, Sicherungen und Überwachungsinstrumente eingelassen werden. Auf der Rückseite können die einzelnen Bauteile verkabelt und die Anschlüsse auf eine Klemmleiste gelegt werden.

Die Beschriftung erfolgt durch vorgefertigte Klebeschilder oder durch Einzelbuchstaben.

Auf dem Zubehörmarkt werden von verschiedenen Herstellern Standardpaneele für den Bordeinsatz angeboten.

Mit ein wenig handwerklichem Geschick kann man sich sein eigenes Paneel herstellen und die Abmessungen sowie die Ausführung optimal an den Innenausbau anpassen:

Zuerst besorgt man sich eine 4–5 mm starke Aluminiumplatte, die man am besten direkt bei einem Schlosser auf die passenden Maße zuschneiden lässt. Alternativ dazu eignen sich Resopalplatten, die in den unterschiedlichsten Designs erhältlich sind.

Anschließend fertigt man sich auf Millimeterpapier eine 1:1-Zeichnung an, in der die Öff-

Abbildung 5–16: *Modulares Schaltpaneelsystem bei Tag und bei Nacht (Mastervolt).*

nungen und Bohrlöcher für die Bauteile exakt aufgezeichnet werden.

In der Regel ist eine Seite des Aluminiums mit einer Plastikfolie geschützt. Auf diese Folie wird nun die Bohrschablone aufgeklebt und alle Löcher und Öffnungen sauber angekörnt. Im nächsten Schritt werden die Löcher mit einem kleinen Bohrer vorgebohrt und schließlich auf das entsprechende Maß vergrößert. Eckige und unsymmetrische Öffnungen lassen sich sehr genau mit einer Laubsäge heraussägen.

Sind alle Öffnungen erfolgreich hergestellt, so werden die Löcher entgratet und die Oberfläche des zukünftigen Paneels mit 400er Nassschleifpapier angeschliffen. Diese kann nun mit der Wunschfarbe aus der Sprühdose lackiert werden. Neben dem zeitlosen schwarz bietet sich besonders »aluminiumoxidiert« an, ein Farbton, der durch seinen Braunmetallic-Effekt besonders gut bei Holzausbauten wirkt. Im Backofen bei 50°–60° härtet der Lack etwas mehr aus und die Oberfläche wird kratzfest. Verwendet man Resopalplatten, so ist der Zwischenschritt mit dem Lackieren nicht erforderlich, da die Oberfläche bereits dem Wunsch-Design entsprechen sollte.

Nun erfolgt die Beschriftung: Die einfachste Möglichkeit bieten fertig gedruckte Schilder, die im Zubehör erhältlich sind. Wer seinem Paneel aber ein individuelles und professionelles Design zukommen lassen möchte, kann auf so genannte Rubbelbuchstaben zurückgreifen. Diese sind in schwarz, weiß und unterschiedlichen Größen erhältlich. Der mittlere Buchstabe des Wortes wird unter der Mitte der Öffnung positioniert. Anschließend werden die anderen links und rechts daneben angebracht. Zu beachten ist hierbei, dass die Bauteile in der Regel mit einem kleinen Rand überstehen, um die Einbauöffnung zu verdecken. Dieser sollte nach Möglichkeit die Beschriftung nicht überdecken.

Nach erfolgreicher Beschriftung wird die gesamte Oberfläche mit mattem Klarlack versiegelt, der ggf. wieder im Backofen aushärten kann. Im Idealfall lässt man die Lackierung bei dem Auto-Lackierer um die Ecke machen, damit die Oberfläche seewasserbeständig wird.

Mit Begeisterung werden nach einer Wartezeit die Bauteile in das Paneel eingebaut. Die Verkabelung erfolgt auf der Rückseite, wobei die Leitungen lang genug sein sollten, um bequem an einer Klemmleiste angeschlossen werden zu können.

Eine weitere Alternative bilden modulare Schaltpaneele, die individuell bestückt werden können. In einem Modulrahmen werden vorgefertigte Baugruppen mit Sicherungen, Messgeräten, Steckdosen u.Ä. integriert. Die Beschriftung erfolgt mit einem speziellen System, das für die Nachtfahrt von hinten beleuchtet werden kann.

6. Gleichstromverteilung

6.1 Struktur des Gleichstromnetzes

An Bord eines Bootes ist das Gleichstromnetz bis zu einer gewissen Größe nach einem einheitlichen Prinzip aufgebaut.

Um in der Versorgung der Verbraucher unabhängig zu sein verwendet man Energiespeicher (Batterien), die für eine gewisse Zeit ihre Energie zur Verfügung stellen. Da sie dieses nicht unendlich lange können, benötigt man ferner Einrichtungen, um die Speicher wieder aufzuladen. Die gesamte Gleichstromanlage befasst sich ständig mit den Aufgaben Laden, Speichern und Verbrauchen. Kann die benötigte Energie zum Verbrauchen nicht mehr aus Batterien abgedeckt werden, so wird sie »just in time« durch Generatoren produziert. Hierbei handelt es sich aber um Fahrzeuge, die die 25-m-Grenze weit überschritten haben.

Die Ausführung der Gleichstromanlage kann natürlich sehr stark variieren. Je mehr Verbraucher an Bord sind, desto mehr Speicher werden benötigt. Möchte man etwas mehr Sicherheit haben, so verwendet man mehrere unabhängige Speicher. Die Ladetechnik muss zu dem Konzept und zu der Größe der Speicher passen. Somit bildet die Gleichstromanlage ein komplexes Netzwerk, das sehr stark von den einzelnen Komponenten abhängig ist.

Im folgenden Abschnitt werden drei unterschiedliche Varianten des Gleichstromnetzes vorgestellt. Um die Übersichtlichkeit zu wahren, bauen die Beispiele aufeinander auf, d.h. im Folgebeispiel wird im Wesentlichen auf die Unterschiede zum vorherigen Beispiel hingewiesen.

Die Variantenvielfalt an Bord ist natürlich einiges größer, sodass jede beliebige Kombination der aufgezeigten Beispiele in der Praxis vorkommen kann. Werden die wesentlichen Punkte bei der Planung berücksichtigt, so stellt dieses kein Problem dar.

6.2 Einfaches Gleichstromnetz mit zwei Batteriesätzen

Speichern

Fast unabhängig von der Größe des Fahrzeuges sollte man grundsätzlich zwei Batteriesätze installieren (s. Abb. 6–1). Einer ist für die Startfunktion (G3), aus dem anderen Batteriesatz (G4) werden die Verbraucher gespeist. Die Minusleitungen der Batterien werden auf eine Minus-Sammelschiene geführt, die an einer Stelle mit dem Rumpf des Fahrzeugs geerdet ist.

In der Plusleitung befindet sich für jeden Batteriesatz ein Batterie-Trennschalter.

Laden

Das Aufladen der Batteriesätze erfolgt entweder mit einer Lichtmaschine oder einem Lade-

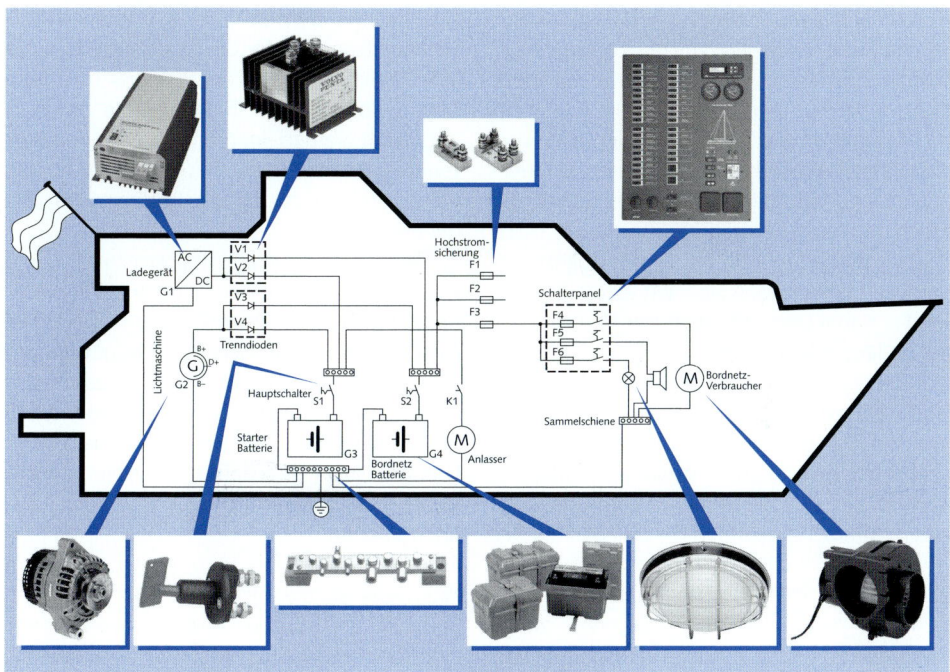

Abbildung 6–1: *Einfaches Bordnetz mit zwei Batteriesätzen.*

gerät. Damit die Batteriesätze gleichzeitig geladen werden können, werden sie über Dioden entkoppelt. Der Spannungsabfall von ca. 0,7 V muss sowohl an der Lichtmaschine als auch am Ladegerät kompensierbar sein. Ist dieses nicht möglich, so sollten anstatt Dioden elektronische Ladeverteiler eingesetzt werden, die nur einen Spannungsabfall von 0,1 V haben.

Verfügen die Ladeeinrichtungen über einen internen Überstromschutz, wird gerne auf eine Sicherung verzichtet. Die Verkabelung zu den Geräten ist somit aber nicht abgesichert, da die Leitungen direkt mit der Batterie verbunden sind. Hier besteht nach wie vor ein Risiko.

Verbrauchen

Der Anlasser ist bei dieser Schaltung direkt mit der Batterie verbunden, wie es bei kleineren Fahrzeugen häufig werftseitig eingebaut wird. Sobald das Relais K1 betätigt wird, dreht der Anlasser durch. Bei dieser Schaltung ist weder der Anlasser noch die Installation vor Kurzschluss oder Überlast geschützt.

Die Zuleitung zu allen anderen Verbrauchern und Verteilungen wird möglichst nahe an der Batterie mit jeweils einer Hochstromsicherung (F1 bis F3) abgesichert. Erst dann darf man mit einem reduzierten Kabelquerschnitt, der durch die vorgeschaltete Sicherung sowohl gegen

Kurzschluss als auch gegen Überlast geschützt ist, die Reise durch das Fahrzeug antreten.

Normale Bordnetzverbraucher wie Lampen, Lüfter oder Pumpen dürfen an diese Leitung nicht direkt angeschlossen werden. Sie werden mit einem erheblich geringeren Querschnitt angeschlossen, sodass im Störfall die Hochstromsicherung (F3) überhaupt nicht mitbekommen würde, dass ein Problem vorliegt. Bis diese wegen Überlast ausgelöst hat, ist das Kabel und ggf. auch der Verbraucher schon längst verbrannt.

Vor der Querschnittsverringerung muss demnach ein weiteres Schutzorgan geschaltet werden. Da man ja nicht nur einen, sondern mehrere Verbraucher bedienen möchte, kommt hier ein Schalterpaneel zum Einsatz, in das mehrere Sicherungen (F4 bis F6), Schalter und Kontrollleuchten integriert sind.

Zu beachten ist, dass zuerst die Schutzeinrichtung (Sicherung oder Automat) angeklemmt wird und anschließend erst der Schalter. Somit wird auch der Schalter bereits durch die Sicherung geschützt.

Die Minusanschlüsse der Verbraucher werden beim Schalterpaneel auf einer Minus-Sammelschiene angeklemmt und mit dem identischen Kabelquerschnitt wie die Pluszuleitung mit der Minus-Sammelschiene an den Batterien verbunden.

6.3 Komfortables Gleichstromnetz mit zwei Batteriesätzen

Speichern

In diesem Netz (s. Abb. 6–2) werden wieder zwei unterschiedliche Batteriesätze für das Starter (G5)- und das Bordnetz (G6) installiert.

Als Batterie-Trennschalter kommen Wahlschalter zum Einsatz, die es ermöglichen für jedes Netz einen Batteriesatz auszuwählen. Somit können die Batteriesätze zyklisch getauscht werden, im Notfall aus beiden Batterien gestartet werden und beim Ausfall einer Ladeeinrichtung die Batterien parallel geladen werden.

In Reihe zu den Wahlschaltern wird in die Plusleitung jeweils ein fernbedienbarer Batteriehauptschalter (K1 und K2) installiert. Die Ansteuerung für die Schalter erfolgt bequem aus dem Steuerhaus, wo ein Schlüsselschalter hierfür vorgesehen ist. Somit kann man beim Von-Bord-Gehen bequem den gesamten Dampfer stromlos schalten und braucht nicht in den Maschinenraum oder eine Backskiste abzutauchen.

In der Minusleitung wird jeweils vor dem Anschluss an die Minus-Sammelschiene ein Shunt (R1 und R2) geschaltet. Dieses ermöglicht eine komfortable Strommessung und bildet die Basis für alle Verbrauchsmessungen an Bord.

Laden

Für jeden Batteriesatz werden eine separate Lichtmaschine und ein eigenes Ladegerät installiert. Für die Starterbatterie wird die ab Werk gelieferte Lichtmaschine (G1) verwendet. Der Anschluss an die Batterie ist über die Sicherung F1 abgesichert. Zusätzlich kann die Starterbatterie über das Ladegerät G2 geladen werden, dessen Anschluss durch die Sicherung F2 abgesichert wird.

Zum Laden des Bordnetzes wird eine Hochstromlichtmaschine (G3) eingebaut, die über die Sicherung F4 mit der Bordnetzbatterie verbunden ist. Sobald Landanschluss zur Verfügung steht, wird das Bordnetz noch über das Ladegerät G4 geladen, abgesichert über F5.

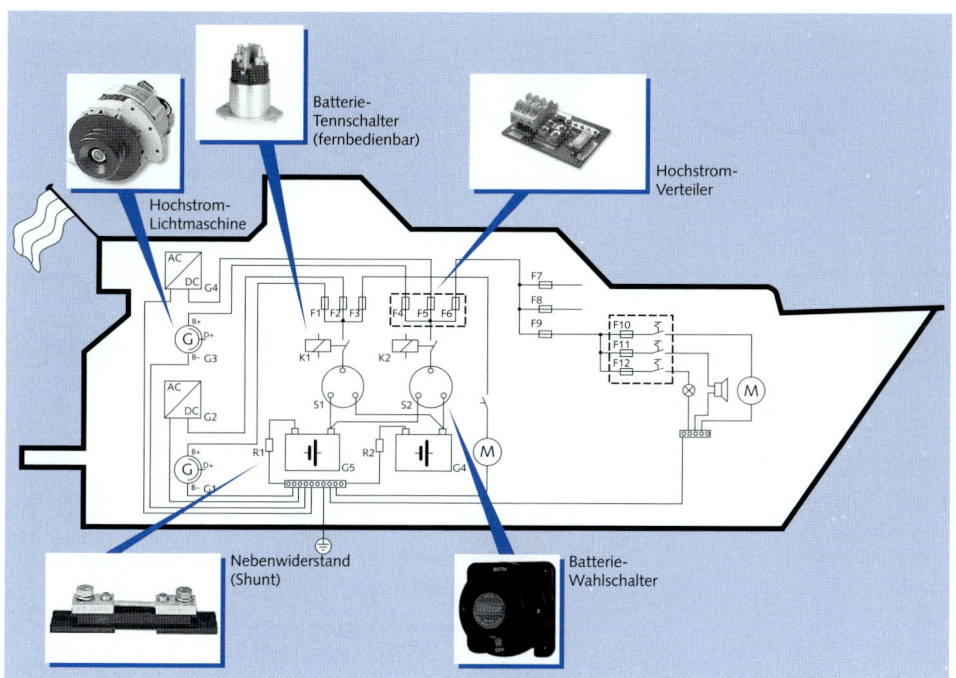

Abbildung 6–2: *Komfortables Gleichstromnetz mit zwei Batteriesätzen.*

Verbrauchen

Die Verbraucher werden nach bewährtem Muster angeschlossen. Die Sicherung F6 bildet die Hauptsicherung, von der die Zuleitung für das Schalterpaneel abgeht.

Der Anlasser ist über die Sicherung F3 abgesichert und somit vor Kurzschluss und Überlast geschützt.

Als Verteilerpaneel für das Bordnetz wird der Hochstromverteiler von Mastervolt eingesetzt. Dort befinden sich bereits die drei NH-Sicherungen sowie die beiden Shunts für die Minusleitungen.

6.4 Komfortables Gleichstromnetz mit drei Batteriesätzen

Speichern

In diesem Netz (s. Abb. 6–3) wurde ein dritter Batteriesatz für zusätzliche Verbraucher installiert. Da sich diese durstigen Verbraucher im Vorschiff befinden, wird die Batterie auch dort installiert, um die Leitungslängen gering zu halten.

Alle Batteriesätze werden jeweils durch einen fernbedienbaren Batterie-Trennschalter ein- bzw. ausgeschaltet.

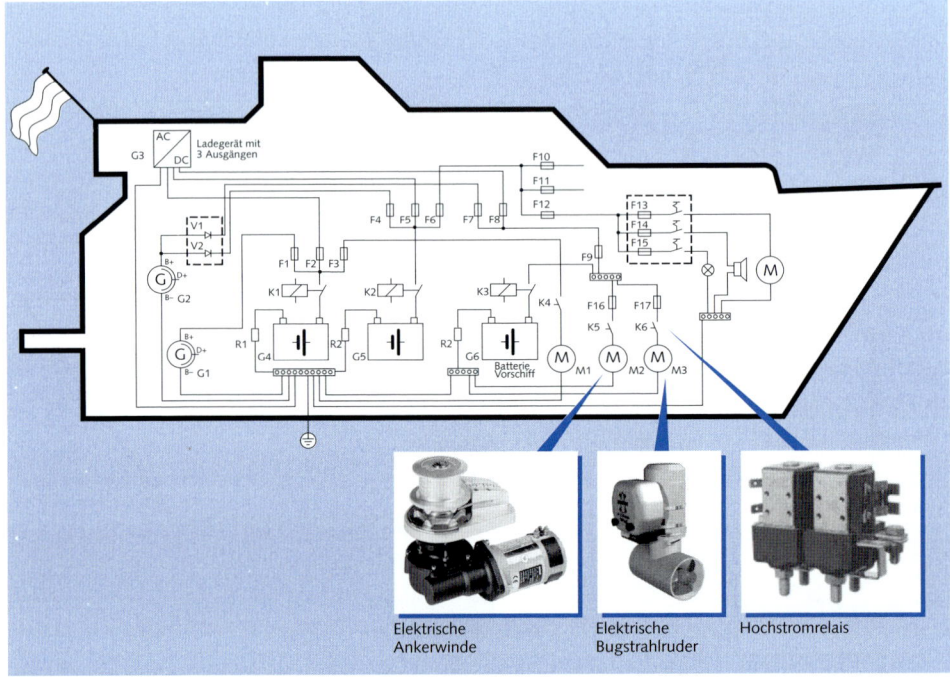

Abbildung 6–3: *Komfortables Gleichstromnetz mit drei Batteriesätzen.*

In der Minusleitung befindet sich jeweils ein Shunt zur Strom- und zur Verbrauchsmessung.

Laden

Die Starterbatterie wird über die werksseitig am Motor installierte Lichtmaschine (G1) geladen. Die Ladeleitung ist über die Sicherung F1 geschützt.

Für das Bordnetz und die Batterie im Vorschiff ist am Motor eine Hochleistungslichtmaschine installiert. Die Batteriesätze werden über Dioden entkoppelt, wobei der Spannungsabfall von 0,7 V am Lichtmaschinenregler kompensiert werden kann. Die Bordnetzbatterie wird über die Sicherung F4 mit der Lichtmaschine verbunden, die Batterie im Vorschiff über die Sicherung F7.

Als Ladegerät kommt ein kombiniertes Gerät (G3) mit drei unabhängigen Ladeausgängen zum Einsatz. Mit diesem werden alle drei Batteriesätze geladen, sobald Landanschluss vorhanden ist.

Zum Laden der Batterie im Vorschiff wird nur eine Leitung mit entsprechendem Querschnitt nach achtern zu der Lichtmaschine und dem Ladegerät gezogen. Damit diese Leitung gegen Kurzschluss und Überlast gesichert ist, muss im Vorschiff die Sicherung F9 installiert werden.

Verbrauchen

Die Verbraucher werden wieder nach bewährtem Muster angeschlossen. Die Sicherung F6 bildet die Hauptsicherung, von der die Zuleitung für das Schalterpaneel abgeht.

Der Anlasser ist über die Sicherung F3 abgesichert und somit vor Kurzschluss und Überlast geschützt.

Die Hochstromverbraucher im Vorschiff (Ankerwinde M2 und Bugstrahlruder M3) werden nahe an der Batterie über die Sicherungen F16 und F17 abgesichert.

Um sie einzuschalten, befindet sich jeweils ein Hochstromrelais in ihrer Zuleitung, was wiederum über ein »normales« Relais angesteuert wird. Die Bedienung hierfür befindet sich im Steuerhaus bzw. auf der Flying Bridge.

Die Minus-Sammelschiene muss mit dem gleichen Querschnitt wie die Ladeleitung mit der Haupt-Minus-Sammelschiene im Achterschiff verbunden werden. Da sehr wahrscheinlich sowohl achtern als auch vorne Verbraucher Kontakt mit Minus auf Masse haben, wird ohne diese Leitung der gesamte Ladestrom der Länge nach über den Rumpf fließen und u.U. erheblichen Schaden durch galvanische Korrosion anrichten.

7. Energiemanagement an Bord

Die Verfügbarkeit der elektrischen Energie an Bord stellt einen wesentlichen Beitrag zum Komfort aber auch zur Sicherheit dar.

Die Tragweite der Navigationslichter hängt wesentlich von der Bordspannung ab und viele Verbraucher reagieren empfindlich, wenn die Spannung unter ein gewisses Niveau absinkt oder einen Schwellenwert überschreitet. Die Lebensdauer der Batterien reduziert sich deutlich bei Tiefentladungen, und ist die Batterie erst einmal richtig im Keller, so lassen sich die Hauptmaschine oder der Generator nicht mehr starten.

Wenn wir im Betrieb feststellen, dass z.B. die Lampen so langsam dunkler werden, dann ist es schon längst zu spät. Die Spannung ist bereits weit unter 12 V abgesackt. Hier ist es hilfreich, bereits vorher einen Hinweis zu bekommen, dass Handlungsbedarf besteht.

Häufig sind die Ursachen für die Entladung nicht bekannt. Man achtet zwar darauf, die Pantrybeleuchtung schnell wieder auszuschalten, um die Batterie zu schonen, aber der Kühlschrank bedient sich fleißig weiter am Saft, der Wechselrichter steht noch im Stand-By-Mode und das Radio ist auch noch eingeschaltet, da man nur die Lautstärke zurückgedreht hat. Unbemerkt vom Skipper wird die Batterie kräftig leer geschluckt und am nächsten Morgen hat man nur noch schwarzes Licht. Diese – zum Teil auch sehr kleinen Ströme – müssen erkannt werden, da sie das Bordnetz zum Teil unnötig belasten.

Bei der Auslegung der Batteriekapazität hat man im Idealfall eine Bilanz der erwarteten Verbraucher vorgenommen, entsprechend Reserve zugeschlagen und die Batteriekapazität ausgewählt. Treffen diese Annahmen denn heute an Bord noch zu? Wie viele Verbraucher wurden innerhalb der letzten Jahre von der Bootsmesse geschleppt und an Bord installiert? Weiß man denn, wie der Strombedarf an Bord tatsächlich aussieht? Sobald wir den echten Stromverbrauch messen können, kann die Batteriekapazität entsprechend den realen Bedingungen angepasst werden. Und die Batterie selbst? Wir wissen, dass sie einer Alterung unterworfen ist. Leider zeigt sie dieses aber nicht von außen, sondern versteht es geschickt, ihr reales Alter zu verbergen. Dabei ist es nicht entscheidend, wie alt sie wirklich ist, sondern wie alt sie sich fühlt. Zählt man die Lade- und Entladezyklen und misst man, wie viel der geladenen Energie sie wieder abgeben kann, so kann man das gefühlte Alter der Batterie besser erahnen.

Es macht daher viel Sinn, das Gleichstromnetz an Bord mit technischen Hilfsmitteln zu analysieren und im Idealfall steuernd einzugreifen. Im folgenden Kapitel werden unterschiedliche Analysemöglichkeiten beschrieben und ein System zur automatischen Abschaltung von Verbrauchern vorgestellt.

7.1 Analyse des Bordnetzes

Die Analyse des Bordnetzes sollte ständig erfolgen, um die erforderlichen Hinweise zu bekommen, bevor das Licht dunkel wird. Hierbei ist es entscheidend, dass die Messgeräte selbst so wenig Energie wie möglich verbrauchen, da sie schließlich auch ihren Saft aus der Batterie beziehen.

Die einfachste Form der Analyse ist die Installation von Kontrolllampen, die anzeigen, ob das Netz eingeschaltet ist oder nicht. Häufig erweisen sich diese Kontrolllampen als reinste Stromfresser, da sie auch mit einer Leistung von nur 1 W in einem 12-V-Netz bereits 80 mA ziehen, was in 24 Stunden bereits 2 Ah ergibt. Eine Alternative bieten Leuchtdioden (LEDs), die sich mit einem Strom zwischen 10 mA und 24 mA zufrieden geben, spezielle Low-Current-Varianten sogar noch darunter.

Die Hauptmessungen, die durchgeführt werden, sind Strom- und Spannungsmessungen und es ist erstaunlich, was aus diesen beiden Messgrößen alles abgeleitet werden kann.

7.1.1 Spannungsmessung

Die Spannung wird mit einem Spannungsmesser (Voltmeter) gemessen. Die Zuleitungen zu diesem Messgerät können relativ dünn sein, da durch dieses Gerät nur ein sehr geringer Strom fließt.

Die Spannungsmessung sollte grundsätzlich so nahe an der Batterie wie möglich durchgeführt werde, um Fehlinterpretationen durch Spannungsabfälle auf den Zuleitungen zu vermeiden. Daher lohnt es sich für die Spannungsmesser ein eigenes Kabel zu verwenden, das von der Hauptverteilung zum Messgerät führt. Werden beide Batteriesätze dort gemessen, so kann die Installation durch ein mehradriges Kabel vereinfacht werden.

Abbildung 7–1: *Überwachungspaneel für zwei Batteriesätze.*

Das Kabel sollte verdrillt und geschirmt ausgeführt sein und einen Querschnitt von 1,0 mm² haben. Wichtig ist, dass an der Hauptverteilung oder der Batterie in jeder Plusleitung eine 1-A-Sicherung installiert wird, damit das Kabel vor Kurzschluss gesichert ist. Es versteht sich von selbst, dass an diese Messleitung keine anderen Verbraucher wie Lampen o.Ä. angeschlossen werden, da diese einen Spannungsabfall auf der Leitung verursachen würden, der das Messergebnis verfälscht.

Die Auswertung der Spannung erfolgt durch LED-Anzeigen, analoge oder digitale Messgeräte. Der Batteriewächter zeigt mit einem Batteriebalken grob an, ob die Batterie leer, halbvoll oder überladen ist. Diese Werte sind jedoch eher geschätzt, da weder der Batterietyp noch die Belastungsart berücksichtigt wer-

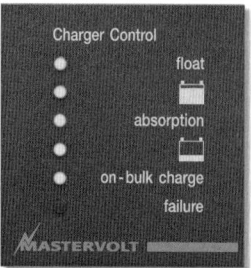

Abbildung 7–2: *LED-Batteriewächter (Master-volt).*

Abbildung 7–3: *Analoger Spannungsmesser für Schalttafeleinbau (Mastervolt).*

Abbildung 7–4: *Analoger Spannungsmesser mit optionalem Warnsignal (VDO).*

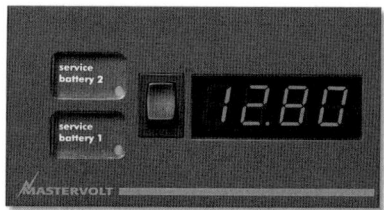

Abbildung 7–5: *Digitaler Spannungsmesser mit LED-Anzeige für zwei Batteriesätze (Mastervolt).*

den. Die Stromaufnahme beträgt ca. 50 mA. Das analoge Zeigerinstrument hat den Vorteil, dass man anhand der Zeigerstellung bereits sehen kann, in welchem Bereich man sich befindet. Durch farbige Markierungen in der Skala (VDO) erkennt man auf einen Blick, ob Handlungsbedarf besteht.

Digitale Spannungsanzeigen liefern einen exakten Zahlenwert, wobei die Messgenauigkeit des Gerätes berücksichtigt werden muss.

Zur Batteriediagnose ist die Spannung nur bedingt verwendbar, da hierfür die Batterie vor der Be- und nach der Entladung über mehrere

Stunden in Ruhe sein muss. Trotzdem lassen sich einige qualitative Aussagen ableiten:

• Sinkt die Bordspannung unter einen Wert von 12,3 V, obwohl keine großen Verbraucher (Hochstromverbraucher) eingeschaltet sind, so geht die Kapazität langsam zur Neige. Schaltet man jetzt unwichtige Verbraucher ab, so kann man mit der restlichen Kapazität z.B. das Navigationslicht noch eine Weile betreiben.

• Beträgt beim Einschalten des Netzes die Spannung gerade mal 12 V oder weniger, so ist die Batterie so gut wie leer. Ein sofortiges Nachladen ist erforderlich.

- Bricht die Spannung beim Zuschalten von Hochstromverbrauchern (z.B. Starter, Bugstrahlruder, Ankerwinde) ein, so ist dieses normal. Je nach Batterietyp muss aber für längere Zeit der hohe Strom zur Verfügung gestellt werden können, ohne dass die Spannung z.B. unter 8 V absinkt. Fällt die Spannung zu schnell ab, so ist die Batterie entweder zu klein, nicht voll geladen, für die Aufgabe nicht geeignet oder zu alt.
- Steigt die Spannung beim Laden über 14,4 V an, so liegt ein Defekt oder eine falsche Einstellung am Lichtmaschinenregler oder am Ladegerät vor. Um ein Gasen und bei Gel-Batterien eine Beschädigung der Batterien zu verhindern, muss der Fehler umgehend behoben werden.
- Für 24-Volt-Anlagen gelten doppelte Spannungswerte.

Für zwei oder mehr Batteriesysteme an Bord kann man ein und denselben Spannungsmesser verwenden. Da man den Stromverbrauch so gering wie möglich halten möchte, werden diese Messgeräte für die Dauer der Messung über einen Taster aktiviert. Wählt man einen Wippschalter mit zwei Schalterstellungen (tastend), so kann man beide Batteriesysteme hintereinander abfragen, ohne dass eine Verbindung zwischen den Systemen entstehen kann (s. Abb. 7–6).

Diese Schaltung kann nur dann verwendet werden, wenn man mit dem Messgerät keine zusätzlichen Überwachungsfunktionen wie Unter- oder Überspannungsalarm realisiert.

7.1.2 Strommessung

Um zu vermeiden, dass der gesamte Laststrom durch das Messgerät fließt, haben wir in Rei-

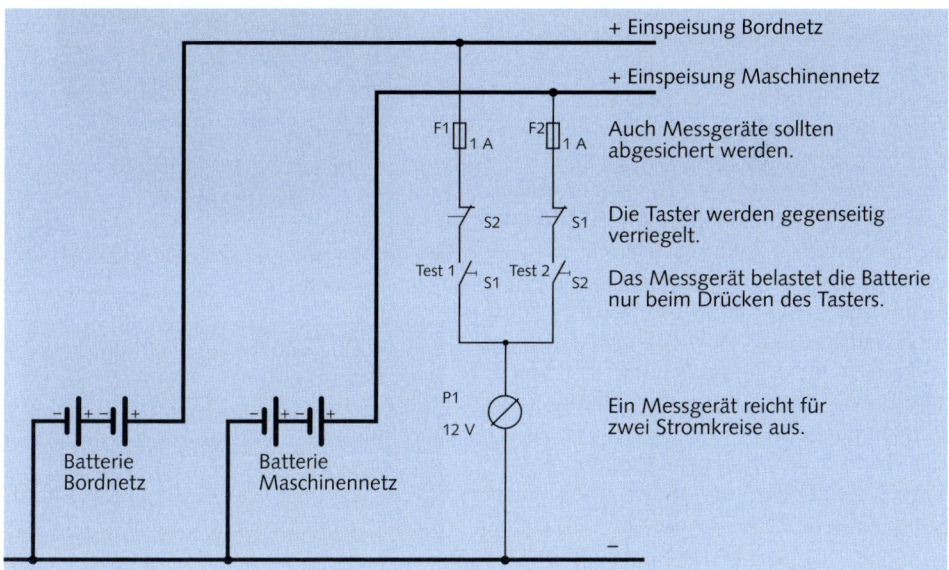

Abbildung 7–6: *Spannungsmesser umschaltbar für zwei Batteriesätze.*

he zu den Verbrauchern für jedes Batterienetz einen Nebenwiderstand (Shunt) installiert, der einen sehr kleinen Wert hat (~0,01 Ω).

Da der Spannungsabfall über dem Shunt sehr gering ist, ist es wichtig, dass die Messleitung mit einem geschirmten und verdrillten Kabel ausgeführt wird. Der Querschnitt sollte nicht weniger als 1,0 mm² betragen. Wird das Shunt in die Minusleitung der Batterie eingebaut, so ist eine zusätzliche Absicherung der Messleitungen nicht unbedingt erforderlich, da kein Masseschluss auftreten kann. Befindet sich das Shunt in der Plusleitung, so müssen unbedingt beide Messleitungen mit einer 1-A-Sicherung abgesichert werden.

Bei der Strommessung kommen wieder analoge und digitale Anzeigegeräte zum Einsatz. Das einfache Instrument für den Schalttafeleinbau ist geeignet, um z.B. den Ladestrom für ein Ladegerät zu messen.

Im Bordnetz haben wir jedoch die Situation, dass sich der Stromfluss beim Laden und Entladen umkehrt. Hier sind Geräte mit einem positiven und einem negativen Bereich von Vorteil. Diese Geräte zeigen den resultierenden Verbrauch zwischen Laden und Entladen an. Laufen während der Fahrt z.B. Verbraucher mit einer Stromaufnahme von 20 A und die Lichtmaschine lädt mit einem Strom von 30 A, so wird das Strommessgerät nur einen Strom von +10 A anzeigen. Möchte man explizit wissen, was die Lichtmaschine denn wirklich bringt, so muss man die Strommessung in der Ladeleitung der Lichtmaschine durchführen.

Der Nachteil der analogen Anzeigen ist der feste Skalenbereich, der auf den maximalen Strom ausgerichtet sein muss. Daher sind diese Geräte nicht zur Messung kleiner Ströme geeignet. Hier haben digitale Geräte einen klaren Vorteil, da sie über eine Messbereichs-

Abbildung 7–7: *Strommesser analog (Mastervolt).*

Abbildung 7–8: *Strommesser analog mit Lade- und Entladestrom (VDO).*

Abbildung 7–9: *Digitaler Strommesser mit LED-Anzeige für Ströme bis 250 A (Mastervolt).*

umschaltung verfügen, sodass sowohl hohe Ströme bis zu 400 A als auch kleine Kriechströme im mA-Bereich gemessen werden können. Lade- und Entladeströme werden mit jeweils unterschiedlichem Vorzeichen angezeigt.

Die Strommessung gibt einen Überblick, wie das Netz an Bord wirklich funktioniert. Man kann für jeden Verbraucher die tatsächliche Stromaufnahme ermitteln und feststellen, wie viel Strom man in Summe bei verschiedenen Verbrauchssituationen an Bord benötigt.

Man kann die verschiedenen Ladeeinrichtungen an Bord überprüfen und feststellen, was denn wirklich in der Batterie ankommt. Was sie wieder abgeben kann, wissen wir dadurch noch nicht.

Neben den großen Strömen sind die kleinen Ströme mindestens genauso interessant. Auch wenn alle Verbraucher ausgeschaltet sind, wird man auf einen Blick feststellen, dass es genügend Geräte gibt, die sich fleißig an der Batterie bedienen. Man stellt zum Beispiel fest, dass der Spannungswandler für die UKW-Anlage nicht mit dem Gerät abgeschaltet wird. So verwandelt er ständig 0,1 A in Wärme, ohne dass irgendjemand etwas davon hat. Oder die vielen in den Schaltpaneelen installierten Glühlämpchen schlucken noch einmal 250 mA. Werden diese durch LEDs ersetzt, kann der Verbrauch mindestens um 50 % reduziert werden. Aus Bequemlichkeit steht der Wechselrichter immer auf Stand-by, erst jetzt wird deutlich, dass er für diesen Dienst immerhin 500 mA haben möchte. Schritt für Schritt reduziert man den schleichenden Verbrauch und stellt sofort fest, wenn irgendwo noch eine Kojenlampe brennt oder im Maschinenraum das Licht angelassen wurde.

7.1.3 Kombi-Geräte

Sowohl die Spannungs- als auch die Strommessung sind eine Momentaufnahme. Wie viel Strom innerhalb der letzten Stunden geoder entladen wurde, lässt sich so nicht feststellen. Es gibt auch keine Antwort auf die Fragen, wie lange die Batterie noch geladen werden muss oder wie viele Ladezyklen die Batterie bereits hinter sich hat. Hierzu bedarf es Geräte, die neben der Messung auch Rechen- und Speicheraufgaben wahrnehmen können. Moderne Batteriecomputer sollen neben der Spannungs- und Strommessung eine Aussage zur Batteriekapazität in Ah machen und im Idealfall eine Prognose abgeben, wie lange die zurzeit in Betrieb befindlichen Verbraucher noch versorgt werden können.

Darüber hinaus sollen Daten in einem Speicher abgelegt werden, um so die Anzahl der

Abbildung 7–10: *Batteriekontrollsystem DCC 4000 (Philippi).*

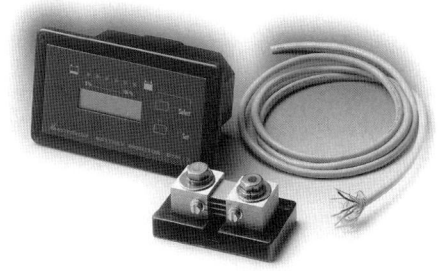

Abbildung 7–11: *Batteriecomputer BTM1 (Mastervolt).*

Ladezyklen zu ermitteln, die durchschnittliche Entladeintensität zu berechnen und die tiefste Entladung festzuhalten. Auf Basis dieser Daten kann die erwartete Lebensdauer für die Batterie geschätzt werden.

Die Ermittlung dieser Werte ist mit einigem Aufwand verbunden, da es nicht ausreicht nur zu zählen, wie viel Ampere in wie vielen Stunden in die Batterie geflossen sind. Zum einen ist der Wirkungsgrad der Batterie nur ca. 80 %, d.h. sie gibt nicht alles wieder ab, was sie aufgenommen hat, und zum anderen ist die Kapazität abhängig von der Höhe des Entladestroms (Peukert-Berechnung), von der Temperatur, vom Batterietyp und vom Alter der Batterie. Werden diese Parameter im Batteriecomputer nicht berücksichtigt, so kann man trotz überzeugender Anzeige böse Überraschungen erleben.

Es gibt diverse Geräte am Markt, die diesen Anforderungen in verschiedener Weise gerecht werden.

7.2 Lastabwurf

Um das Gleichstromnetz vor Tiefentladung zu schützen und ggf. wichtige Verbraucher (z.B. Navigationslichter beim Segeln) länger betreiben zu können ist es erforderlich, den Verbraucher frühzeitig zu reduzieren. Dieses kann man manuell vornehmen, sobald man feststellt, dass die Bordnetzspannung dauerhaft unter 12,3 V sinkt, oder mit einer kleinen Schaltung automatisch durchführen lassen (s. Abb. 7–12).

Das Messgerät P1 überwacht die Batteriespannung. Es ist über die Feinsicherung F1 abgesichert. Sobald die Spannung für länger als 40 Sekunden einen eingestellten Grenzwert unterschreitet (z.B. 12,3 V), zieht ein

Relais an und schließt den Kontakt für den Unterspannungsalarm.

Bei dem Messgerät kann es sich um einen Batteriemonitor mit Warnausgang handeln oder um ein im Handel erhältliches Unterspannungsrelais, das über eine entsprechend einstellbare Verzögerungszeit verfügt. Die Verzögerung ist erforderlich, damit nicht schon bei kurzzeitigen Spannungseinbrüchen durch große Verbraucher Alarm geschlagen wird. Mit dem Relaiskontakt des Messgeräts können die Verbraucher nicht direkt geschaltet werden, da wir zum einen eine Abschaltfunktion benötigen und zum anderen der Relaiskontakt nicht zum Schalten größerer Ströme geeignet ist. Wir könnten ein Relais mit Öffner-Kontakt dazwischenschalten, um entbehrbare Verbraucher abzuschalten. Dieses hat jedoch den Nachteil, dass das Relais ständig Energie verbraucht, solange der Unterspannungsalarm aktiv ist, und somit die Batterie noch mehr belastet. Darüber hinaus würden die Verbraucher direkt wieder zugeschaltet werden, sobald der Alarm vorbei ist, was auch nicht immer gewünscht ist.

Eleganter ist in diesem Fall die Verwendung eines Stromstoßrelais (K1). Dieses benötigt nur einen Impuls, um den Schaltzustand zu ändern, und verbraucht anschließend keine weitere Energie. Der Impuls wird über den Kondensator C1 in dem Moment gebildet, in dem das Relais anzieht. Die Kapazität sollte 2200 μF betragen und der Kondensator muss über die notwendige Spannungsfestigkeit verfügen. Sobald bei Unterspannung der Relaisausgang von P1 geschlossen wird, wird über den Kondensator C1 ein kurzer Stromimpuls geleitet. Dieser reicht aus, damit das Stromstoßrelais seinen Zustand ändert. Damit die Schaltung die Verbraucher nur abschaltet (und nicht versehentlich einschaltet), wird das Signal zum Abschalten hinter dem Schaltkontakt des Stromstoßrelais K1 abgegriffen. War der Stromkreis nicht eingeschaltet, so liegt hinter dem Schaltkontakt keine Spannung an und somit kann auch kein Impuls generiert werden. Damit die Schaltung nach dem Abschalten wieder scharf wird, muss der Kondensator entladen werden. Hierfür ist parallel zum Kondensator der Widerstand R1 mit 4,7 kΩ geschaltet.

Über den Taster S1 wird der Stromkreis der »entbehrbaren« Verbraucher eingeschaltet. Abgesichert werden diese durch den Leitungsschutzschalter F2. Im Normalfall ist der Stromkreis eingeschaltet. Stellt das Messgerät nun fest, dass Last abgeworfen werden muss, so schließt es den Relaiskontakt, über den

Kondensator C 1 wird der Impuls gebildet und das Stromstoßrelais schaltet ab. Es bleibt so lange abgeschaltet, bis es gezielt über den Taster S1 wieder zugeschaltet wird. Auch wenn der Unterspannungsalarm wieder zurückgegangen ist (was durch die reduzierte Belastung nach dem Lastabwurf durchaus vorkommen kann), bleibt der Stromkreis abgeschaltet. Stellt man nach dem automatischen Lastabwurf fest, dass die Verbraucher trotzdem benötigt werden, so genügt ein Druck auf den Taster S1, um das Netz wieder zuzuschalten. Der noch anstehende Unterspannungsalarm schaltet in diesem Fall nicht wieder ab, da der hierfür erforderliche Impuls nur in dem Moment generiert werden kann, in dem das interne Relais anzieht, d.h. der Alarm ausgelöst wird.

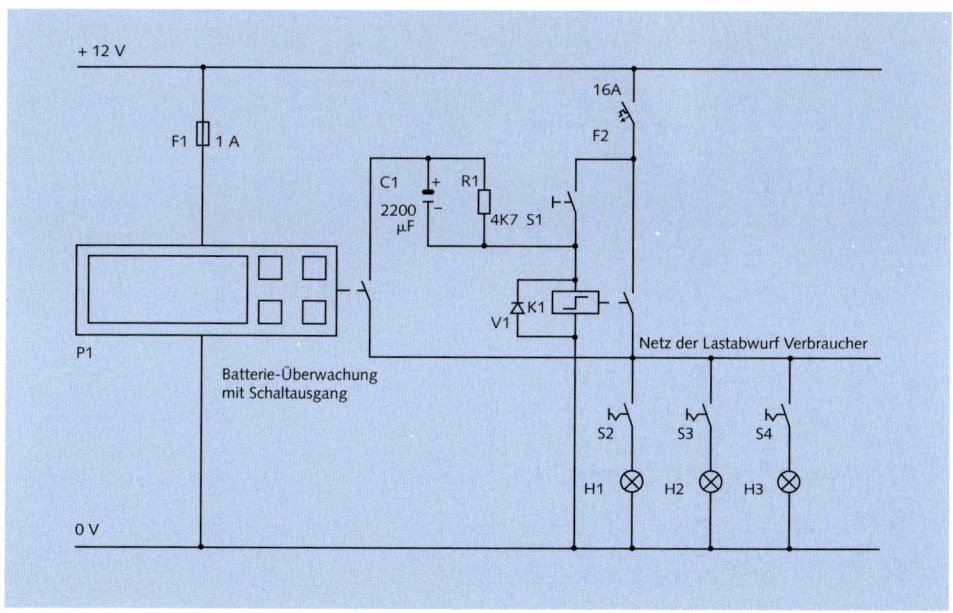

Abbildung 7–12: Automatische Lastabwurfschaltung.

Die Installation an Bord muss so ausgeführt werden, dass die Verbraucher in wichtiger und weniger wichtige Gruppen eingeteilt werden. So kann man z.B. jede zweite Leuchte unter Deck als »unwichtig« einstufen, sowie Abluftventilatoren von Bad und WC.

Bis zu 16 A können mit einem Stromstoßrelais geschaltet werden, daher muss der Leitungsschutzschalter F2 vor dem Kontakt angeordnet sein. Reicht die Stromstärke nicht aus, so können mehrere Stromstoßrelais parallel geschaltet werden.

Hierfür muss jeweils ein weiterer Kondensator zu dem bereits installierten parallel geschaltet werden. In diesem Fall bietet es sich an, zwischen dem Relaisausgang und den Kondensatoren ein Koppelrelais zu schalten, damit der Relaisausgang des Messgeräts nicht überlastet wird.

In größeren Anlagen kann man die gleiche Schaltung mehrfach einsetzen und den Unterspannungsrelais verschiedene Abschaltspannungen zuordnen. Somit lässt sich eine Priorisierung der Verbrauchergruppen einrichten.

8. Beleuchtung

8.1 Navigationslichter

Die Positionslaternen heißen nicht mehr Positionslaternen, sondern neu »Navigationslichter«. Sie gehören aber nach wie vor zu den wenigen Ausrüstungsgegenständen, deren Ausführung und Bauart streng durch Vorschriften geregelt sind. In den letzten Jahren hat die LED-Technik für einige Innovationen gesorgt, auf die im nächsten Abschnitt detailliert eingegangen wird. Erst einmal zum Grundsätzlichen:

Neben der vorgeschriebenen Anzahl, den Farben und der Tragweite (vgl. KVR und SeeSchStrO) müssen die Lampen und auch die Glühbirnen durch das Bundesamt für Seeschifffahrt und Hydrographie (BSH) zugelassen sein, das sich hierzu wie folgt äußert:

Auf Fahrzeugen unter deutscher Flagge dürfen nur Navigationslichter (bisher: Positionslaternen), die vom BSH zugelassen und mit einer Baumusternummer (z.B. BSH/00/01/90) versehen sind, geführt werden. Vom Deutschen Hydrographischen Institut (DHI) zugelassene Navigationslichter bzw. Baumusternummern (z.B. DHI/00/01/76) behalten ihre Gültigkeit und können auch weiterhin angebracht werden.

Zugelassene Navigationslichter wurden nach nationalen und internationalen Normen auf ihre Eignung für den Schiffsbetrieb und ihre sichere Funktion an Bord überprüft.

In der Baumusterprüfung wird z.B. ermittelt,

- *ob ein Navigationslicht in Einheit mit einer entsprechenden Glühlampe eine ausreichende Tragweite hat, d.h., ob ihr Licht aus ausreichend großer Entfernung zu erkennen ist, damit ein sicherer Verkehr nach den Ausweichregeln gewährleistet ist;*
- *ob ein Navigationslicht an Bord eines Seglers auch bei Schräglage noch die erforderliche Tragweite erreicht;*
- *ob die Farben stimmen, damit nicht die Verwechslung der Farben zu Fehlentscheidungen anderer Verkehrsteilnehmer führt;*

Abbildung 8–1: *Navigationslichter und ihre Glühlampen müssen für alle Fahrzeuge unter deutscher Flagge vom BSH zugelassen sein.*

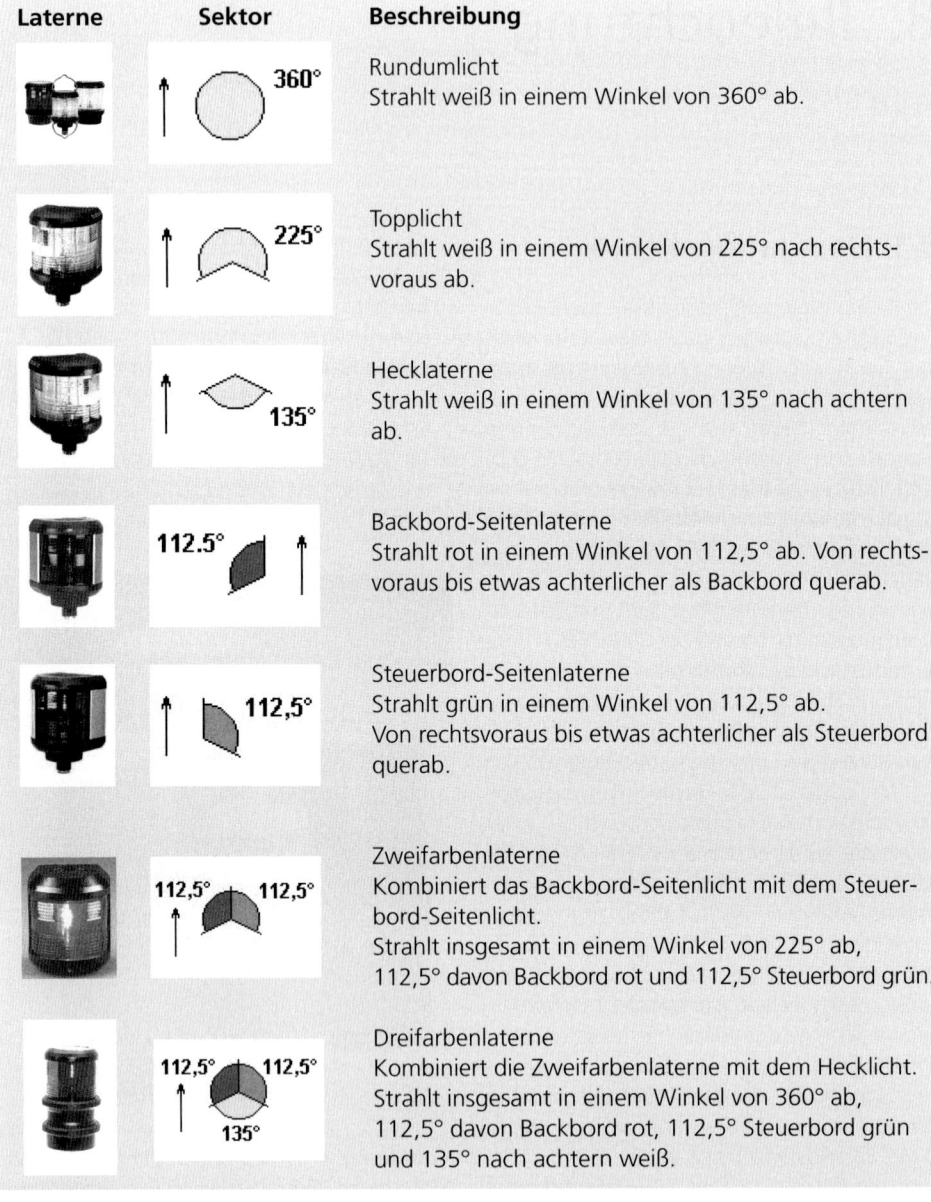

Laterne	Sektor	Beschreibung
	360°	Rundumlicht Strahlt weiß in einem Winkel von 360° ab.
	225°	Topplicht Strahlt weiß in einem Winkel von 225° nach rechts-voraus ab.
	135°	Hecklaterne Strahlt weiß in einem Winkel von 135° nach achtern ab.
	112.5°	Backbord-Seitenlaterne Strahlt rot in einem Winkel von 112,5° ab. Von rechts-voraus bis etwas achterlicher als Backbord querab.
	112,5°	Steuerbord-Seitenlaterne Strahlt grün in einem Winkel von 112,5° ab. Von rechtsvoraus bis etwas achterlicher als Steuerbord querab.
	112,5° 112,5°	Zweifarbenlaterne Kombiniert das Backbord-Seitenlicht mit dem Steuer-bord-Seitenlicht. Strahlt insgesamt in einem Winkel von 225° ab, 112,5° davon Backbord rot und 112,5° Steuerbord grün.
	112,5° 112,5° 135°	Dreifarbenlaterne Kombiniert die Zweifarbenlaterne mit dem Hecklicht. Strahlt insgesamt in einem Winkel von 360° ab, 112,5° davon Backbord rot, 112,5° Steuerbord grün und 135° nach achtern weiß.

Tabelle 8–1: Unterschiedliche Navigationslichter und ihre Verwendung.

Symbol	Bedeutung
⚓ (< 20 m/65')	Gibt an, bis zu welcher Fahrzeuglänge die Lampe verwendet werden darf. Magische Grenzen sind 7, 12, 20 und 50 Meter Länge.
IMO	Gibt an, dass die Leuchte den Internationalen Kollisionsverhütungsregeln von 1972 (IMO) entspricht.
BSH	Gibt an, dass die Leuchte vom Bundesamt für Seeschifffart und Hydrographie (BSH) Baumuster geprüft wurde.
⚓	Gibt an, dass die Lampe für europäische Binnenschifffahrtsstraßen zugelassen ist.
C E	Gibt an, dass die Lampe den europäischen Normen entspricht. Ersetzt nicht die Baumusterprüfung des BSH!
12 V / **24 V**	Gibt die zulässige Betriebsspannung der Lampe an. Entsprechend der Spannung muss die korrekte Glühlampe ausgewählt werden.
BAY 15d 🔲 10 / 25 W	Gibt den Typ und die Leistung der erforderlichen Glühlampe an. Topp- und Seitenlampen haben meistens 25 Watt, das Hecklicht 10 Watt. Die in den Navigationslaternen verwendeten Glühlampen sind Teil der Zulassung. Reservebirnen müssen ebenfalls zugelassen sein. Im Versicherungsfall riskiert man den Verlust der Versicherungsdeckung wenn sich herausstellt, dass die Ausrüstung nicht den Vorschriften entsprach.

Tabelle 8–2: Kennzeichnungskriterien für Navigationslichter (Aquasignal).

• *ob die vorgeschriebenen Ausstrahlungswinkel von Teilkreisleuchten eingehalten werden (hier wird ein Toleranzbereich von maximal drei Grad gewährt).*
Ein CE-Zeichen ersetzt die Baumusterprüfung nicht!

Die korrekte Auswahl der vorgeschriebenen Lichterführung entnimmt man auf Binnenwasserstraßen der Binnenschifffahrtsstraßen-Ordnung (BinSchStrO) bzw. auf Seeschifffahrtsstraßen den Kollisionsverhütungsregeln (KVR)

8.1.1 LED-Navigationslichter

Noch in der vierten Auflage dieses Buches wurden sie als Positionslampen der Zukunft angekündigt – heute sind sie Realität: Navigationslichter auf LED-Basis mit BSH-Zulassung.

Was ist das Besondere an dieser Technik, und warum eignet sie sich besonders für Segelschiffe? Die relativ hohe Leistung der Glühlampen, die für die erforderliche Tragweite notwendig ist, reißt in die Energiebilanz ein kräftiges Loch, da die Lampen bei Nachtfahrt auch noch über mehrere Stunden zuverlässig mit Energie versorgt werden müssen. Um den Spannungsabfall gering zu halten, sind bei 12-V-Anlagen häufig Kabelquerschnitte von bis zu 4 mm² erforderlich. Schade ist nur, dass 80 % der Energie nicht in Licht, sondern in Wärme umgesetzt werden, um den Wolframdraht in der Glühlampe zum Leuchten zu bringen.

Abbildung 8–2: *Navigationslichter mit LEDs (Hellamarine).*

Eine Leuchtdiode (LED) ist ein elektronisches Halbleiter-Bauelement und erzeugt Licht auf erheblich effizientere Weise. Die Argumente für die Anwendung in Navigationslichtern hören sich verlockend an:

- 50 000 Stunden Lebensdauer ohne Glühlampenwechsel
- weniger als 2 W Energieverbrauch bei einer Tragweite von 2 sm ist locker mit einem Kabelquerschnitt von 1 mm² zu versorgen, selbst bei einer Leitungslänge von 20 m und mehr
- absolut vibrationsfest und wasserdicht (IP 67)
- große Toleranz in der Spannungsversorgung 12–24 V (+/– 20 %)

Die kleinen technischen Wunderwerke haben ihren Preis. Dieser erklärt sich, wenn man vom BSH erfährt, welche Prozeduren die neuen Navigationslichter während der Baumusterprüfung über sich ergehen lassen mussten:

Die Schwierigkeiten, die LED-Technologie als Lichtquelle für Navigationslichter zu verwenden, bestehen darin, den nach den KVR vorgeschriebenen horizontalen Ausstrahlungswinkel (bis zu 0,5° genau) zu realisieren. Weiterhin ist es schwierig, den geforderten Farbbereich einzuhalten. Besonders weiße LED-Leuchten neigen eher zum blauen Farbbereich, mehr als nach den KVR erlaubt ist. Ebenso überprüft das BSH das kurzzeitige Absinken der Tragweite bedingt durch ein schlechtes Temperaturmanagement in LED-Leuchten. Besonders bei Hochleistungs-LEDs für Navigationsleuchten mit großen Tragweiten führt eine schlechte Wärmeabfuhr deutlich zur stetigen Verringerung der Lichtstärke. Daher ist ein gutes Temperaturmanagement für LED-Leuchten zwingend.
Das BSH hat Praxistests zur Erprobung der neuen LED-Navigationslichter durchgeführt. Die neuen LED-Leuchten erfüllen ebenso die lichttechnischen Anforderungen wie die herkömmlichen Leuchten.

Abbildung 8–3: *Fehler bei der Montage von Navigationslichtern (BSH).*

Diese Zweifarben-Lampe arbeitet als verhinderter Suchscheinwerfer.

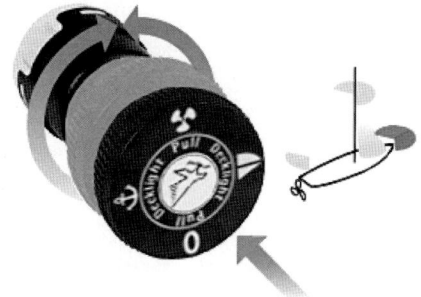

Abbildung 8–4: LED-Leuchtmittel als Ersatz für klassische Glühbirnen.

Abbildung 8–5: Nav-Switch schaltet die korrekte Lichterführung (Aquasignal).

Neben den optimalen lichttechnischen Eigenschaften ist für die Schifffahrt auch der quasi wartungsfreie Dauerbetrieb über weit mehr als 10 000 Stunden (abhängig von der verwendeten LED) von großer Bedeutung.
LEDs verlieren im Zuge der Alterung an Intensität, d.h., es kann nicht sichergestellt werden, dass die Tragweite nach der vom Hersteller garantierten Betriebszeit noch erreicht wird. Das Navigationslicht fällt in der Regel nicht aus, sondern leuchtet weiter, muss jedoch ausgewechselt werden. Die Hersteller der Sportbootleuchten haben auf ihren Leuchten ein Datum anzubringen und dieses in der Anleitung genau zu definieren, damit der Nutzer weiß, wann die Leuchte zu tauschen ist. Die Verantwortung liegt hierbei beim Nutzer. Er hat darauf zu achten, wann die Leuchte zu erneuern ist.

Diverse Hersteller wie z.B. Hellamarine und Aqua Signal bieten mittlerweile LED-Navigationslichter mit Baumusterprüfung des BSH an. Als weltweit erster Hersteller hat Aqua Signal einen vom BSH zugelassenen LED-Leuchtmittel-Einsatz entwickelt, der in konventionellen Navigationslaternen verwendet werden kann.

Damit können konventionelle Navigationslichter einfach auf LED-Technologie umgerüstet werden. Die Anker-LED wird es aber vorerst nur für die Rundum-Weiß-Navigationslaternen der Serie 40 und später auch für die Serie 50 von Aqua Signal geben.

8.1.2 Montage

Wurden die vorgeschriebenen Lampen ausgewählt, so müssen diese an Bord installiert werden. Hierbei spielen die korrekte Montage und der richtige elektrische Anschluss im wahrsten Sinne des Wortes eine »tragende« Rolle.
Zur korrekten Montage äußert sich das BSH wie folgt:
»Die Achse eines jeden Navigationslichtes muss senkrecht zur Konstruktionswasserlinie (CWL) stehen. Oft ist es dazu notwendig, Ausgleichsstücke zu verwenden. Schräg angebrachte Navigationslichter beleuchten den Himmel oder das Wasser und erfüllen nicht ihren eigentlichen Zweck.
Die Markierung der Vorausrichtung auf der Laterne (nur bei Teilkreislaternen) muss mit der Vorausrichtung Ihres Schiffes exakt übereinstimmen.

Die Reling verdeckt die Stb.-Laterne fast vollständig.

Hier sehen die Fische am meisten von den Seitenlampen.

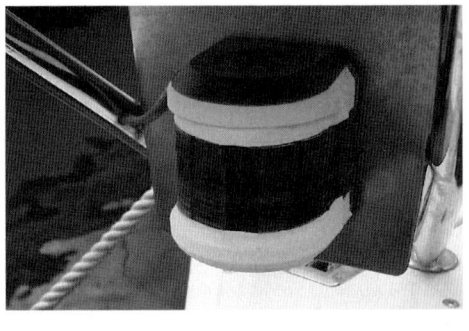

Hier entspricht die Zweifarbenlampe nur den Vorschriften, wenn der Skipper vor Anker liegt.

Durch Reparaturen mit Isolierband u.Ä. ist die Lampe nur noch in der Kellerbar verwendbar.

Weder feste (Bugkorb, Seereling, Vorstag mit Roll-Genua) noch bewegliche (Anker, Flaggenstock, Reserve-Außenborder, Badeleiter, Fender in Körben, Beiboot) Hindernisse dürfen die Ausstrahlung des Navigationslichtes behindern.

Bei unsanften Anlegemanövern zerdrückte Navigationslichter müssen von einem vom BSH anerkannten Reparaturbetrieb repariert werden oder sollten komplett ersetzt werden. Dies gilt auch für durch verschiedenste Einflüsse ›blind‹ gewordene Laternen.

Setzen Sie nur zugelassene Glühlampen mit der richtigen Leistung in Ihre Navigationslich-

ter. Sie erkennen diese Glühlampen an einer Kennzeichnung bestehend aus den Buchstaben ZP, einem Anker, dem Buchstaben D und einer vierstelligen Nummer.

Beim Einsatz einer nicht zugelassenen Glühlampe erlischt automatisch die Zulassung Ihres Navigationslichtes!«

8.1.3 Der elektrische Anschluss

Um die Nenntragweite zu erreichen, muss die elektrische Leistung zur Verfügung gestellt und darf nicht bereits als Spannungsabfall an Leitungen oder Kontakten aufgezehrt werden.

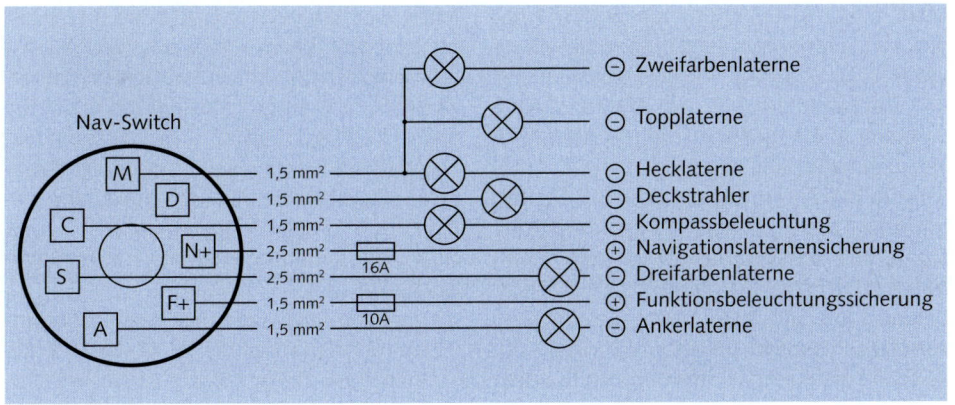

Abbildung 8–6: *elektrischer Anschluss für den Nav-Switch (Aquasignal).*

Bei der Berechnung des Kabelquerschnitts ist zu beachten, dass gemäß GL der maximal zulässige Spannungsabfall nur 5 % betragen darf, in einem 12-V-Netz also 0,6 V von der Batterie bis zur Topp-Laterne im Mast.

Eine typische Fehlerquelle bilden Steckverbindungen oder Klemmanschlüsse. Da es in der Natur der Sache liegt, dass das Navigationslicht im Außenbereich montiert ist, lässt es sich teilweise nicht vermeiden, auch im Außenbereich Steckverbindungen vorzusehen. Diese müssen auf jeden Fall die entsprechende Schutzart haben und für den verwendeten Kabelquerschnitt geeignet sein. Der Lampenstrom stellt häufig kein Problem dar, aber der zur Verringerung des Spannungsabfalls verwendete Querschnitt kann bei vielen Steckverbindungen nicht sauber eingeführt werden.

Die Navigationslichter müssen aus einer eigenen Leitung von der Hauptschalttafel gespeist und separat abgesichert werden, um sicherzustellen, dass z.B. beim Ausfall der Pantry-Beleuchtung sich nicht auch die Navigationslichter verabschieden.

Unterschiedliche Fahrtsituationen erfordern eine unterschiedliche Lichterführung. So darf ein Segler unter 20 m Länge eine Dreifarbenlaterne führen bzw. er führt kein Topplicht, solange er segelt. Sobald die Maschine zum

Abbildung 8–7: *Zugelassene Reservelampen sollten sich immer an Bord befinden (SVB).*

Manövrieren dazugenommen wird, ist das Topplicht erforderlich. Liegt man anschließend vor Anker, so darf nur noch ein weißes Rundumlicht zu sehen sein. Aus diesem Grund werden die Navigationslichter meistens einzeln geschaltet und abgesichert.

Um die Bedienung für die korrekte Lichterführung zu vereinfachen, hat die Firma Aqua Signal den Schalter Nav-Switch entwickelt, mit dem die korrekte Lichterführung, Arbeitsbeleuchtung und Instrumentenbeleuchtung vereinfacht bedient wird (s. Abb. 8–5). Die Auswahl der Funktion erfolgt durch Drücken und Drehen.

Bei einer 12-V-Installation sollte die Zuleitung zum Nav-Switch mit mindestens 4 mm² gewählt werden und die Lampenzuleitung jeweils nicht unter 2,5 mm² dimensioniert sein.

8.1.4 Überwachung

Die Funktionsfähigkeit des Navigationslichts ist besonders auf See lebensnotwendig. Daher muss in regelmäßigen Abständen überprüft werden, ob die Lampen noch ihren Dienst erfüllen. Um nicht ständig über das Schiff gehen zu müssen, bietet die Technik mehrere Möglichkeiten, die Überwachungsfunktion elegant zu lösen.

Die Überwachung soll anzeigen, ob die Lampe auch wirklich brennt und nicht nur das Einschalten des Schalters signalisiert. Schließlich kann die Lampe trotz eingeschalteten Schalters durch einen Wackelkontakt, Drahtbruch, losen Stecker oder defekte Glühbirne ausfallen. Diese Aufgabe kann man auf unterschiedliche Weise lösen:

a) Reed-Relais

Die Zuleitung zum Plus-Pol des Navigationslichts wird zu einer kleinen Spule aufgewickelt. In dieser Spule befestigt man ein kleines Reed-

Relais, das man im Elektronikhandel preisgünstig erwerben kann. Wenn das Navigationslicht eingeschaltet ist und tatsächlich brennt, ist der Stromkreis geschlossen und durch die Spule fließt ein Strom. Dieser erzeugt ein Magnetfeld, welches den Kontakt des Reed-Relais schließt. Über diesen Kontakt kann z.B. die Kontrolllampe geschaltet werden.

Diese sehr einfache Schaltung hat folgende Nachteile:

- Das Reed-Relais benötigt mehr Windungen, je schwächer die zu überwachende Laterne ist. Diese müssen einen entsprechend dicken Querschnitt aufweisen, um den Spannungsabfall in Grenzen zu halten.

- Das in der Spule erzeugte Magnetfeld kann bei zu kurzem Sicherheitsabstand den Magnetkompass beeinflussen.

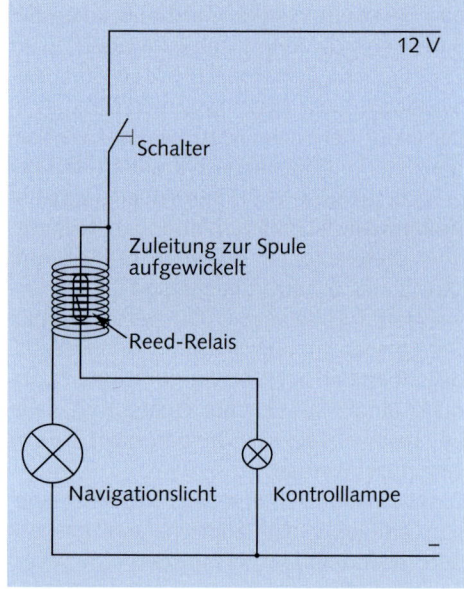

Abbildung 8–8: *Navigationslichter-Überwachung mit Reed-Relais.*

- Beim Abschalten der Lampe kann die Spule einen kurzen Störimpuls in das Bordnetz induzieren.

b) Stromrelais

Mit einem Stromrelais wird die Funktion eines Verbrauchers sicher überwacht. Die sehr niederohmige Spule wird in Reihe zu der Last geschaltet. Bei Lastausfall fällt auch das Stromrelais ab. Die potenzialfreien Kontakte können zum Einleiten von Gegenmaßnahmen oder zur Warnung benutzt werden.

Das Stromrelais muss entsprechend dem zu überwachenden Nennstrom ausgewählt werden. Da das Relais in Reihe zu dem Navigationslicht geschaltet ist, verursacht es ebenfalls einen Spannungsabfall, der an der Lampe fehlt. Für die Überwachung eines Nennstromes von 6 A beträgt der Spulenwiderstand ca. 0,035 Ω, der Spannungsabfall am Relais somit 0,21 V. Bei einem Relais für 2 A muss man mit einem Spannungsabfall von ca. 0,6 V rechnen.

Damit eignet sich diese Variante nicht für die Überwachung einzelner Laternen. Die Aussage »alle Lichter o.k.« ist aber bei gemeinsamer Versorgung über ein 6-A-Relais möglich.

Bereits im Abschnitt der Batterieladung haben wir festgestellt, dass an einer Standarddiode eine Spannung von ca. 0,7 V abfällt. Dort ist dieser Effekt äußerst störend und muss mit speziellen Ladereglern kompensiert werden. Für die Überwachung der LED-Navigationslichter kann dieser Effekt aber hilfreich sein. Schaltet man drei Standarddioden in Reihe zum Navigationslicht, so liegt über diesen Dioden in Summe eine Spannung von ca. 2,1 V an, wenn der Stromkreis geschlossen ist. Diese Spannung reicht aus, um eine Kontroll-LED zum Leuchten zu bringen. Da es LEDs in diversen Farben gibt, kann man somit sehr einfach eine Kontrollanzeige für die LED-Navigationslichter bauen. Der Nachteil der Schaltung besteht darin, dass der Spannungsabfall von mehr als 2 V an der Lampe fehlt. Bei klassischen Navigationslichtern liegt dieses oberhalb der zulässigen Grenzwerte. Da LED-Navigationslichter aber einen großen zugelassenen Spannungsbereich haben, können sie in 24-V-Anlagen auf die 2 V Spannungsabfall verzichten.

Bei LED-Navigationslichtern ist jedoch zu beachten, dass die Leuchtkraft mit der Zeit abnimmt und die Aussage »brennt« nicht automatisch bedeutet: »brennt richtig«.

Für konventionelle Navigationslichter bietet der Zubehörmarkt spezielle Überwachungssysteme, die die Überwachung des Stromkreises zum Teil auch im ausgeschalteten Zustand übernehmen können und nur einen Spannungsabfall von 0,3 V verursachen.

8.2 Scheinwerfer

Im Gegensatz zum Straßenverkehr ist man an Bord damit konfrontiert, dass man praktisch ohne jegliche Hilfsbeleuchtung navigieren

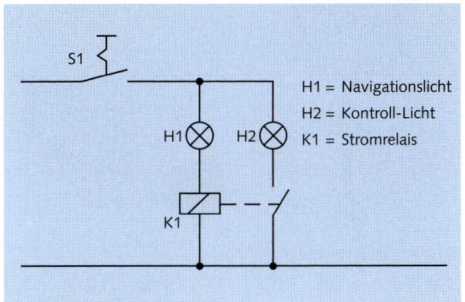

Abbildung 8–9:
Schaltung Stromrelais.

H1 = Navigationslicht
H2 = Kontroll-Licht
K1 = Stromrelais

muss. Es gibt weder Straßenbeleuchtung noch Abblendlicht und jede kleinste Kontroll-lampe im Amaturenpaneel kann bei Nacht-fahrt die Sicht erheblich beeinflussen.

Manchmal kommt man in die Situation, dass man doch einmal zum Fernlicht greifen muss, und dann kommen die Suchscheinwerfer zum Einsatz.

Die verschiedenen Modelle unterscheiden sich nach ihrer Bedien- und Montageart und nach der verwendeten Leuchttechnik.

Die *Handscheinwerfer* werden über ein Spi-ralkabel mit der Stromquelle verbunden und sind so in einem Radius von 3 m flexibel ein-setzbar. Eine integrierte Morsetaste ermög-licht die Abgabe von Lichtsignalen, die auch heute noch ihre Bedeutung haben. Sie wer-den mit einer 30-W-Glühlampe oder mit einer 50-W-Halogenlampe ausgerüstet, wodurch die Leuchtweite fast verdoppelt wird.

Bugscheinwerfer werden fest im Bug an Bb. und / oder Stb. eingebaut und sind somit dem Fernlicht am Auto am ähnlichsten. Da, wo der Bug hinzeigt, wird auch ausgeleuch-tet.

Suchscheinwerfer zum Einbau im Kajütdach werden durch das Steuerhausdach montiert und können somit bequem von innen bedient werden. Sie sind um 360° drehbar und in der Höhe verstellbar. Mit einer elektrischen Leis-tung von 100 W bei 12 V wird eine Leucht-stärke von 225 000 cd erreicht.

Fernbedienbare Suchscheinwerfer werden an beliebiger Stelle montiert und haben einen integrierten Elektromotor für die Dreh- und die Aufwärtsbewegung. So wird eine 360° Horizontalbewegung und 60° Vertikal-Schwenkung über ein abgesetztes Bedien-paneel ermöglicht. Die Lichtstärke beträgt 175 000 cd. Bei der Montage ist zu beachten, dass die Zuleitung für den Scheinwerfer über ein Relais angesteuert wird. Häufig ist dieses vom Hersteller nicht vorgesehen und führt dazu, dass der gesamte Strom erst zum Fern-bedienungspaneel geführt wird. Da die Kabel aufgrund des Querschnitts nicht für große Längen geeignet sind, ist der Spannungsab-fall so groß, dass man dem Scheinwerfer nur noch ein Glimmen entlocken kann.

Bei den Leuchtmitteln kommen Glühfaden-leuchten, Halogen-Glühlampen oder Xenon-Licht zum Einsatz.

Den ersten technischen Erfolg mit der *Glüh-fadenleuchte* hatte 1878 T.A. Edison (der

Handscheinwerfer
(Aquasignal)

Bugscheinwerfer auf
Xenon-Basis
(Hellamarine)

Suchscheinwerfer
zum Einbau im
Kajütdach (Vetus)

Fernbedienbarer
Suchscheinwerfer (SVB)

Abbildung 8–10: *unterschiedliche Scheinwerfer für den Bordeinsatz.*

Erfinder war 1854 der Mechaniker H. Goebel) und in leicht modifizierter Form wird diese auch heute noch verwendet. Ein Wolframdraht wird zur Weißglut gebracht und neben viel Wärme produziert er auch noch ein bisschen Licht.

Halogen-Glühlampen sind die erste richtige Modernisierung der Glühlampe, da sie mit einem viel kleineren Glaskolben auskommen (Verkleinerung bis auf 1% einer herkömmlichen Glühlampe kleiner Leistung). Ihre Lichtausbeute ist deutlich höher und ihre Lebensdauer kann bis zu 5000 Stunden betragen. Nachteilig ist ihr hoher Blauanteil im Licht und der hohe Anteil von gefährlicher UV-Strahlung im Lichtspektrum, die von einem UV-absorbierendem Glas abgeschirmt werden sollte.

Besonders empfindlich reagiert die Halogen-Glühlampe auf Überspannung. Dadurch wird die Lebenserwartung der Halogenlampen drastisch reduziert. Sie beträgt bei 14,4 Volt (Ladeschlussspannung bei den meisten Ladegeneratoren) nur noch 1000 Stunden.

Darüber hinaus reagiert die Lampe äußerst empfindlich, wenn man sie direkt anfasst. Daher darf der Leuchtkörper nur mit einem Lappen oder Handschuhen berührt werden.

Den vorläufigen Höhepunkt bei der Entwicklung von Scheinwerfersystemen markiert die *Xenon-Technologie*. Im Vergleich zu einer 55-W-Halogenlampen haben diese Scheinwerfer eine 2,5-fache Lichtausbeute bei bis zu 35 % weniger Energieverbrauch. Die Lichtfarbe ist dem Tageslicht ähnlich.

Anstelle einer Glühwendel ist bei einer Xenon-Lampe ein Lichtbogen die Lichtquelle. Der nur kirschkerngroße Brenner ist mit Xenon-Gas und Metallsalzen gefüllt. Um die Xenon-Lampe zu zünden, ist eine extrem hohe Spannung von rund 20 000 Volt erforderlich, die von einem elektronischen Vorschaltgerät aus der 12-V- oder 24-V-Betriebsspannung erzeugt wird.

Durch das Vorschaltgerät wird das Licht des Scheinwerfers nahezu unabhängig von der Bordspannung, da die Elektronik die Xenon-Lampen mit konstanter Leistung betreibt.

Nach Angaben des Herstellers soll die verwendete Gasentladungslampe eine 5-fache Lebensdauer gegenüber einer Halogen-Glühlampe haben, die ja bereits die klassische Glühbirne um ein Vielfaches überlebt hat.

8.3 Decksbeleuchtung

Die Decksbeleuchtung hat die Aufgabe den Arbeitsbereich an Deck bei schlechtem Wetter oder in der Nacht so auszuleuchten, dass man die Ankerwinde richtig bedienen kann oder die Belegklampen sicher erreicht. Da diese Beleuchtung häufig bei Manöverfahrt verwendet wird ist es besonders wichtig, dass der Skipper und andere Fahrzeuge durch diese Beleuchtung nicht geblendet werden.

Für die großflächige Ausleuchtung bieten sich Deckscheinwerfer an, die mit Halogenlampen bestückt sind. Aufgrund der großen Leistung und der langen Leitungen ist eine großzügige Auslegung des Kabelquerschnitts dringend erforderlich. Die Zuleitung kann schnell 4 mm² dick sein. Da diese aber aufgrund des Durchmessers nicht direkt in die Lampen eingeführt werden kann, muss der Querschnitt kurz vor der Lampe fachmännisch reduziert werden. Am besten eignen sich hierfür wasserdichte Steckverbindungen.

An Bord einer Segeljacht oder auf Motorfahrzeugen mit einem größeren Mast bieten sich Salingleuchten an Bb. und Stb. an. Da sie

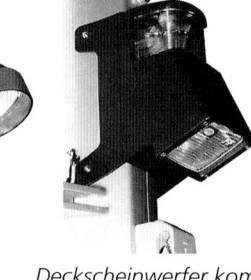

Deckscheinwerfer mit 35-W-Topp oder 55-W-Halogenleuchte (Aquasignal).

Deckscheinwerfer kombiniert mit der Toppla- terne für Fahrzeuge bis 20 m (Hellamarine).

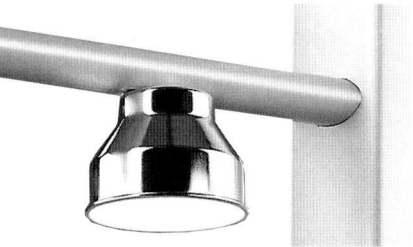

Salingleuchte mit 25-W-Glühbirne (Aquasignal).

Abbildung 8–11: *Deckscheinwerfer leuchten den Arbeitsbereich aus.*

Abbildung 8-12: *Maritime Gangbord-Beleuchtung mit 25-W-Glühbirne.*

nur eine Deckshälfte auszuleuchten brauchen, reicht die Leistung von 25 W aus, wodurch die Zuleitung auch nicht ganz so dick sein muss.

Steht kein Mast zur Lampenbefestigung zur Verfügung so muss die Decksbeleuchtung an geeigneter Stelle an Deck montiert werden. Bei der Gangbordbeleuchtung ist zu beachten, dass keine vorstehenden Teile im Weg stehen. Diese haben schon einige blauen Flecken verursacht – besonders wenn es schnell gehen muss.

8.4 Innenbeleuchtung

Als Leuchtmittel für die Innenbeleuchtung kommen Glühbirnen oder Sofitten, Halogenleuchten und Energiesparleuchten zum Einsatz.

Eine 25-Watt-Glühlampe belastet das 12-Volt-Bordnetz mit über 2 A ohne dabei besonders viel Licht abzugeben (von zu Hause sind wir Glühbirnenleistungen von 60 bis 75 Watt gewöhnt). Der Grund liegt darin, dass handelsübliche Glühbirnen den größten Teil ihrer Energie damit verwenden, einen kleinen Draht zur Weißglut zu treiben. Daher verschwindet fast die gesamte, wertvolle Energie in Wärme.

Auch im Innenbereich haben sich in den letzten Jahren Niedervolt-Halogenleuchten weit verbreitet. Diese sind an Bord aber nur für bestimmte Zwecke sinnvoll einsetzbar.

Im Gegensatz zur Glühbirne haben diese Leuchten eine bessere Lichtausbeute, diese ist aber durch die üblichen Reflektoren sehr auf einen Punkt konzentriert. Das bedeutet, dass die eigentliche Lichtquelle sehr hell ist und deshalb unbedingt durch einen Schirm oder durch eine Blende abgeschirmt werden muss. Da sich das Licht geradlinig ausbreitet, kann im Endeffekt nur ein relativ kleiner Bereich

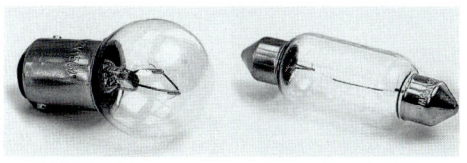  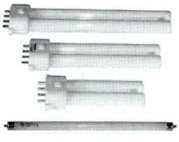

Glühbirne   *Sofitte*   *Halogenleuchte*   *Energiesparleuchten*

Abbildung 8–13: *unterschiedliche Leuchtmittel für die Bordbeleuchtung.*

damit ausgeleuchtet werden. Sollen einzelne Objekte in der Kajüte besonders angestrahlt werden (z.B. der Wanderpreis der letzten Saison), so sind Halogenlampen gut dafür geeignet, aber für eine wohnliche Ausleuchtung gibt es bessere Wege. Hinzu kommt, dass die hohe Lichtausbeute auch mit einem kräftigen Schluck aus der Bordbatterie bezahlt werden muss.

Da die Halogenleuchten sehr empfindlich auf Überspannung reagieren, kann man zur Spannungsreduktion ein bis zwei Dioden in Reihe zur Lampe schalten. Diese verursachen dann einen Spannungsabfall von 0,7 V bis 1,4 V, was die Lampe mit einer längeren Lebensdauer honorieren wird. Es können auch Spannungsstabilisatoren oder andere elektronische Hilfsschaltungen eingesetzt werden. Alle Schaltungsvarianten verbraten die überflüssige Spannung in zusätzliche Wärme.

Als Ersatz für die klassischen Glühbirnen werden Energiesparleuchten eingesetzt, die auf einem anderen physikalischen Prinzip beruhen. Auf diese Weise können sie ein angenehm helles Licht bei erheblich geringerer Energieaufnahme anbieten.

Der Nachteil besteht jedoch darin, dass sie sich nicht mit der Gleichspannung aus der Batterie zufrieden geben, sondern eine höhere getaktete Zündspannung benötigen. Diese Spezialversorgung wird durch elektronische Vorschaltgeräte erzeugt, die zusätzlich zu der Lampe installiert werden müssen oder bereits in der Leuchte integriert sind.

Zu beachten ist, dass diese Technik auch ihre Schattenseiten hat. Das elektronische Vorschaltgerät kann empfindliche Störungen in Funk- und Fernsehempfängern verursachen. Daher muss man bei der Auswahl unbedingt darauf achten, dass diese Geräte funkentstört sind und sie im Zweifelsfall mit einem zusätzlichen Filter versehen.

Weiterhin reagieren die Vorschaltgeräte empfindlich auf den Zustand des Bordnetzes. Sie

Energiesparleuchte mit...	entspricht einer herkömmlichen Glühlampe mit...
7 Watt	40 Watt
9 Watt	60 Watt
11 Watt	75 Watt

Tabelle 8–3: *Lichtausbeute von Energiesparleuchten.*

mögen weder Über- noch Unterspannung und können es absolut nicht leiden, wenn sie mit der Restwelligkeit eines schlechten Ladegerätes konfrontiert werden.

Aus der Solartechnik gibt es Energiesparlampen für Gleichstrom in Kompaktbauweise, die das Vorschaltgerät bereits im Leuchtkörper integriert haben. So können diese direkt als Ersatz für herkömmliche Glühbirnen ausgetauscht werden. Durch einen Vorheizkreis kann die Lampe viele tausendmal ein- und ausgeschaltet werden. Die Lebensdauer ist um ein Vielfaches höher als bei Glühlampen. Die Leuchtkraft dieser Kompaktlampen liegt nach Angaben des Herstellers wesentlich höher als bei Niedervoltlampen.

Abbildung 8–15: *Rot Einfärben der Leuchtmittel mit speziellem Tauchlack für Glühbirnen.*

8.4.1 Nachtfahrt

Während der Nachtfahrt ist der Skipper darauf angewiesen, dass keine Lichtquelle die Sicht blendet. Bereits eine Leuchtdiode im Armaturenpaneel kann zu erheblichen Blendwirkungen führen. Trotzdem ist er oder sie gezwungen, gelegentlich den Standort auf der Seekarte zu notieren oder den neuen Kurs abzustecken. Wird in der Kartenecke eine normale Beleuchtung gewählt, so dauert es anschließend mehrere Minuten, bis sich das Auge wieder an die Dunkelheit gewöhnt hat.

Daher sollte für die Nachtfahrt die Beleuchtung in der Navigationsecke sowie in den Durchgängen mit rotem Licht ausgeführt sein, da dieses dem Auge besser bekommt.

Viele Innenleuchten sind bereits mit zwei Leuchtmitteln ausgerüstet und da bietet es sich an, eine der Glühbirnen mit rotem Tauchlack einzufärben oder direkt in roter Ausführung zu beziehen. Somit kann man ein und dieselbe Leuchte für die »normale« Beleuchtung in weiß verwenden und bei Nachtfahrt rotes Licht aus der Lampe »zaubern«.

Wie das automatisch geht zeigt Abbildung 8–16:

Sobald das Steuerbord-Navigationslicht eingeschaltet wird zieht das Relais K2 an, das über einen Umschaltkontakt bzw. über einen Schließer und einen Öffner verfügt. Der Öffner trennt die Verbindung der weißen Glühbirne zum Pluspol und der Schließer stellt die Plus-Verbindung für die rote Glühbirne her. Der Ein- und Ausschalter für die Lampe muss in der gemeinsamen Minus-Leitung integriert

Abbildung 8–14: *Kombinationsleuchte für Weiß- und Rotlicht (SVB).*

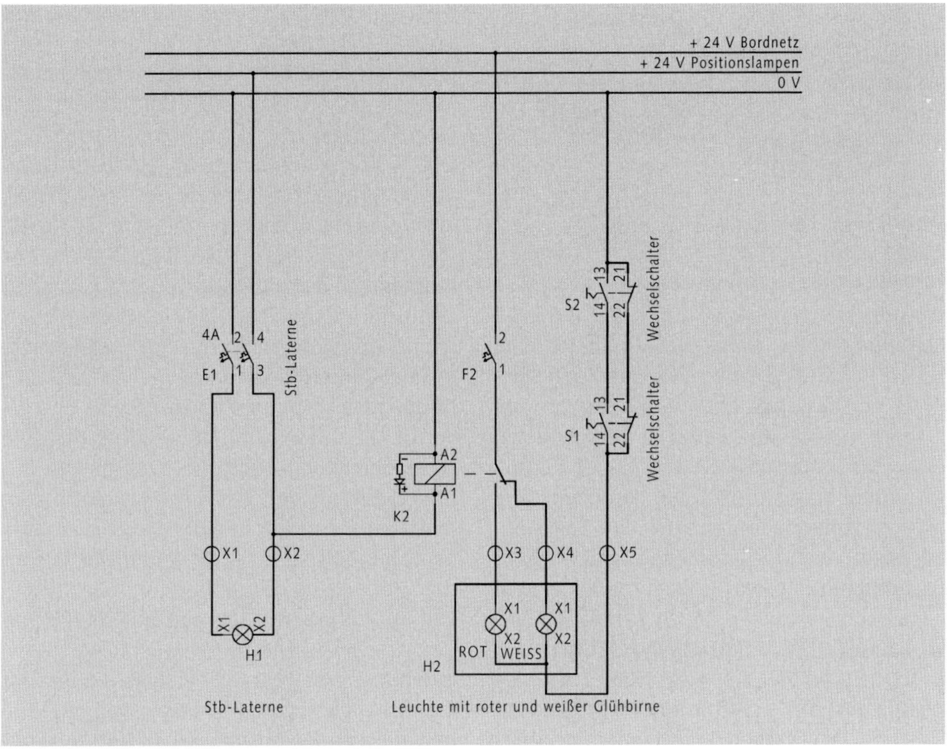

Abbildung 8–16: *Automatische Umschaltung von Rot- auf Weißlicht.*

Abbildung 8–17: *Stufenbeleuchtung im Einsatz (Hellamarine).*

werden. Mit zwei Wechselschaltern kann man die Lampe bequem von zwei verschiedenen Stellen ein- bzw. ausschalten, was für Durchgangsbeleuchtungen häufig hilfreich ist.

8.4.2 Stufenbeleuchtung

Dunkle Stolperecken und unübersichtliche Stufen können einen schneller an Deck befördern als einem lieb ist. Ein kleines Licht würde hier schon ausreichen, um auf die Gefahrenstelle hinzuweisen.

Für diese Anwendung wurde von Hellamarine eine Stufenbeleuchtung auf LED-Basis entwickelt. Mit einer Leistung von nur 0,3 Watt

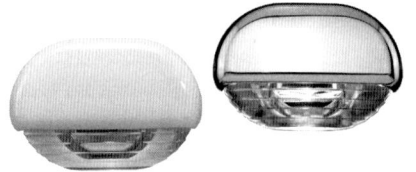

Abbildung 8–18: *LED-Stufenbeleuchtung (Hellamarine).*

wird die Helligkeit von 2 cd (Kerzenlichtstärken) erreicht. Der Lichtkegel strahlt 30° nach unten ab, sodass keine Blendwirkung nach oben entsteht. Die geringe Einbautiefe von 14 mm erlaubt eine einfache Montage und durch die Schutzart IP 67 ist sogar ein Einsatz im Außenbereich denkbar. Je nach Ausführung vertagen die Leuchten eine Spannung zwischen 10 und 33 V, sodass auch die erhöhte Ladespannung kein Problem mehr darstellt.

8.4.3 Wohnraumbeleuchtung

Besonders in den Abendstunden bekommt der Nutzen des schwimmenden Schneckenhauses eine besondere Bedeutung. Gemütlich mit der Crew in der Plicht oder Kajüte zu sitzen und über den vergangenen Törn zu plau-

dern gehört ebenso zum Skippern wie das Ablegen oder das Ankern. Doch recht häufig wird diese Idylle durch unangenehme Bemerkungen gestört: »Mach die Beleuchtung aus, die verbraucht unseren gesamten Strom …« Der Griff zu der altbewährten Petroleumlampe ist auch nicht immer der beste Einfall: »Der Gestank kommt mir nicht in die Kajüte und der Ruß verfärbt die Teak-Decke!« Die Problematik besteht häufig nicht zu Unrecht, denn ein wesentlicher Verbraucher im Energiemanagement der Bordelektrik ist die elektrische Kajütenbeleuchtung.

Neben dem Verbrauch an elektrischer Energie kommt der Anordnung der Leuchtmittel eine besondere Bedeutung zu. Während in Zu- und Niedergängen das Licht vor allem zum gefahrlosen und sicheren »Verkehrsverlauf« beitragen soll, steht in der Kajüte eine besondere Bedeutung der Ästhetik und Behaglichkeit im Vordergrund. Zu späte Bemühungen um eine ausreichende Beleuchtung haben gewöhnlich deutliche finanzielle Folgen für die Verkabelung und Montage, während eine richtig geplante Anlage keinen entscheidenden Kostenfaktor innerhalb der Bauausgaben darstellt.

Das Niveau der Beleuchtung wird durch die mittlere, vorzugsweise horizontale Beleuch-

Wohnraumleuchte kardanisch aufgehängt (Vetus).

Spotbeleuchtung mit flexiblem Arm (Vetus).

Deckenleuchte mit und ohne Gitter (Vetus).

Die Kojenleuchte kann individuell eingestellt werden (Vetus).

Abbildung 8–19: *maritime Wohnraumleuchten.*

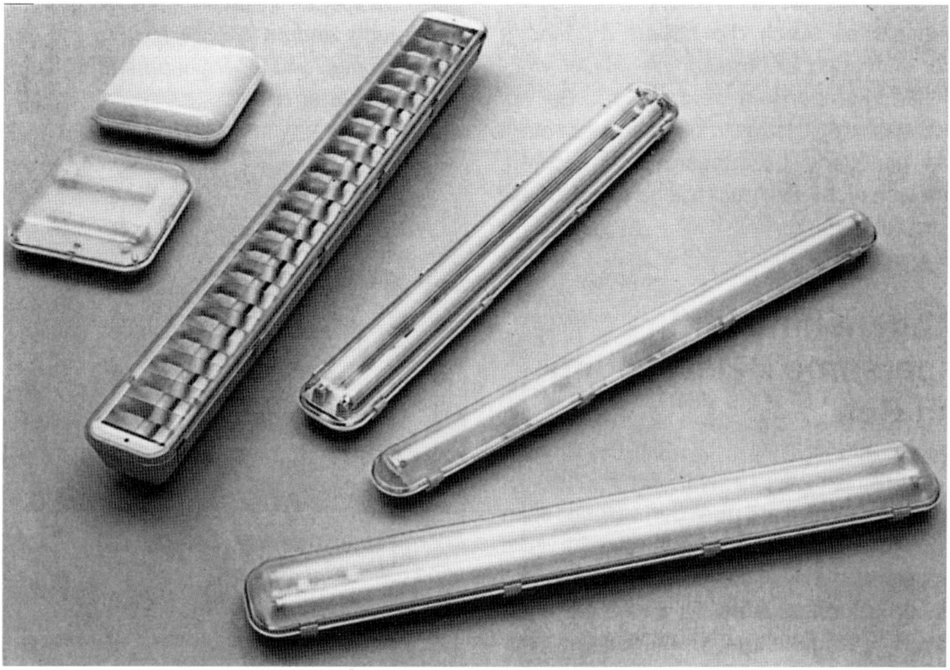

Abbildung 8–20: *Feuchtraumleuchten sind besonders für den Maschinenraum und Nassräume geeignet – natürlich auch als Energiesparleuchten (Phillips).*

tungsstärke im vorgegebenen Raumbereich und ihre Gleichmäßigkeit beschrieben. Da unser Auge das reflektierte Licht bewertet (Leuchtdichte), spielt das Reflexionsverhalten der beleuchteten Flächen im Raum eine entscheidende Rolle. Dunkle Raumflächen erfordern höhere Beleuchtungsstärken.

Ein weiterer Aspekt bei der Auslegung der Beleuchtung ist die Blendung. Diese kann die Sehleistung herabsetzen (physiologische Blendung). Bei längerer Einwirkung kann auch geringere Blendung ein unangenehmes Gefühl erzeugen, das Wohlbefinden herabsetzen und die Leistung vermindern (psychologische Blendung).

Ebenso hat die Lichtfarbe Einfluss auf die Atmosphäre in der Kapitäns-Kammer. Sie ist für den jeweiligen Anwendungszweck nach

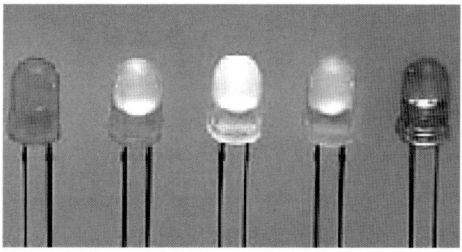

Abbildung 8–21: *Leuchtdioden für interessante Beleuchtungseffekte (Conrad).*

163

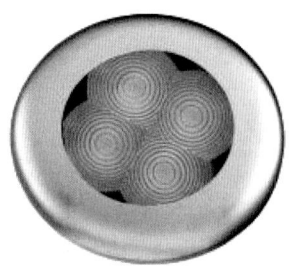

Abbildung 8–22: *LED Leuchte (Hellamarine).*

Abbildung 8–23: *LED-Glühbirne SolLED (Steca).*

verschiedenen Gesichtspunkten wählbar. Folgende Beziehungen können hier als Anhalt dienen:

Warmweiße Lichtfarben sind vorzugsweise bei niedrigen Beleuchtungsstärken (bis etwa 300 lx) angebracht. Sie sind z.B. für den gemütlichen Klönschnack im Salon geeignet. Dabei sollte die Leuchte jedoch nicht als Raumteiler wirken und die Besatzung weder als Silhouette im Dunkeln noch bühnengerecht angestrahlt werden. Hier bietet es sich an, über der Back eine Leuchtstofflampe mit ca. 10–15 Watt vorzusehen und zusätzlich den Rest des Raumes mit einer indirekten Beleuchtung von 5–10 Watt auszuleuchten (die Leistungsangaben beziehen sich auf Leucht-

stofflampen). Bei der Kojenbeleuchtung sollte man sich durch eine Schutzblende vor einer störenden Direktblendung schützen.

Neutralweiße Lichtfarben sind für höhere Beleuchtungsstärken geeignet (ab etwa 200 lx). Man wird sie bevorzugt im WC oder in der Pantry einsetzen. Besonders über der Arbeitsfläche hat man häufig Platz eine flache Leuchtstofflampe unter einem Schrank zu befestigen.

Für tageslichtweiße Lichtfarben sind hohe Beleuchtungsstärken erforderlich (mehr als 1000 lx). Sie unterstreichen eine kühle Atmosphäre und werden z.B. für Montagearbeiten im Maschinenraum benötigt.

Eine interessante Alternative zu den herkömmlichen Leuchtmitteln stellen Leuchtdioden (LEDs) dar. Im Gegensatz zu anderen Leuchtmitteln beruht bei den LEDs der Lichteffekt auf einer Lichtstrahlung in einem Halbleiter und nicht durch Erhitzen eines Wolframdrahtes. Somit erfolgt die Lichtabgabe ohne jede Wärmeentwicklung.

Verschiedene Leuchtenhersteller haben die LED für den Einsatz an Bord bereits entdeckt. Die Hellamarine LED-Leuchte ist komplett wasserdicht und somit auch für den Außenbereich geeignet. Der Ring zum Abdecken der drei Montageschrauben ist wahlweise in schwarz, weiß, chrom- oder messingfarben erhältlich und kann so an den Stil der Inneneinrichtung angepasst werden.

Die rote Version bringt es immerhin auf 12 cd, bei einer Stromaufnahme von nur 50 mA. Dabei soll die Lebensdauer mehr als 10000 Stunden betragen, welche Glühbirne kann das schon? Und wer nicht auf seine bewährten Lampen verzichten möchte, kann durch neue LED-Lampeneinsätze den Stromverbrauch auch dort drastisch reduzieren. Der Schraubsockel der LED-Lampe lässt sich in jede handelsübliche E27 Lampenfassung eindrehen. Ähnliche Modelle mit Bajonettsockel sind ebenfalls im Handel erhältlich. Laut Angaben des Herstellers soll die Lichtausbeute dreimal höher als bei Halogenlampen sein, bei einer Leistung von weniger als 1 Watt und einer Lebensdauer von 50 000 Stunden.

8.4.4 Helligkeitsregelung

An Bord gibt es häufig Situationen, in denen eine Helligkeitsregelung hilfreich ist. Nicht nur die Kajütenbeleuchtung kann individuell an die Lichtverhältnisse angepasst werden, sondern auch die Armaturenbeleuchtung.

Da das technische Prinzip des Wechselstromdimmers nicht angewendet werden kann, müssen spezielle Systeme für das Gleichstromnetz gefunden werden. Diese sollen sowohl mit der Lampe verträglich sein als auch annähernd verlustfrei arbeiten.

Schaltet man in Reihe zu der Lampe einfach einen veränderbaren Widerstand (Potentiometer), so kann man bei Glühbirnen in der Tat eine Veränderung der Helligkeit feststellen. Mit diesem Widerstand reduziert man die Spannung an der Lampe, d.h. der Spannungsabfall wird in Form von Wärme an dem Widerstand verbraten – und der wird verdammt heiß!

Versucht man das Prinzip des Wechselstromdimmers auf die Gleichspannung anzuwenden, so bedeutet das, dass wir die Gleichspannung für eine gewisse Zeit abschalten müssen, um die Helligkeit zu reduzieren. Im Fachchinesisch nennt sich dieses die Pulsweitenmodulation, die bereits beim getakteten 24V/12V-Spannungswandler verwendet wurde. Bei dieser Anwendung wird die Ausgangsspannung jedoch nicht geglättet, sondern das Rechtecksignal direkt an die Lampe gegeben.

Das Rechtecksignal hat eine Frequenz von ca. 20 kHz, d.h. dass die Lampe in der Sekunde ca. 20 000-mal ein- und ausgeschaltet wird. Der Ein- und Ausschaltvorgang ist für das menschliche Auge nicht erkennbar und auch die Glühwendel schafft es gar nicht in den kurzen Ausschaltzeiten vollständig zu verdunkeln. Vergrößert man die Ausschaltzeit, so wird die Lampe kontinuierlich dunkler bzw. beim Verkleinern heller. Da die Leuchte in der Ausschaltzeit echt abgeschaltet wird, wird auch kaum Leistung in Wärme verbraten, sodass der Wirkungsgrad bei über 80 % ist. Für die Kajüte bietet der Zubehörmarkt diverse 12-V- und 24-V-Dimmer an, die durch ihr ansprechendes Design gut integriert werden können. Bei der Auswahl muss geprüft werden, ob die Geräte wirklich nach der Pulsweitenmodulation arbeiten. Ein einstellbarer Spannungsregler macht dieses nicht und produziert leider nur Wärme. Darüber hinaus soll-

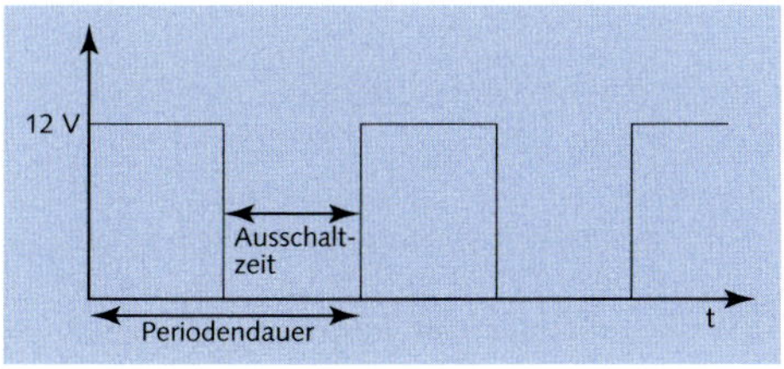

Abbildung 8–24: *Pulsweitenmodulation.*

Abbildung 8–25: *Halogenlampen Dimmer (SVB).*

Abbildung 8–26: *Pulsweitenmodulator für Gleichstromverbraucher.*

te das Gerät über geeignete Entstörmaßnahmen verfügen, denn das Rechtecksignal kann ohne diese zu erheblichen Störungen bei Funkempfängern und zu Netzrückwirkungen im Gleichstromnetz führen. Ein typisches Anzeichen ist ein Brummen im Radio, das lauter wird, je dunkler das Licht geregelt wird. Auch wenn die Verlustleistung gering ist, so produziert der Dimmer doch eine gewisse Wärme, die abgeführt werden muss. Das Gehäuse sowie die Elektronik müssen für die hohe Luftfeuchtigkeit und den Salzgehalt in der Luft speziell veredelt sein, da eine Betauung an Bord sehr wahrscheinlich ist.

Grundsätzlich lassen sich alle Glühlampen, Halogenlampen und LED-Leuchten dimmen. Bei Energiesparleuchten sollte man unbedingt vorher beim Hersteller bzw. Händler nachfragen, ob die Leuchte dafür geeignet ist.

9. 230 V an Bord – aber sicher

Dieses Kapitel beschäftigt sich mit dem gefährlichsten und daher auch wichtigsten Teil der Bordelektrik. »*Allein die Tatsache, dass man erkannte Fehler ›mit einfachen Bordmitteln‹ oft schnell beheben und auch sonst mal schnell mal was improvisieren kann, verführt manchen Skipper zur leichtsinnigen Handlung, wovon wir uns immer wieder überzeugen können, wenn wir über die oft abenteuerlichen, häufig gebastelten 230-V-Landanschlussleitungen in den Sportboothäfen stolpern. Hier sind Elektrounfälle vorprogrammiert!*«

9.1 Aufbau des Netzes

230 Volt werden an Bord aus unterschiedlichen Quellen bereitgestellt. Zum einen sind für diesen Zweck Generatoren, angetrieben durch einen kleinen Verbrennungsmotor installiert, zum anderen besteht die Möglichkeit, die Batteriespannung durch so genannte Wechselrichter auf 230 V / 50 Hz umzuwandeln.

Der einfachste Fall ist jedoch die Einspeisung über den Landanschluss, soweit dieser vorhanden ist.

In den Kraftwerken wird der Strom in großen Generatoren erzeugt und über Hochspannungsleitungen mit einer Spannung bis zu

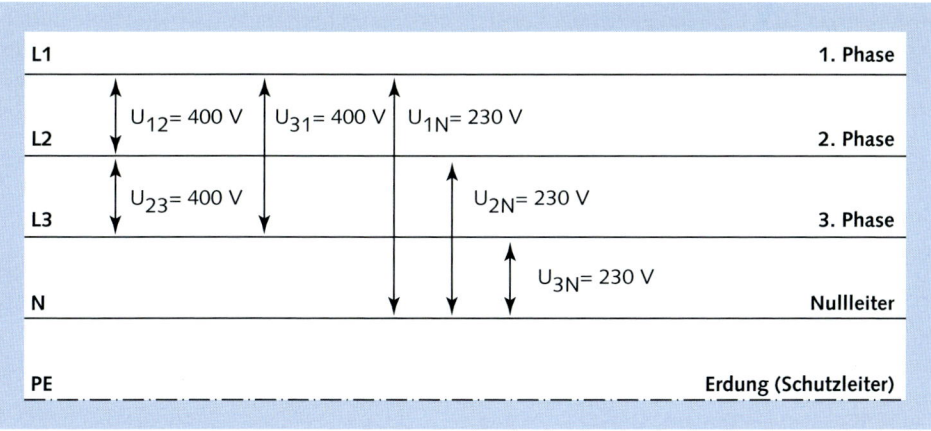

Abbildung 9–1: *Aufbau des Wechselstromnetzes.*

380.000 Volt auf die Reise geschickt. An verschiedenen Stellen wird diese Spannung heruntertransformiert, um schließlich als Drei-phasen-Wechselstrom am Anschlusskasten im Hafen anzukommen.

Das Netz setzt sich aus insgesamt fünf Leitern zusammen. Dieses sind die drei Phasen, der Neutralleiter (Nullleiter) und der Schutzleiter. Zwischen den Phasen des Netzes liegt eine Spannung von ca. 400 Volt und zwischen der einzelnen Phase und dem Nullleiter die uns bekannten 230 Volt.
Drehstromanschlüsse in Yachthäfen sind allerdings selten. Üblicherweise findet man Steckdosen für einphasigen Wechselstrom.

9.2 Die Gefahr von Elektrounfällen

Die grundsätzlichen Gefahren bei »Kleinspannungsnetzen«, wie 12-V- oder 24-V-Anlagen, wurden bereits in den letzten Teilen ausführlich erläutert. Ein ausreichender Kabelquerschnitt und geeigneter Schutz vor Kurzschluss und Überlastung sind auch für »Niederspannungsnetze«, definiert von 50 V bis 1000 V, notwendig. Zusätzliche Schutzmaßnahmen sollen verhindern, dass lebensgefährliche Ströme über den menschlichen Körper fließen können. Wenn wir uns an das Ohmsche Gesetz erinnern (U = R x I), so sieht man, dass der Strom umso größer wird, je größer die Spannung ist und mit zunehmendem Widerstand abnimmt. Man rechnet im Allgemeinen mit einem Widerstand des menschlichen Körpers von ca. 1000 Ohm, wobei dieser Wert bei feuchten Händen und Füßen auch deutlich geringer ausfallen kann. Viele wissen, wie sehr es schon bei einer 4,5-V-Batterie kribbeln kann, wenn man mit der Zunge den Ladezustand überprüfen möchte. Schaltet sich der Skipper nun direkt in seine 12-V-Anlage ein, so fließt über seinen Körper ein Gleichstrom von ca. 0,012 A. Die gleiche Stromstärke könnte bei Wechselstrom schon zu erheblichen Verletzungen führen, da das menschliche Herz aus lauter Sympathie den 50 Hz der Speisespannung folgen möchte, was das tödliche Herzkammerflimmern auslösen kann!
Die Wirkungen des elektrischen Stroms auf den menschlichen Körper sind sehr unterschiedlich, wie die in Tabelle 9–1 dargestellten Zusammenhänge als Ergebnis vieler Unfallstatistiken zeigt.

Körperstromstärke in mA bei 50 Hertz	Körperreaktion
ca. 0,5 mA	Wahrnehmbarkeitsschwelle
ca. 10 mA	Loslassschwelle; Unfähigkeit, den spannungsführenden Leiter loszulassen
0,5 bis 25 mA	Muskelreizung, Schmerz
25 bis 80 mA	Vorhofflimmern, zusätzliche Herzschläge
80 bis 3000 mA	Lebensgefährliches Herzkammerflimmern, bei der die periodische Herztätigkeit in eine völlig regellose übergeht

Tabelle 9–1: *Unterschiedliche Folgen eines Stromschlags.*

Um das tödliche Herzkammerflimmern bei Elektrounfällen auf jeden Fall zu vermeiden, ist im Rahmen internationaler Harmonisierungsverfahren für die anzuwendende Schutztechnik eine normierte »dauernd zulässige Berührungsspannung« vereinbart worden. Diese beträgt für Wechselspannung 50 V und für Gleichspannung 120 V. Für alle Fälle, in denen höhere Betriebsspannungen zustande kommen können, werden definierte Abschaltzeiten der Schutzgeräte gefordert.

9.3 Normen und Richtlinien

Sowie ein Wasserfahrzeug über eine Landanschlussleitung mit dem öffentlichen Versorgungsnetz verbunden ist, gilt es im rechtlichen Sinne als »Tarifkunden-Abnehmeranlage« und unterliegt damit den gesetzlichen Bestimmungen. In Deutschland ist somit die Einhaltung der DIN-VDE 0100 auch für Errichtung, Erweiterung, Änderung, Reparatur und Wartung von Niederspannungs-Bordnetzen verpflichtend vorgeschrieben. Das bedeutet auch, dass für obige Tätigkeiten nur Fachleute mit gründlichen Kenntnissen der einschlägigen DIN/VDE-Bestimmungen zugelassen werden, weil nur so der notwendige Sicherheitsstandard realisiert werden kann. Außerdem ist der »Tarifkunde« (das kann auch der Betreiber der Hafenanlage sein) verpflichtet, »Vorkehrungen« zum störungsfreien Betrieb seiner Niederspannungsanlage zu treffen, das heißt zu veranlassen. Die für Deutschland zuständigen VDE-Richtlinien entsprechen den »anerkannten Regeln der Technik«. Nach herrschender Rechtsauffassung ist jeder Skipper, der sich mit der Anwendung von Niederspannungs-Betriebsmitteln befasst, selbst verantwortlich. Bei Verstößen gegen VDE-Bestimmungen und bei den hierdurch verursachten Schadensfällen können Hersteller, Verkäufer und Benutzer von Betriebsmitteln straf- und zivilrechtlich zur Verantwortung gezogen werden, wobei die Gerichte den Sachverhalt auch nach den VDE-Bestimmungen, also dem Stand der Technik entsprechend beurteilen.

Ergänzende Informationen können folgenden VDE-Schriften entnommen werden:

- VDE 0100/Teil 721:
  Errichten von Starkstromanlagen mit Nennspannung bis 1000 V (Caravans, Boote und Yachten sowie ihre Stromversorgung auf Camping- bzw. Liegeplätzen)
- VDE 011/Teil 410:
  Errichten von Starkstromanlagen, Schutzmaßnahmen, Schutz gegen gefährliche Körperströme
- VDE 06664/Teil 1 und 2:
  Fehlstrom-Schutzeinrichtungen
- DIN 4962/Teil 1 und 2:
  mehrpolige Kragensteckvorrichtungen mit Schutzkontakt, Stecker und Steckdosen
- IEC 60364-7-709:
  Wechselstromanlagen für Marinas und Verbindungen zum Wasserfahrzeug
- VDE 0113/Teil 1 vom Juni 1993:
  Sicherheit von Maschinen
- Elektrische Ausrüstung von Maschinen

Darüber hinaus spielt seit April 2001 die EN ISO 13297 eine wichtige Rolle, denn darin sind die Anforderungen an die 230-V-Wechselstromsysteme für Wasserfahrzeuge bis 24 m Rumpflänge beschrieben. Vergleicht man den Inhalt dieser Norm mit den einschlägigen VDE-Richtlinien, dann ergeben sich in der praktischen Ausführung kaum Neuerungen. Bis auf wenige kleine Punkte bewegt sich diese Norm an den Standards entlang, die eigentlich schon immer hätten angewendet werden sollen.

Somit gibt es nicht nur für den Fall, dass man über den Landanschluss mit dem öffentlichen Stromnetz verbunden ist, bindende Vorschriften, sondern für die gesamte Installation an Bord, unabhängig davon, woher der Saft kommt.

9.4 Schutzeinrichtungen

9.4.1 Schutzerdung

Das 230-V-Netz besteht aus einer Hin- und Rückleitung, der Phase und dem Nullleiter. Der Nullleiter (Kabelfarbe blau) wird an bestimmten Stellen vom Energieerzeuger elektrisch leitend mit der Erde verbunden. Eine dritte Leitung, der Schutzleiter (grüngelb) wird eben-

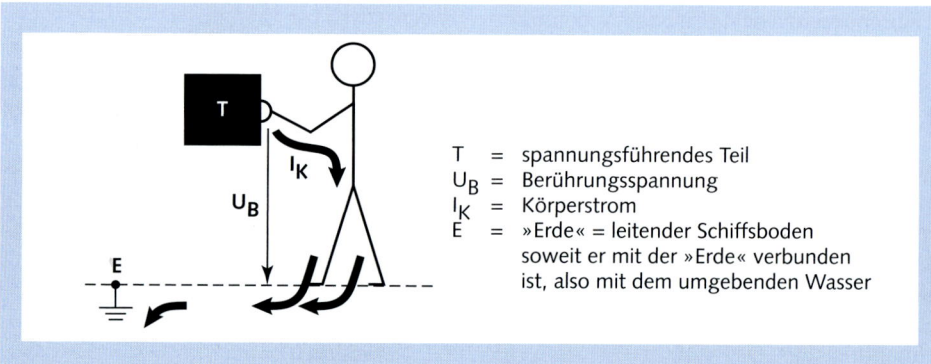

Abbildung 9–2: *Beim Berühren eines spannungsführenden Teils wird über den Körper der Stromkreis mit der Erde geschlossen (DSV Kreuzer-Abteilung).*

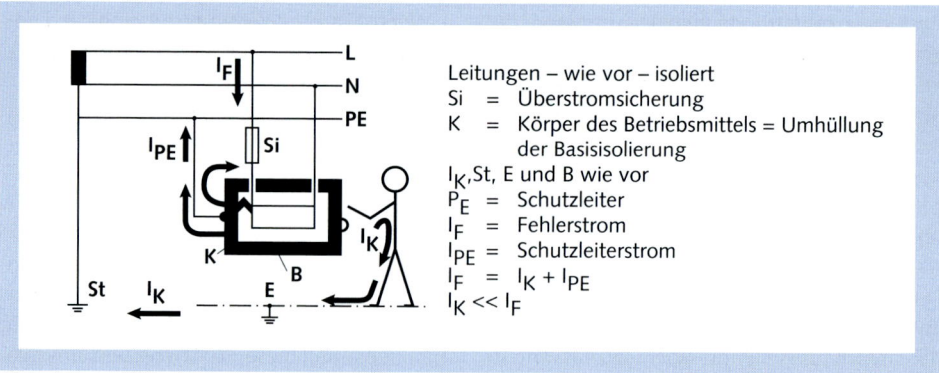

Abbildung 9–3: *Die Berührungsspannung wird praktisch über den Schutzleiter kurzgeschlossen (DSV Kreuzer-Abteilung).*

falls zum Verbraucher geführt und bei metallischen Gehäusen mit diesem verbunden.

Im normalen Betrieb fließt über den Schutzleiter kein Strom, da der Stromkreis durch Phase und Nullleiter geschlossen ist. Das leitende Gehäuse ist spannungslos und eine Berührung unbedenklich. Sollte durch einen mechanischen Fehler nun aber die Phase eine leitende Verbindung mit dem Gehäuse haben, so besteht die Gefahr, kräftig einen »gewischt« zu bekommen. Da der Schutzleiter mit dem Gehäuse verbunden ist, ist der Stromkreis weiterhin geschlossen; als Verbraucher dient nur der Widerstand der Leiter. Daher fließt ein sehr hoher Strom, der dafür sorgt, dass die eingebaute Sicherung abschaltet, bevor es zu einer Schädigung kommt.

Aus diesem Grund müssen bei der gesamten Verkabelung alle Leiter fachgerecht angeklemmt und besonders beim Schutzleiter Übergangswiderstände so klein wie möglich gehalten werden.

Entsprechend der EN ISO 13297 müssen alle metallischen Teile der Yachten durch ein geeignetes Erdungssystem leitend miteinander verbunden sein. Der Schutzleiter soll so nahe wie möglich mit dem Erdungspunkt der Minus-Sammelschiene verbunden sein. Hiervon ist der Minuspol des Gleichstromnetzes nur dann ausgenommen, wenn dieses vollständig isoliert verlegt worden ist. In diesem Fall wird der Schutzleiter direkt mit dem Rumpf, der äußeren Erdung oder der Blitzschutzmasseplatte verbunden.

Was in der Hausinstallation schon seit Jahrzehnten selbstverständlicher Bestandteil der Elektroanlage ist, muss jetzt häufig an Bord nachgerüstet werden. Denn es sind alle metallischen Teile in dieses Erdungssystem einzubeziehen. Hierzu gehören Tanks, Rohrleitungen, Relingsteile, Kiel, Rigg, Mast und

was sich sonst noch aus Metall an Bord befindet.

Wenn wir uns an die galvanische Korrosion erinnern, so kann das geerdete System an Bord im Zusammenhang mit dem Landanschluss zu einigen Schwierigkeiten führen. Ist der Landanschluss am Steg eingesteckt, so entsteht eine leitende Verbindung zwischen dem Erdungssystem an Land und dem System an Bord. Das mit der Stahlspundwand entstehende galvanische Element zersetzt schrittweise alle in der Spannungsreihe tiefer liegenden Schiffsteile. Hat der Stegnachbar seinen Landanschluss auch noch eingesteckt, so kann sich auch zu diesem ein galvanisches Element aufbauen und alle geerdeten Metalle wie Messing-Ventile und V2A-Rohre spielen mit. Selbst Kunststoff- und Holzboote erleiden das gleiche Schicksal, was früher Aluminium- oder Stahlschiffen vorbehalten war.

Auf den Schutzleiter können wir für den Personenschutz nicht verzichten. Daher brauchen wir andere Maßnahmen, um das Problem der Korrosion in den Griff zu bekommen.

Die galvanischen Streuströme sind Gleichströme. Nach der EN ISO 13297 ist es zulässig in den Schutzleiter einen galvanischen Isolator einzubauen, wenn dieser Durchlass für Wechselstrom hat. Somit kann der galvanische Gleichstrom ausgesperrt werden.

Dieses Gerät muss im Fehlerfall immerhin 5000 A für die Zeit vertragen, bis der Schutzschalter oder die Sicherung im betroffenen Stromkreis ansprechen.

Zur Überprüfung der Funktion des galvanischen Isolators geht man wie folgt vor (s. Abb. 9–5): Nach dem Ausstecken des Landanschlusses misst man mit dem Multimeter die Diode zwischen den Klemmen »AC Inlet Ground« und »Bonding System«. Das Messgerät sollte jetzt einen Wert im Bereich von 800–950 mV anzei-

Abbildung 9–4: *galvanischer Isolator (Sterling).*

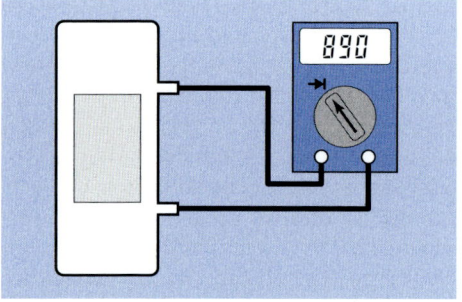

Abbildung 9–5: *Funktionsprüfung des galvanischen Isolators (Sterling).*

gen. Beim Vertauschen der Messspitzen sollte der gleiche Wert (+/– 10 %) angezeigt werden. Liest man einen Wert von weniger als 500 mV oder sogar 0 mV ab, so ist der Isolator defekt oder es gibt eine Nebenverbindung zum Landstrom-Schutzleiter.

Diese Verbindung muss unbedingt gefunden werden, da der galvanische Isolator so keine schützende Funktion ausübt. Liest man den Wert 1--- ab, so ist der Isolator defekt und muss ausgetauscht werden, da der Personenschutz nicht mehr gegeben ist.

Eine weitere Maßnahme ist die Verwendung eines Trenntransformators.

9.4.2 Trenntransformator

Durch die Verwendung eines Trenntransformators wird eine vollständige galvanische Isolation vom Landnetz erreicht. Das Übersetzungsverhältnis des Trafos beträgt 1:1, sodass er am Ausgang das wieder ausgibt, was am Eingang eingespeist wird. Vom Bordnetz aus gesehen sieht der Strom so aus, als wenn er an Bord erzeugt würde. Daher wird ein Anschluss der Sekundärwicklung des Transformators anschließend als Neutralleiter an Bord geerdet.

Der Schutzleiter, der bisher den galvanischen Gleichstrom transportiert hat, wird nicht vom Landnetz zum Bordnetz durchverbunden. Der im Landanschlusskabel mitgeführte Schutzleiter (grüngelb) wird nur landseitig an den Schutzleiter angeklemmt, aber nicht am Trenntransformator. Der Erdungsdraht im Stecker und im Kabel schützten dann, wenn das Kabel zufällig beschädigt wird oder in Kontakt mit Wasser kommt.

Erst hinter dem Transformator wird wieder ein gewöhnliches Wechselstromnetz mit Erdung, Fehlerstromschutzschalter und Sicherungen installiert.

Nach EN ISO 13297 muss die Primärseite des Trenntransformators mit einem zweipoligen Schutzschalter gegen Überlast geschützt sein, der für nicht mehr als 125 % des Nennstroms ausgelegt ist. Bei einem 2 kVA-Transformator ist somit ein Leitungsschutzschalter mit ca. 10 A vorzusehen. Diese Forderung steht im Widerspruch zu der physikalischen Eigenschaft des Transformators, da beim Einschalten des Gerätes manchmal Ströme bis zum 10-fachen Nennstrom fließen, auch wenn der Trafo nicht belastet wird. Besonders ungünstig ist es, wenn die Netzspannung im Augenblick des Einschaltens nicht Null ist und wenn im Eisenkern ein Restmagnetismus zurückblieb.

Abbildung 9–6: *Trenntransformator zur galvanischen Trennung des Landanschlusses (Mastervolt).*

Bei zunehmender Spannung muss sich der magnetische Fluss im Trafo ändern, damit die Spannung am Ausgang erzeugt wird. Hat der so genannte Remanenzfluss dieselbe Richtung wie der nun entstehende magnetische Fluss, so ist der Eisenkern des Trafos bald gesättigt und nur sehr große Magnetisierungsströme können die erforderliche Spannung erzeugen. Dieser Vorgang dauert nur max. 20 ms, aber das reicht aus, dass der vorgeschaltete Schutzschalter auslöst. Aus diesem Grund fliegt häufig – aber nicht immer – der Schutzschalter an Bord oder an Land beim Einstecken heraus.

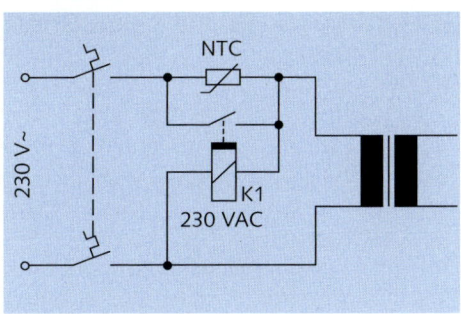

Abbildung 9–7: *Einschaltstrombegrenzung für Trenntransformatoren.*

Für den sicheren und störungsfreien Betrieb des Trenntransformators benötigt man eine Schaltung, die beim Einstecken den Strom reduziert und anschließend keinen Einfluss mehr auf das Netz hat.

Man findet diese Schutzschaltung als so genannte »Softstarter« oder »Einschaltstrombegrenzer«, die im Wesentlichen nach folgendem Prinzip funktionieren:

In Reihe zu dem Transformator befindet sich ein so genannter Heißleiter (NTC), d.h. ein temperaturabhängiger Widerstand. Bei 25 °C hat dieser einen Wert von z.B. 20 Ω. Je wärmer das Bauteil wird, desto geringer wird sein Widerstand. Durch den Strom und die Eigenerwärmung reduziert sich der Widerstand des NTC-Thermistors im Betriebszustand auf etwa 10 % des Anfangswiderstands bei Raumtemperatur. Im Augenblick des Einschaltens erzeugt der Trafo im Falle einer Einschaltstromspitze praktisch einen Kurzschluss. Der Heißleiter (NTC) begrenzt diesen Einschaltstrom in unserem Fall auf ca. 12 A (nach U = R x I folgt I = U/R = 230V / 20 Ω = 11,5 A). Dieser Strom fließt durch den Trafo, der kurz darauf den Kernsättigungsbereich verlässt. Der Heißleiter heizt sich durch den Stromfluss auf, wodurch sein Widerstand bis auf 10 % seines Nennwiderstandes sinkt. Damit ist die Gefahr der Einschaltspitze erfolgreich gebannt und der Schutzschalter ist nicht aktiv geworden. Was passiert aber, wenn man kurz nach dem Ausstecken den Landanschluss wieder einsteckt? Der NTC braucht bis zu zwei Minuten, bis er sich abgekühlt hat. Erfolgt das Einstecken früher, so kann er seine Schutzwirkung nicht voll erfüllen. Um diesen Effekt zu vermeiden ist parallel zu der Primärwicklung ein Relais geschaltet. Sobald sich der NTC erwärmt hat, steigt die Spannung an der Primärwicklung und am Relais an. Daraufhin zieht das Relais an und überbrückt mit seinem Schaltkontakt den NTC. Da jetzt kein Strom mehr durch den Widerstand fließt kann sich dieser in Ruhe abkühlen und ist sofort für das nächste Einstecken startklar.

9.4.3 Fehlstromschutzschalter

Es kommt häufig vor, dass z.B. durch Korrosion oder Aderbruch der Kontakt des Schutzleiters mit dem Körper des Verbrauchers unterbrochen wird oder erst gar nicht hergestellt worden ist. In diesem Fall würde bei einem Körperschluss der gesamte Fehlstrom über den Menschen fließen. Dieser sehr kritische Fall kann durch einen hochempfindlichen Fehlstromschutzschalter (RCD) in Grenzen gehalten werden.

Bei diesem Gerät wird das Gleichgewicht zwischen zu- und abfließendem Strom überprüft. Besteht dieses Gleichgewicht auf Grund eines Fehlers nicht mehr, so werden sofort (innerhalb von 50 ms) alle stromführenden Leitungen unterbrochen.

Nach EN ISO 13297 muss jedes Wasserfahrzeug mit einem 230-V-System einen zweipoligen Fehlstromschutzschalter mit einer Auslöseempfindlichkeit von max. 30 mA im Hauptstromkreis besitzen. Zusätzlich soll jede 230-V-Steckdose, die in Küche, Toilette, Maschinenraum oder dem Wetterdeck installiert ist, mit einem 10 mA- FI-Schutzschalter gesichert werden.

Sind mehrere 230-V-Erzeuger an Bord (z.B. neben Landanschluss noch ein Generator oder ein Wechselrichter), so sind diese auch mit jeweils einem FI-Schutzschalter mit einer Auslöseempfindlichkeit von max. 30 mA auszurüsten.

Alle FI-Schutzschalter verfügen über eine mit »T« gekennzeichnete Prüftaste. Durch Betätigen der Taste wird ein Fehlstrom simuliert, der zum sofortigen Abschalten führen muss. Andernfalls ist das Bauteil defekt. Gleichzeitig erfolgt eine Rekonditionierung der Mechanik. Regelmäßige Überprüfungen mindestens alle sechs Monate sind vorgeschrieben. Die Notwendigkeit dieser Prüfung wird unterstrichen durch eine Zuverlässigkeitsuntersuchung, nach der 5 % aller zehn Jahre alten FI-Schutzschalter funktionsuntüchtig sind.

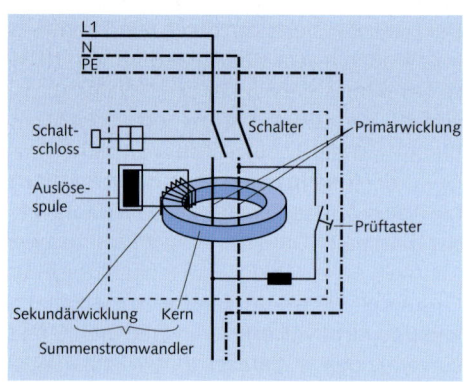

Abbildung 9–8: *Funktion des FI-Schutzschalters.*

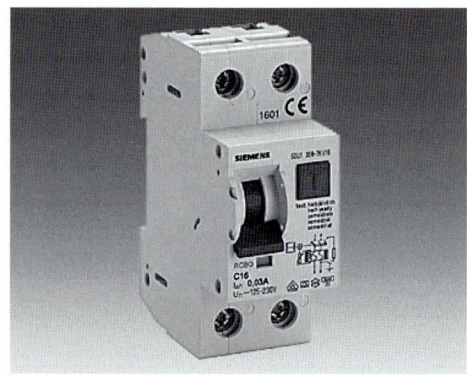

Abbildung 9–9: *Fehlstromschutzschalter 2-polig mit max. 30 mA (Siemens).*

Aber auch mit einem intakten FI-Schalter kann es zu kritischen Fällen kommen. Werden bei beschädigter Schutzerdung gleichzeitig Phase und Nullleiter berührt, so stimmt für das Gerät nach wie vor die Strombilanz, die betreffende Person kann sie am eigenen Leib erfahren. Daher sollte ein FI-Schutz auf keinen Fall zu leichtsinnigem Handeln führen! Er ist weder als Schutz beim Arbeiten oder Basteln unter Spannung gedacht, noch als Schutz vor »Murks«, also als Schutz vor Gefahren an fehlerhaft errichteten oder reparierten Anlagen oder Geräten! Schließt man aber Leichtsinn aus, so bietet der FI-Schutz zusätzliche Sicherheit zu den vorgeschriebenen Isolierungsmaßnahmen. Obwohl ein Fehlerstromschutzschalter vor Fehlströmen schützt, vermeidet er keineswegs Korrosion. Hierfür muss zusätzlich ein Trenntransformator installiert werden.

9.4.4 Schutzschalter

Leitungsschutzschalter oder Sicherungen haben die Aufgabe, den Stromkreis vor Überlast und Kurzschluss zu schützen. Im Kapitel »Sicherungen« wurde die Funktion ausführlich beschrieben.
Bei der Auswahl der Schutzschalter für die Wechselstromverteilung ist es entscheidend, ob man ein polarisiertes System (mit einem Trenntransformator) oder ein nicht polarisiertes System installiert hat. Nicht polarisiert ist der »normale Landanschluss«, da man nicht mit Sicherheit sagen kann, wo der Nulleiter und wo die Phase ist. Erst durch den Trenntransformator bzw. die Stromerzeugung an Bord durch Generator oder Wechselrichter kann man dieses zuverlässig bestimmen.
In dem Landversorgungsstromkreis müssen grundsätzlich zweipolige Schutzschalter installiert werden. Das bedeutet, dass gleichzeitig die Phase und der Nullleiter überwacht

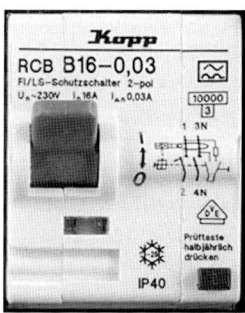

Abbildung 9–10: *kombinierter FI- und Leitungs-Schutzschalter (Philippi).*

und getrennt werden, sobald eine bestimmte Stromstärke für eine gewisse Zeit überschritten wird.
Überall, wo zweipolige Schutzschalter gefordert sind, dürfen keine Schmelz-Sicherungen eingesetzt werden, da diese ja nur einen Leiter abschalten würden.
In polarisierten Systemen muss bei jedem Stromkreis der stromführende Leiter (die Phase) mit einem Leitungsschutzschalter oder einer Schmelzsicherung gegen Überstrom geschützt sein. Hat man an das Netz Elektromotoren angeschlossen, so soll jeder Motor eine eigene Überstromschutzeinrichtung bekommen, die für den Motor eingestellt wird.
Auf dem Markt werden kombinierte Geräte mit zweipoligen FI-Schutzschaltern und integriertem Leitungsschutzschalter angeboten, die sich für den Einsatz im Landanschluss gut eignen (s. Abb. 9–10).

9.4.5 Polaritätsanzeiger

Die Lage der Phase (L) im Steckverbinder der Zuleitung ist nicht bei allen Steckverbindersystemen festgelegt. Besonders bei Schutzkontaktsteckdosen ist ein Vertauschen der Phase (L) mit dem Neutralleiter (N) jederzeit möglich. Darum spricht man von einem nicht polarisierten Netz an Bord. Mit einem Polaritätsanzeiger kann die Phase ermittelt und somit ein Hinweis gegeben werden, ob der Stecker richtig oder falsch eingesteckt wurde. Der Polaritätsanzeiger besteht im Wesentlichen aus hochohmigen Glimmlampen, die zwischen der Phase und der Erde sowie dem Nullleiter und der Erde geschaltet sind. Der dabei fließende Strom ist weniger als 2 mA, sodass er von jeder Fehlstromschutzeinrichtung ignoriert wird.

Ist der Stecker korrekt eingesteckt, so leuchtet die Glimmlampe zwischen Phase und Erde. Ist der Stecker jedoch falsch herum eingesteckt, so liegt an Bord am Nullleiter die Phase an, was durch die zweite Glimmlampe signalisiert wird. In diesem Fall muss der Stecker sofort gelöst werden.

Werden durch eine Schaltung der Nullleiter und die Phase automatisch in dieselbe Politaritätsrichtung wie das System an Bord gebracht, so spricht man von einem Polaritätsumwandler. Somit wird an Bord ein polarisiertes System erzeugt, im Gegensatz zum Trenntransformator aber keine galvanische Trennung hergestellt.

9.5 Landanschluss

Auf Basis der vorgestellten Schutzeinrichtungen wird das Wechselstromnetz an Bord aufgebaut. Über den Landanschluss wird die Verbindung mit dem Stromnetz an Land hergestellt. Hierbei sind einige Maßnahmen zur Vermeidung elektrischer Unfälle, Überlast und Kurzschluss zu beachten, die u.a. in der EN ISO 13297 beschrieben sind.

Abbildung 9–11: *Vorbildlicher Landanschluss am Beispiel der Koding Marina DK (Tallykey).*

9.5.1 Kennzeichnung

Unabhängig von der Ausführung des Landanschlusses soll dieser mit jeweils einem wasserfestem Schild, das fest an Bord angebracht ist, versehen werden (s. Abb. 9–12 und 9–13): Das Symbol 📖 gibt an, dass das Lesen im Handbuch für Schiffseigner/-führer erforderlich ist.

Dieses setzt demnach voraus, dass es an Bord ein derartiges Handbuch gibt, wo folgende Anweisungen gemäß EN ISO 13297 zu finden sind:

a) *Das elektrische System des Wasserfahrzeuges oder wichtige Zeichnungen dürfen nicht verändert werden. Installation, Änderung und Wartung müssen durch einen qualifizierten Schiffselektriker durchgeführt werden. Überprüfung des Systems mindestens alle zwei Jahre.*

b) *Im ungenutzten Zustand des Systems Land-Stromanschluss abtrennen.*

c) *Metallische Gehäuse oder Umhüllungen von eingebauten elektrischen Geräten sind mit dem Schutzleitersystem des Wasserfahrzeuges zu verbinden (grüner Leiter oder grüner Leiter mit gelben Streifen).*

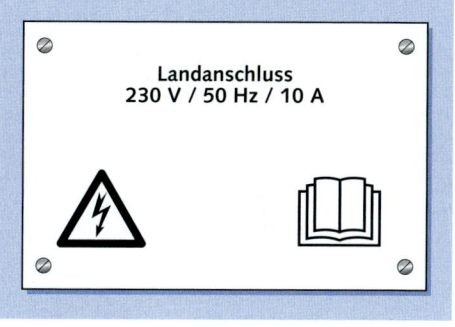

Abbildung 9–12: *Beispiel für die Kennzeichnung des Landanschlusses an Bord.*

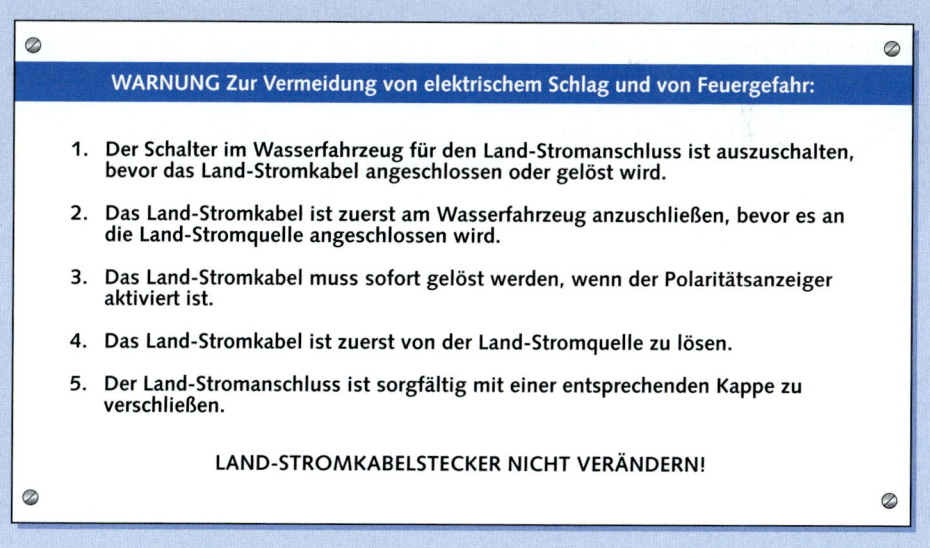

Abbildung 9–13: *Vorgeschlagenes Warnschild nach EN ISO 13297.*

d) *Nur doppelt isolierte oder geerdete Geräte verwenden.*

e) *Wenn umgekehrte Polarität angezeigt wird, darf das elektrische System nicht benutzt werden. Der Polungsfehler ist zu beheben, bevor das elektrische System des Wasserfahrzeugs eingeschaltet wird.*

f) *WARNUNG: Das Ende des Land-Stromkabels darf nicht ins Wasser hängen.*

Es kann ein elektrisches Feld erzeugt werden, das in der Nähe befindliche Schwimmer verletzen oder töten kann.

g) *WARNUNG: Zur Vermeidung von elektrischem Schlag und Feuergefahr:*

– *Der Schalter im Wasserfahrzeug für den Land-Stromanschluss ist auszuschalten, bevor das Land-Stromkabel angeschlossen oder gelöst wird.*

– *Das Land-Stromkabel ist zuerst am Wasserfahrzeug anzuschließen, bevor es an die Land-Stromquelle angeschlossen wird.*

– *Das Land-Stromkabel ist zuerst von der Land-Stromquelle zu lösen.*

– *Wenn umgekehrte Polarität angezeigt wird, ist das Kabel sofort zu lösen.*

– *Der Land-Stromanschluss ist sorgfältig mit einer entsprechenden Kappe zu verschließen.*

– *Landstrom-Kabelverbindungen dürfen nicht verändert werden, nur passende Stecker benutzen.*

9.5.2 Steckverbindungen

Meistens wird die Verbindung zum Landanschluss über Steckverbindungen hergestellt. Dabei ist darauf zu achten, dass wassergeschützte Steckverbinder zum Einsatz kommen. Schutzart IP 55 für außen montierte, dem Regen ausgesetzte Steckverbinder und in der Schutzart IP 56 für Montageorte, die über-

flutet werden oder kurzzeitig untertauchen können.

Nach internationalen Normen (IEC 60364-7-709) ist es auf einer Marina verboten, Schukostecker an der Einspeisung, sprich am Boot oder an der Energiesäule (die Versorgungsstelle an Land) zu verwenden.

Dafür sind nur die CEE-Steckverbinder (blau bei Wechselstrom 230 V, rot bei Drehstrom 400 V) erlaubt. Im Stecker ist eindeutig gekennzeichnet, wo die Phase und wo der Nullleiter angeklemmt wird und ein Verdrehen des Steckers ist nicht möglich. Es sollte niemals notwendig sein, die Polarität durch Umklemmen im Stecker zu drehen.

An Bord erfolgt die Einspeisung in einen dafür vorgesehenen CEE-Einspeisestecker, der beim Nichtgebrauch mit einer Kappe sauber verschlossen werden kann.

Das Kabel von Land hat eine CEE-Kupplung am Ende und kann somit sauber und sicher an das Bordnetz angekuppelt werden. Verwenden Sie auf keinen Fall zur Einspeisung an Bord einen Stecker! An den frei zugänglichen Polen würde die gesamte Netzspannung anliegen und es ist nur eine Frage der Zeit, bis man kräftig einen gewischt bekommt. Diese Bastelei wäre grob fahrlässig, sodass anschlie-

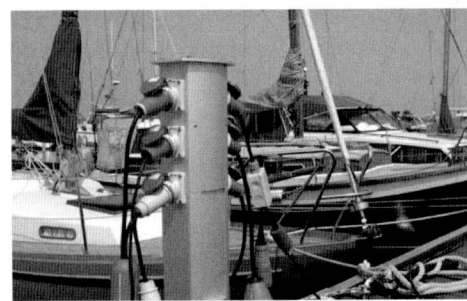

Abbildung 9–14: *Landanschlusssäule und allerlei »gebastelte« Adapter.*

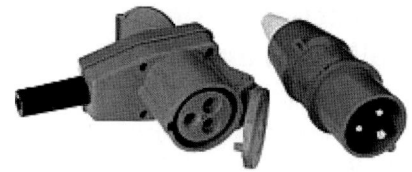

Abbildung 9–15: *CEE-Steckverbindungen sind für den Landanschluss vorgeschrieben (Conrad).*

Abbildung 9–16: *Landanschluss-Einspeisung an Bord (Niro Petersen).*

ßend auch keine Versicherung einen möglichen Schaden decken würde.

Die vorgeschriebenen CEE-Steckverbindungen werden auf fast jeder Steganlage mit einer Reihe von gebastelten oder gekauften Adaptern umgangen, sodass neben der Landanschlusssäule und neben der Einspeisung an Bord immer wieder Schuko-Steckverbindungen auftauchen. Hierin verbergen sich zusätzliche Fehlerquellen und Sicherheitsrisiken und es ist nach den geltenden Vorschriften nicht zulässig. Und warum findet man es dennoch so häufig? Weil die Standard-Kabeltrommel aus dem Baumarkt eben mit Schuko-Steckern ausgerüstet ist.

Hier ist es doch wesentlich einfacher und sicherer, direkt eine Kabeltrommel mit CEE-Steckverbindungen zu erwerben, zumal man

die Investition in die diversen Adapter sparen kann (s. Abb. 9–17).

9.5.3 Installation

Sind die Landanschluss-Einspeisung an Bord und die Schalttafel mit Leitungsschutzschalter und FI-Schutzschalter weiter als drei Meter voneinander entfernt, so muss im Umkreis von 0,5 m von der Einspeisestelle ein zusätzlicher zweipoliger Leitungsschutzschalter installiert werden.

Die Leitung von der Einspeisung zum Schutzschalter und zur 230-V-Verteilung ist geschützt zu montieren. Hierfür eignen sich Installationsrohre oder Kabelkanäle.

Es ist darauf zu achten, dass die AC-Installation von der DC-Installation räumlich getrennt verlegt wird.

Bei größeren Fahrzeugen bietet es sich an, dass es sowohl am Bug als auch am Heck des Fahrzeuges eine Einspeisestelle für den Landanschluss gibt. Schaltet man diese einfach parallel, so kann das verheerende Folgen haben, da an den frei zugänglichen Polen des Steckers in der nicht benutzten Einspeisestelle die gesamte Spannung anliegen würde.

Werden zwei Einspeisestellen eingebaut, so muss ein zweipoliger Umschalter zur Tren-

Abbildung 9–17: *Kabeltrommel mit CEE-Steckverbindungen (SVB).*

Abbildung 9–18: Bug- Heckumschaltung manuell oder automatisch (Philippi).

nung der beiden Einspeisungen vorgesehen werden. Der Schalter hält den nicht benutzten Steckverbinder spannungsfrei. Neben manuellen Schaltern gibt es auch automatische Lösungen, die die Umschaltung übernehmen.

Für die 230-V-Installation ist an Bord eine separate Verteilertafel erforderlich, in der sich die Schutzeinrichtungen wie Leitungsschutzschalter und FI-Schutzschalter befinden. Im Minimum ist eine Kontrollleuchte vorzusehen, die anzeigt, ob das Bordnetz unter Spannung ist. Für eine detailliertere Diagnose bietet es sich an eine weitere Kontrollleuchte zu spendieren, die anzeigt, ob an der Landanschluss-Einspeisung Spannung anliegt. So lassen sich Fehler schneller einkreisen.

Möchte man am Wechselstromnetz Elektromotoren betreiben oder befindet sich ein Generator an Bord, so ist in die Verteilertafel zusätzlich ein Spannungsmesser zu installieren. Dieser ist auch sonst sehr hilfreich um festzustellen, was an Bord wirklich noch an Spannung ankommt. Je nach Auslegung und Belastung der Installation an Land wundert man sich, dass teilweise nur noch ca. 200 V an Bord ankommen.

9.6 Wechselstrom-Installation an Bord

Je nach verwendeter Schutzeinrichtung werden für die Installation eines Wechselstromnetzes unterschiedliche Konzepte verwendet. Von den verschiedenen denkbaren Netzformen beschränke ich mich auf das TN-S-Netz, da dieses am häufigsten an Bord anzutreffen ist.

Die Schutzmaßnahmen im TN-S-Netz sollen aus einem »Körperschluss« über die Schutzerde einen Kurzschluss machen, damit die Überstromschutzeinrichtung innerhalb der vorgeschriebenen Zeit auslösen kann. Die Schutzmaßnahmen erfordern einen unmittelbar geerdeten Leiter. Dieses ist der Nullleiter. An Land ist er bereits geerdet. Erzeugen wir den Strom an Bord selbst, so muss dort die Erdung durchgeführt werden. Alle Geräte müssen mit dem geerdeten Punkt des Stromversorgungsnetzes durch den Schutzleiter verbunden sein.

Nach Fertigstellung der Installation sollte diese von einem erfahrenen Schiffselektriker im eigenen Interesse gründlich geprüft werden. Hierfür empfiehlt die EN ISO 13297 neben einer Sichtprüfung der Installation mindestens folgende Systemprüfungen:

• Prüfung der Fehlstrom-Schutzschalter
• Durchgangsprüfung des Stromkreises, besonders Alarm- und Schutzleiterstromkreise
• Prüfung des Isolationswiderstandes mit 500 V Gleichspannung für jeden Stromkreis (Achtung: elektronische Baugruppen können durch hohe Gleichspannung zerstört werden!)
• Polaritätsprüfung an Verteilung und jedem Ausgang.

9.6.1 Einfaches Wechselstrom- netz nur mit Ladegerät

Wird auf dem Boot nur ein Ladegerät benötigt, kann dieses direkt mit der Landsteckdose verbunden werden, da an Bord keine Wechselspannungs-Installation vorgenommen wird.

Es ist nicht erforderlich, weitere Sicherungs-Schaltgeräte an Bord für das Ladegerät zu installieren, wenn an Land bereits entsprechende Schutzmaßnahmen gegen Fehlstrom und Überlast installiert sind. Natürlich müssen die verwendeten Kabel und Stecker die geeignete Schutzart aufweisen. Diese einfache Lösung trifft nur zu, wenn ausschließlich das Ladegerät an Bord betrieben wird. Sobald eine Mehrfachsteckdose dazwischen gefummelt wird, ist so ein Netz nicht mehr zulässig. Daher vergessen wir diese Alternative schnell wieder, wenn wir über »Landanschluss« sprechen.

Mir ist ein Fall bekannt, in dem bei einem fehlerhaften Ladegerät der Pluspol mit dem Gehäuse und somit mit der Erdung des Landanschlusses verbunden war. Die elektrische Anlage hatte Minus auf Masse, sodass auch der Antrieb mit Masse verbunden war. Somit wurde ein hervorragendes galvanisches Element aufgebaut mit ca. + 12 V an der Spundwand und dem Minuspol am Antrieb. Entsprechend groß waren hier die Schäden, die durch die galvanische Korrosion aufgetreten sind.

Wäre der Schutzleiter der Landinstallation mit der Erdung des Bordnetzes verbunden gewesen, so wäre der Fehler direkt aufgefallen, da es zu einen Kurzschluss am Ladegerät geführt hätte.

Für kleine Fahrzeuge, die über keine Wechselstrom-Installation an Bord verfügen, eignen sich mobile Landanschlusseinheiten, die über den vorgeschriebenen CEE-Stecker an der Landanschlusssäule eingesteckt werden. Eine integrierte Kontrolllampe zeigt den Netzzustand an und der kombinierte Leitungsschutz- und FI-Schutzschalter sorgt für die Sicherheit. Über zwei integrierte Schuko-Steckdosen können die Verbraucher angeschlossen werden.

Bei dem oben geschilderten Beispiel mit dem defekten Ladegerät konnte diese Schaltung nicht vor der galvanischen Korrosion schützen.

9.6.2 Das TN-S-Netz

Das TN-S-Netz ist das gebräuchlichste Wechselstromnetz an Bord (s. Abb. 9–20). Der Landanschluss muss in der Zuleitung einen zweipoligen Schutzschalter sowie einen FI-Schutzschalter mit max. 30 mA haben.

Die einzelnen Verbrauchergruppen werden an Bord ebenfalls mit zweipoligen Schutzschaltern und zweipoligen Schaltern mit Energie versorgt. Der Schutzleiter von Land muss mit dem Erdungssystem an Bord verbunden werden. Ein galvanischer Isolator kann wirkungsvoll die galvanischen Gleichströme aussperren und so vor ungewünschten Korrosionseffekten schützen.

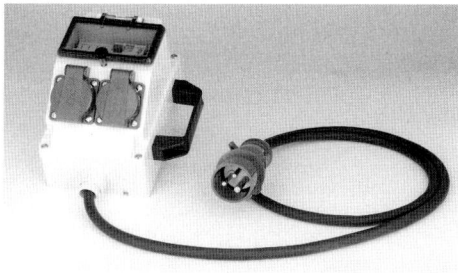

Abbildung 9–19: *mobile Landanschlusseinheit (Philippi).*

9.6.3 Das TN-S-Netz mit Trenn-transformator

Zum Schutz vor Schäden durch galvanische Ströme zwischen dem Bootskörper und dem Landpotenzial ist die wirkungsvollste Lösung die Installation eines Trenntransformators (s. Abb 9–21). Dadurch wird die leitende Verbindung zwischen dem Schutzleiter an Land und dem Schutzleiter auf dem Schiff unterbrochen. Somit sind galvanische Schäden durch den Landanschluss nicht zu befürchten. Durch die Verwendung des Trenntransformators und die bordseitige Erdung wird das Netz polarisiert. Daher ist es nach EN ISO 13297 zulässig, dass die Leitungsschutzschalter und die Schalter in den Zweigstromkreisen einpo-

lig gewählt werden dürfen, was die Installation einfacher und kostengünstiger macht.

Hinter dem Trenntrafo muss wieder ein TN-S-Netz aufgebaut werden. Der Nullleiter wird direkt an der Sekundärwicklung des Trenntransformators mit dem Schutzleiter verbunden.

9.6.4 Das TN-S-Netz mit mehreren Spannungserzeugern

Vielfach möchte man den Komfort der 230-V-Geräte auch während der Fahrt genießen. In diesem Fall muss man die 230 V durch einen Generator oder einen Wechselrichter vor Ort erzeugen. Es stellt sich nun die Frage, wie man die Einspeisung in das Wechselstromnetz des Dampfers vornehmen kann.

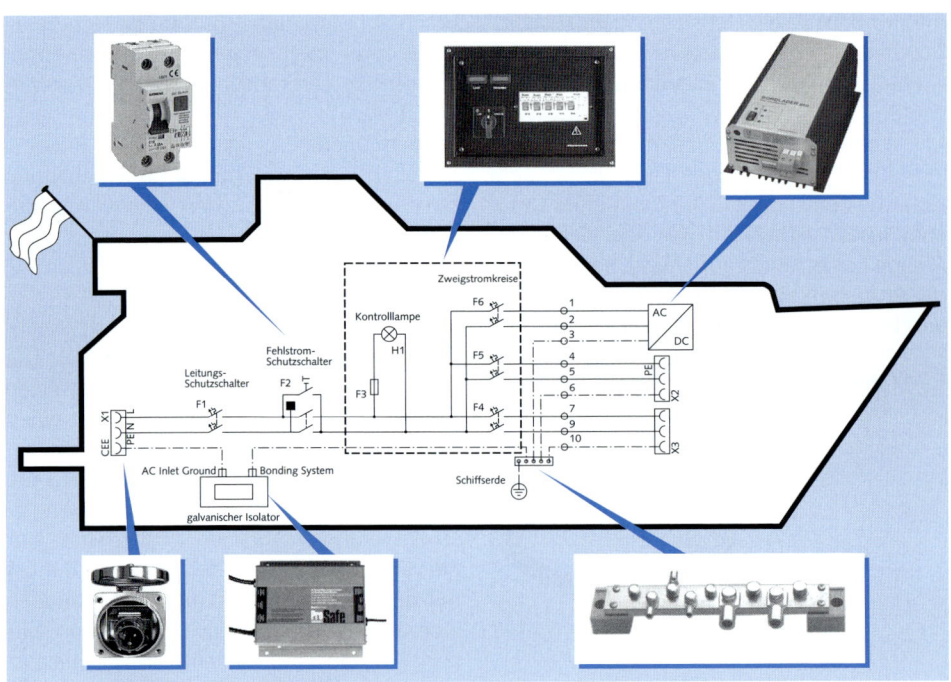

Abbildung 9–20: *Das TN-S-Netz für den Landanschluss.*

Im einfachsten Fall speist man den Generator über eine Steckverbindung in die Landanschluss-Einspeisung ein. Mit dem Wechselrichter funktioniert dieses schlecht, da man vermeiden muss, dass parallel zum Wechselrichter das Ladegerät läuft. Eleganter ist es, die Umschaltung zwischen den Netzen stationär durchzuführen. Hierfür verwendet man eine Umschaltvorrichtung, die die unterschiedlichen Erzeuger allpolig trennt. Jeder Erzeuger ist mit einem separaten Leitungsschutz- und FI-Schutzschalter ausgerüstet. Ferner ist der Nullleiter jeweils direkt hinter dem Erzeuger geerdet. Eine Kontrolllampe pro Erzeuger zeigt an, ob am Ausgang 230 V zur Verfügung stehen.

Im Netz muss ein Spannungsmesser installiert werden. Sollte der Wechselrichter keine sinusförmige Ausgangsspannung liefern, so ist ein Dreheisenmessinstrument vorzusehen, um den Effektivwert der Wechselspannung ablesen zu können.

Sobald am Ausgang des Wechselrichters Spannung anliegt, zieht das Relais K2 an. Sein Öffner unterbricht die Spannungsversorgung für das Ladegerät, damit dieses nicht parallel zum Wechselrichter läuft. Mit dem vom Wechselrichter erzeugten Strom würde die Batterie wieder geladen werden, was aber letztendlich zu einer Entladung führen wird, ohne einen Nutzen aus der erzeugten Netzspannung zu haben.

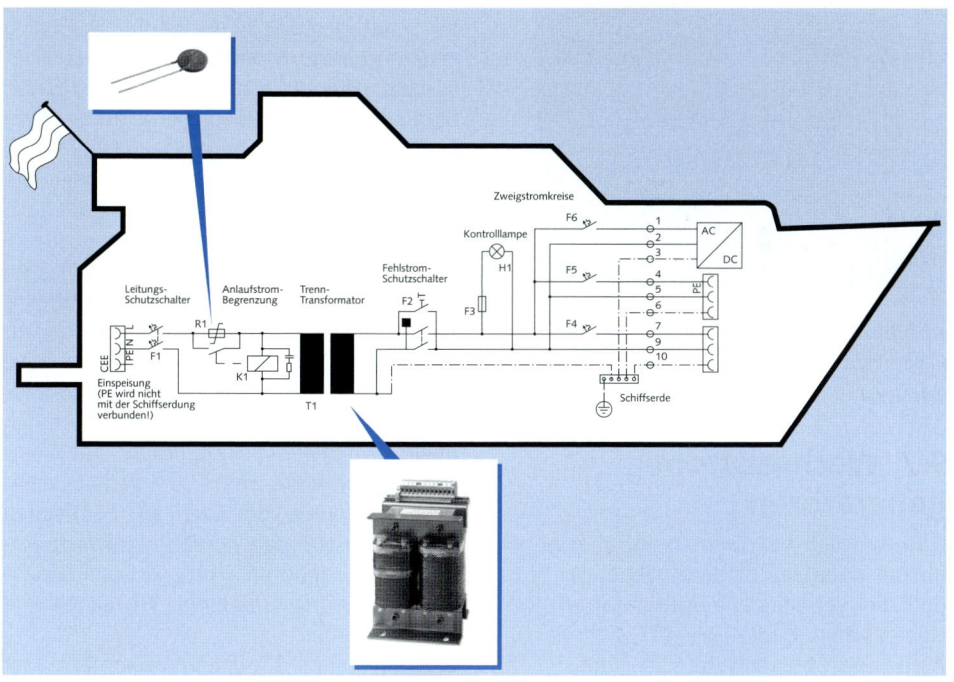

Abbildung 9–21: *Das TN-S-Netz mit Trenntransformator.*

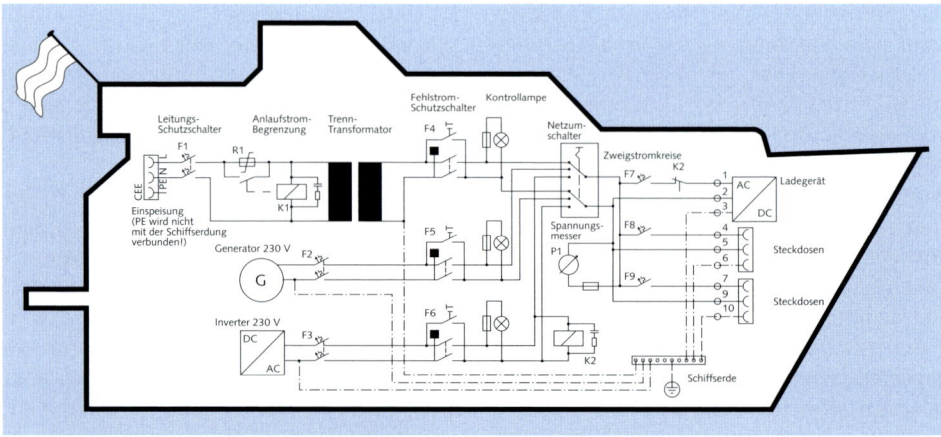

Abbildung 9–22: *TN-S-Netz mit mehreren Spannungserzeugern.*

Abbildung 9–23: *Das Power System Control Paneel gibt Auskunft übert alle Energieerzeuger (Mastervolt).*

9.7 Wechselstrom-generatoren

Grundsätzlich bekommt man im Zubehörhandel zwei verschiedene Generator-Typen und drei verschiedene Antriebsarten. Beim Generatortyp wird zwischen Synchron- und Asynchron-Generator unterschieden.

Die Asynchron-Generatoren haben einen geschlossenen Generatoraufbau und werden in der Schutzklasse IP 54 ausgeführt. Äußerlich erkennbar sind sie meist durch ihre außen liegenden Kühlrippen und ihren Kondensator. Die Generatoren sind in der Regel kurzschlussfest.

Durch ihren offenen Aufbau besitzen die Synchron-Stromerzeuger im Allgemeinen die Schutzart IP 23. Heute sind aber auch IP 54-Geräte am Markt. Die Aggregate sind so gebaut, dass sie kurzfristig eine Überlastung bis zum Drei- bis Vierfachen aushalten. Synchron-Generatoren treiben so genannte induktive Verbraucher an. Das sind jene mit Elektromotoren. Sie benötigen beim Anlaufen einen mehrfach höheren Strom, um auf ihre Drehzahl zu kommen. Sein Wert liegt in einer Größenordnung vom Zwei- bis Fünffachen des Betriebsstromes. Zu den induktiven Verbrauchern gehören zum Beispiel Hochdruckreiniger, Bohrhämmer, Kreissägen und Winkelschleifer.

Wird ein Standard Asynchron-Stromerzeuger für den Antrieb von induktiven Verbrauchern verwendet, so sollte die Verbraucher-Nennleistung mit dem Faktor 2 bis 3 multipliziert werden. Ein Beispiel: Eine Winde hat eine Leistung von 1500 W. Der entsprechende Asynchron-Generator müsste demnach im Leistungsbereich zwischen 3000 und 4500 Watt liegen. Eine andere Möglichkeit ist die Ausrüstung des Asynchron-Generators mit einer Anlaufstromverstärkung. Die Generatoren mit ASB von Fischer Panda liefern damit z.B. einen dreifachen Anlaufstrom.

Fast genauso wichtig wie die Leistung ist die Frage »Wie viel Lärm macht mein zukünftiger Stromerzeuger?«. Grob lassen sich die Generatoren in drei Geräuschklassen einteilen:

***Abbildung 9–24:** Honda Benzin-Stromerzeuger.*

- Geräte, die über gar keine Schalldämm-Vorrichtungen verfügen. Sie sind deshalb die preiswertesten, mit einfachen Motoren und Generatoren.
- Eine (hörbare) Klasse besser wird es, wenn den Stromerzeugern neueste OHV-Motoren, größere Luftfilter oder auch ein anständiger Auspuff spendiert wurden.
- Darüber wird es so leise, dass man einen solchen Generator schon in 5 m Entfernung nicht mehr hört. Diese Geräte tragen den Namen Super-Silent. Sie sind voll gekapselt und aufwändig mit Schallschutztechnik versehen. Klar, dass diese Geräten in den höheren Leistungsklassen große Löcher in die Bordkasse reißen.

Zum Antreiben des Generators werden Benzin- oder Dieselmotoren verwendet. Darüber hinaus gibt es Lösungen, die direkt von der Hauptmaschine angetrieben werden.

9.7.1 Benzin-Generatoren

Bis zu einer Leistung von ca. 2 kVA kommen häufig tragbare Benzin-Stromerzeuger zum Einsatz. Durch ihre gekapselten Gehäuse laufen die Geräte mit 80 bis 90 dB(A) verhältnismäßig ruhig. Da sie nicht für den Ein-

bau geeignet sind, braucht man einen Platz an Deck oder an Land, damit das Gerät zur Stromerzeugung vor sich hin knattern kann.

Soll der Stromerzeuger in geschlossenen Räumen verwendet werden, so müssen besondere Vorsichtsmaßnahmen ergriffen werden: Die Abgase müssen über einen speziellen Schlauch abgeführt werden, der in Material, Dimension und Länge den Vorgaben des Herstellers entsprechen muss. Die Schlauchöffnung ist gegen Regen oder Verschließen zu schützen. Im Abgasrohr kann sich Kondenswasser bilden, das abgeleitet werden muss. Beim Betrieb des Generators muss ausreichend Luft in den Raum nachströmen können.

Beim Verkauf von Stromerzeugern haben die Baumärkte oft mit konkurrenzlosen Preisen und unglaublichen Leistungsangaben scheinbar die Nase vorn. Nicht immer verbirgt sich dahinter die gewünschte Qualität: Oft werden Billig-Generatoren mit einfachen Rasenmähermotoren aufgebaut. Diese sind aufgrund ihrer Bauweise nicht für lange Laufzeiten ausgelegt. Nur wenige Wochen Dauerlauf und sie pfeifen im wahrsten Sinne des Wortes aus dem letzten Loch.

Die Leistungsdaten der Motoren werden oft mit der maximalen Drehzahl angegeben. Das sind dann meist 3600 U/min, also 600 Umdrehungen mehr als die zur 50 Hz-Erzeugung benötigten auf 3000 U/min. Soll der Vergleich stimmen, müssen die Leistungsangaben auf 3000 U/min bezogen werden.

Steht man vor der Wahl zwischen einem Zwei- oder Viertakt-Motor, so sollte man dem Viertakter den Vorzug geben.

9.7.2 Diesel-Generatoren

Die wesentlichen Vorteile des Dieselmotors sind sein geringerer Kraftstoffverbrauch, seine große Zuverlässigkeit und eine lange Lebensdauer. Er hat zudem den Vorteil, dass man auf Booten, die mit Dieselmotoren als Hauptmaschine ausgerüstet sind, keinen zusätzlichen Tank für den Generator installieren muss.

Nachteil der dieselgetriebenen Stromerzeuger ist ihr Gewicht. Vergleicht man leistungsgleiche Generatoren, wiegt der Diesel rund ein Drittel mehr als sein Benzin-Kollege. Ein weiterer Nachteil des Dieselmotors ist sein im Vergleich zum Ottomotor hoher Ausstoß an Stickoxiden und Rußpartikeln. Der Kraftstoffverbrauch eines Dieselgenerators ist gering,

ein 3-kW-Aggregat liegt ca. zwischen 0,7 und 1,2 Liter pro Stunde.

Bei Diesel-Generatoren findet man Modelle mit unterschiedlichen Drehzahlen: entweder 1500 U/min oder 3000 U/min. Die Frequenz der erzeugten Spannung ist abhängig von der Anzahl der Polpaare im Generator. Bei einem Polpaar sind für eine Frequenz von 50 Hz 3000 U/min erforderlich, bei zwei Polpaaren reicht die Hälfte. Ein relativ großer und schwerer Dieselmotor ist notwendig, um eine bestimmte Strommenge bei niedrigen Drehzahlen zu erzeugen. Der eigentliche Generator ist durch seine zwei Polpaare (vier Spulen) ebenfalls schwerer. Auf der anderen Seite ist dieser Motortyp dank seiner niedrigen Drehzahlen und seiner Bauweise lange belastbar und sehr leise. Erst nach einer Betriebszeit von mehr als 20 000 Stunden muss er überholt werden. Daher ist er ideal geeignet für große Fahrzeuge und längere Laufzeiten, sofern genug Platz für den Einbau vorhanden ist. Der doppelt so schnell laufende Generator mit 3000 U/min ist halb so groß und halb so schwer wie sein langsamer laufender Bruder – dabei kostet er weniger und produziert genauso viel Strom. Er ist ideal für Schiffe mit begrenztem Platzangebot oder bei Projekten, in denen ein geringes Gewicht wichtig ist, beispielsweise auf Katamaranen oder bei auf Schnelligkeit ausgelegten Motor-/Segelyachten. Ein Generator mit 3000 U/min sollte eine Lebensdauer von mindestens 10 000 Stunden haben, bevor er überholt werden muss. Das ist für den Freizeitbereich mehr als ausreichend. Wenn ein Generator drei Stunden pro Tag während eines Zeitraums von drei Monaten läuft, sind das nicht mehr als 270 Betriebsstunden pro Jahr. Häufig besteht eher die Gefahr, dass sich das Aggregat »kaputt steht«, weil es zu wenig genutzt wird.

Abbildung 9–25: *Diesel-Stromerzeuger (Mastervolt).*

9.7.3 Montage und Betrieb

Der Generator muss für die Erzeugung der korrekten Frequenz der Ausgangsspannung konstant eine Drehzahl von 1500 bzw. 3000 U/min haben. Diese ist unabhängig von der Belastung. Bei geringer Last haben die Motoren kaum eine Chance auf Betriebstemperatur zu kommen, was sie zum Teil durch eine schlechte Verbrennung zum Ausdruck bringen. Am wohlsten fühlt sich der Generator, wenn er mit ca. 70 % belastet wird.

Um den Energieverbrauch zu bestimmen, erstellt man eine Liste mit den Verbrauchern, die im Generatorbetrieb genutzt werden sollen und wie viele von ihnen gleichzeitig laufen. Die beiden größten sind für die Wahl des Generators ausschlaggebend. Beispiele sind Waschmaschine, Klimaanlage und Herd. Dabei sollte der gewählte Generator den geschätzten Normalbedarf mit 70 % seiner maximalen Kapazität abdecken.

Besonders zu beachten sind induktive Lasten sowie Verbraucher, die einen zusätzlichen Anlaufstrom benötigen, wie z.B. ein Elektromotor. Hier lohnt es sich mit dem Hersteller den jeweiligen Anwendungsfall an Bord individuell zu prüfen.

Der Betrieb von Verbrauchern, die ständig Wechselstrom benötigen, ist mit dem Generator wenig sinnvoll. Obwohl z.B. ein Kühlschrank einen relativ geringen Verbrauch hat (30–70 Watt), wird er über einen langen Zeitraum angeschlossen. Der Dauerbetrieb des Generators führt zu unnötigem Verschleiß und hohem Dieselverbrauch, ganz zu schweigen von den Geräuschen. Der Motor des Generators ist nicht dafür ausgelegt, einen so kleinen Verbraucher über einen langen Zeitraum zu betreiben. Der Kühlschrank sollte besser direkt in der Spannung des Bordnetzes gewählt oder über einen Wechselrichter betrieben werden, der den Batteriegleichstrom in 230-V-Wechselstrom umwandelt. Der Strom wird über einen langen Zeitraum aus den Batterien genommen, die regelmäßig durch den Generator wieder aufgeladen werden können.

Dieselaggregate werden grundsätzlich stationär installiert und verfügen in den meisten Fällen über eine automatische Starteinrichtung. So kommt der Strom praktisch auf Knopfdruck. Ein Betriebsstundenzähler informiert, wann das nächste Wartungsintervall ansteht und die Belastung sollte in Form einer Balkenanzeige oder eines Messgeräts abgelesen werden können.

Fest installierte Stromerzeuger werden an Bord in den meisten Fällen wassergekühlt. Wie bei der Hauptmaschine sollte man möglichst eine Zweikreiskühlung installieren. Waren in der Vergangenheit kleine Ein-Zylinder-Aggregate nur mit direkter Kühlung erhältlich, so werden heute immer mehr Aggregate mit einer integrierten Zweikreiskühlung für Motor und Generator angeboten.

Abbildung 9–26: *Diesel-Generator mit Schallschutzhaube, integriert im Motorraum (Mastervolt).*

Abbildung 9–27: *Bedienpaneel Diesel-Generator mit Lastanzeige und Betriebsstundenzähler (Mastervolt).*

Neben dem Antriebsmotor muss auch der Generator gekühlt werden. Dieses erfolgt entweder durch Luft, die zum Teil über ein Gebläse über den Generator gepustet werden muss, oder über wassergekühlte Generatoren, bei denen die Anlage dann etwas kompakter ausfallen kann.

Die Umgebungs-Temperatur hat einen spürbaren Einfluss auf die Leistung, die der Generator abgeben kann. Bei Verbrennungsmotoren gehen Fachleute davon aus, dass eine Umgebungstemperatur von 45 °C die Motor-

leistung gegenüber 20 °C um rund 4 % verringert. Steigt die Temperatur unter der Schallschutzhaube auf über 50 °C, steigen die Verluste auf 6 %, ab 65 °C sogar auf über 8 %. Eng mit dem Thema Betriebstemperatur ist das Thema Lärmpegel verbunden. Einerseits soll die Schallschutzhaube genügend Frischluft zum Generator lassen, auf der anderen Seite jedoch dicht genug sein, um den Schallpegel in erträglichen Grenzen zu halten.

Neben den Wechselstromgeneratoren kommen bei großen Fahrzeugen auch Drehstromanlagen zum Einsatz. Diese erzeugen drei um 120° verschobene Phasen à 400 V und erlauben den Einsatz von Drehstromverbrauchern, wie z.B. Durchlauferhitzer oder Drehstrommotoren. Für die Installation sind besondere Vorschriften zu beachten, die nicht mehr mit der EN ISO 13297 abgedeckt werden.

9.7.4 230 V aus der Hauptmaschine

Die bisher beschriebenen Aggregate waren alle mit einem separaten Verbrennungsmotor ausgerüstet. In den meisten Fällen hat man ja bereits einen Motor an Bord und da wäre es

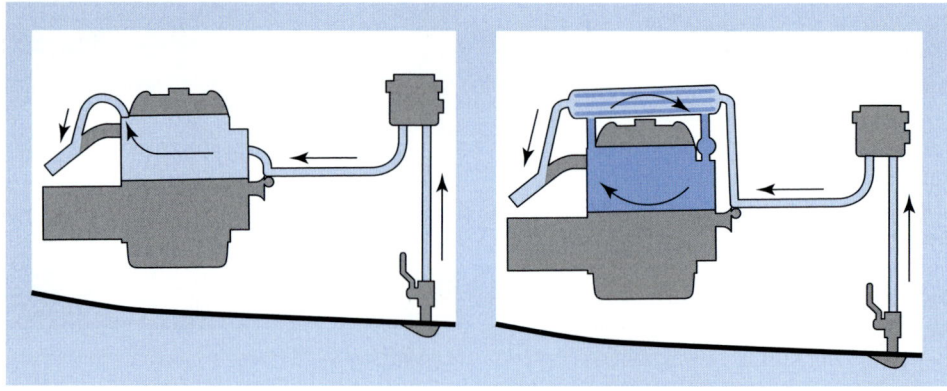

Abbildung 9–28: *Unterschied Ein- und Zweikreiskühlung eines Diesel-Aggregats (Vetus).*

Abbildung 9–29: *230 V direkt von der Haupt-maschine (Leab).*

zu schön, wenn man diesen direkt für die Wechselstromerzeugung verwenden könnte. So braucht man keinen zweiten Motor zu installieren und die gesamte Wartung dafür durchzuführen.

Im Prinzip ist das kein Problem, aber wer will schon ständig mit 1500 oder 3000 U/min fahren?

Damit man nicht nur mit konstanter Drehzahl Manöver fahren muss, haben sich einige Techniker eine Alternative ausgedacht:

Das System besteht aus einem durch Keilriemen angetriebenen 250-Volt-Drehstromgenerator und der elektronischen Kontrolleinheit. Diese transformiert den Drei-Phasen-Generatorstrom in 230 Volt 50 Hz Sinus-Wechselstrom mit einer Maximalleistung von 4000 Watt. Das System ist selbsterregend und arbeitet autonom vom Bordnetz. Spannung und Frequenz bleiben unabhängig von der Drehzahl der Hauptmaschine in einem weiten Bereich stabil.

Bei einer Diesel-Hauptmaschine bietet sich ein Übersetzungsverhältnis von 1:3 zwischen Kurbelwelle und Generator an. Auch wenn die Frequenz und die Spannung von der Drehzahl der Hauptmaschine unabhängig ist, so nimmt die zur Verfügung gestellte Leistung mit der Drehzahl zu. Um 1000 Watt abnehmen zu

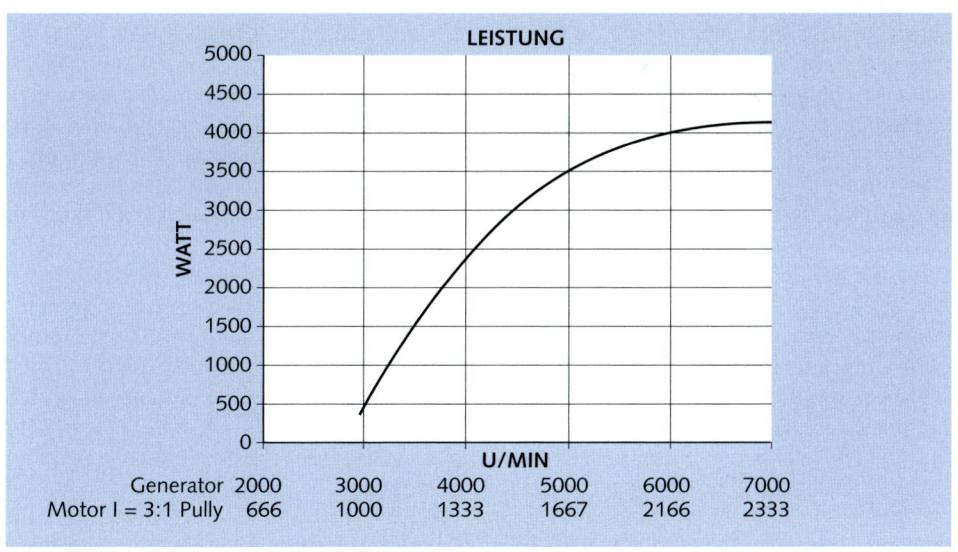

Abbildung 9–30: *Leistungskurve der 230-V-Lichtmaschine (Leab).*

189

können, muss der Motor schon mit 1200 U/min drehen und die vollen 4000 Watt stehen ab ca. 2000 U/min zur Verfügung.

Für Fahrzeuge, die viel unter Motor fahren, ist das System mit Sicherheit eine interessante Alternative. Als direkten Ersatz für den Jockel kann man das System aber nicht ansehen, weil man die Hauptmaschine zur Stromerzeugung laufen lassen muss. Bei ihr ist der optimale Arbeitspunkt mit Sicherheit für eine andere Belastung ausgelegt und es ist nicht besonders wirtschaftlich, »nur« Strom zu erzeugen.

9.8 Wechselrichter

Möchte man sich weder von dem Geknatter eines Generators noch durch das Kabel des Landanschlusses in seiner Freizeit stören lassen, so bietet der Wechselrichter die letzte Alternative, um 230-V-Verbraucher an Bord betreiben zu können.

Durch die weite Verbreitung in der Solartechnik wurden die Systeme in den letzten Jahren erheblich weiterentwickelt, sodass viele der Geräte für den Einsatz an Bord interessant sind.

Aber noch immer können die Geräte die Physik nicht auf den Kopf stellen: Jede Energie, die sie abgeben sollen, saugen sie mit großem Durst aus der Bordbatterie. Die Leistung, die ein Verbraucher am Ausgang für den Betrieb benötigt, wird durch den Wirkungsgrad geteilt (bei guten Geräten zwischen 0,85 und 0,9), was die Leistungsentnahme der Bordbatterie ergibt. Diese geteilt durch die Spannung (12 V oder 24 V) ergibt den Entladestrom. Beispiel: Ein Föhn hat eine Leistungsaufnahme von 1000 W. Entsprechend einem Wirkungsgrad von 0,85 wird der Batterie eine Leistung von 1176 Watt entnommen, was

Abbildung 9–31: Wechselrichter erzeugen 230 V aus dem Bordnetz (Mastervolt).

bei einer 12-V-Anlage einem Strom von 98 A entspricht. Bei nur 10-minütigem Betrieb wird die Batterie um 16 Ah erleichtert.

Werden Wechselrichter nur mit sehr kleinen Lasten betrieben, so nimmt der Wirkungsgrad deutlich ab. Bei ungünstigen Wirkungsgradkennlinien übersteigt der Eigenverbrauch dann deutlich die nutzbare Leistung.

Ein weiterer Aspekt beim Energieverbrauch ist die Stand-by-Leistung des Geräts. Viele Geräte sind in dieser Betriebsart ständig für den Einsatz bereit und sobald ein 230-V-Verbraucher zugeschaltet wird schalten sie sich automatisch ein. Für diesen Bereitschaftsdienst bedienen sie sich aus der Batterie, bei guten Modellen mit ca. 20 mA, bei weniger optimierten Modellen mit der 10-fachen Leistung und mehr.

Wechselrichter sind grundsätzlich auch für hohe Anlaufströme geeignet. Zum einen vertragen sie eine kurzzeitige Überlast bis zum

Zwei- oder Dreifachen ihrer Nennlast und zum anderen verfügen hochwertige Geräte über eine integrierte Anlaufstrombegrenzung. Somit lassen sich auch induktive Verbraucher wie Staubsauger, Hochdruckreiniger oder Bohrmaschine problemlos betreiben.

Der große Vorteil des Wechselrichters ist, dass er nur dann Strom liefert, wenn er tatsächlich gebraucht wird. Der Generator muss ständig auf seinen 1500 oder 3000 U/min knattern, der Wechselrichter vergreift sich – abgesehen von seinem Eigenbedarf – erst an der Batterie, wenn der Verbraucher am Ausgang läuft. Zusätzlich ist er leise und produziert keine Abgase.

9.8.1 Wechselrichter-Typen

Die Vielzahl der am Markt erhältlichen Geräte lässt sich technisch nach ihrer Ausgangsspannungsform und nach ihrem Funktionsumfang gruppieren.

Es gibt Geräte, die ausschließlich für das Wechselrichten verwendet werden und solche, die in beiden Richtungen funktionieren. In der einen Richtung wird der Batterie Strom entnommen und für 230-V-Verbraucher aufbereitet, in der anderen Richtung arbeiten sie als Ladegerät. So praktisch diese Kombination ist, in der Praxis können diese Geräte jedoch nicht für beide Aufgaben optimiert werden. Im Vergleich zu modernen Ladegeräten oder Wechselrichtern auf Schaltnetzteilbasis sind die Kombigeräte größer und schwerer, da sie für die Kombifunktion mit einem Transformator ausgerüstet werden müssen. Ihr Wirkungsgrad ist etwas schlechter, was bedeutet, dass sie mehr Wärme produzieren.

Bei der Installation ist zu beachten, dass die Geräte nicht mit Trenndioden an die Batterie angeschlossen werden können, da der Strom ja in beiden Richtungen in die Batterie herein-

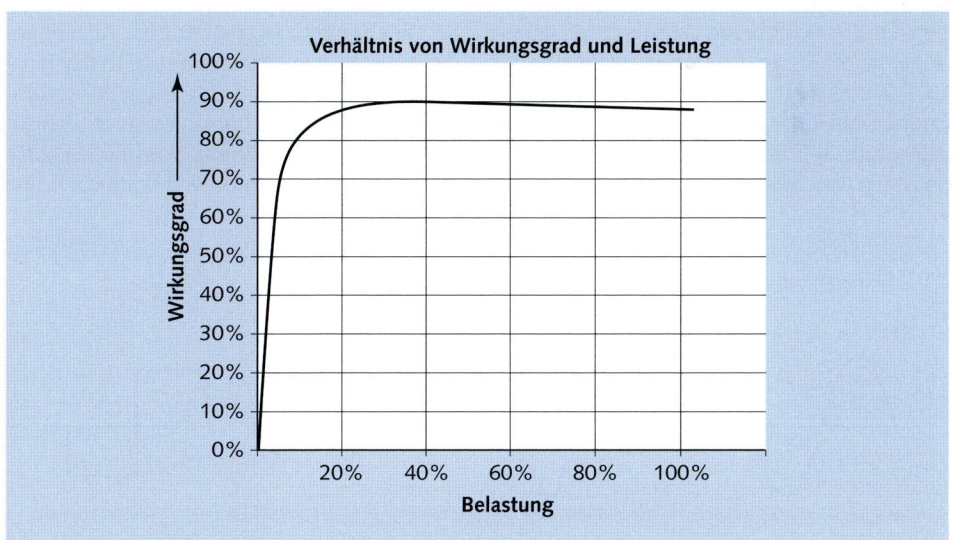

Abbildung 9–32: *Wirkungsgradkennlinie eines Wechselrichters (Mastervolt).*

oder herausfließen muss. Darüber hinaus ist die Erdung des Nullleiters am Wechselrichterausgang entsprechend den Vorgaben des Herstellers vorzunehmen, damit es im Ladebetrieb nicht zu Störungen kommt.

Das zweite Kriterium für die Wahl des Wechselrichters ist die Form der Ausgangsspannung.

Von Land aus sind wir und besonders die 230-V-Verbraucher eine sinusförmige Wechselspannung gewöhnt. Diese ändert 50-mal in der Sekunde ihre Polarität und erreicht dabei Spitzenwerte von ca. 325 V, der Effektivwert beträgt 230 V. Ein Generator erzeugt ebenfalls eine sinusförmige Spannung, die durch die mechanische Drehung des Erregerfeldes entsteht. Die Elektronik des Wechselrichters hat es dort schon einiges schwerer, denn sie muss ohne jede Mechanik auskommen.

Die einfachste Methode, die mit der Elektronik realisiert werden kann, ist das simple Ein- und Ausschalten. Diese wird bei Geräten mit einer rechteckförmigen Ausgangsspannung angewandt. Sie sind relativ preisgünstig, für den praktischen Einsatz an Bord aber nur bedingt geeignet. Vergleicht man die Spannungsform mit der einer idealen Sinuskurve, so ist die Geschwindigkeit, mit der die Spannung ansteigt, viel größer. Dieser Spannungsanstieg wird nicht von allen Verbrauchern verkraftet und kann z.B. bei Motoren zu einem Durchschlag der Isolation führen. Nach dem steilen Anstieg der Spannung erholt sich diese für fast eine Halbwelle auf konstantem Niveau. Dieses führt Transformatoren, die in sehr vielen 230-V-Geräten eingebaut sind, früher in die Sättigung. Die Folge ist eine starke Erwärmung und eventuell eine Überlastung. Auch beim Anschluss von elektronisch geregelten Geräten wie z.B. Bohrmaschinen kann es zu Problemen kommen, da die typische Phasenanschnittssteuerung nicht korrekt funktionieren kann.

Bereits wesentlich besser arbeiten die Geräte mit trapezförmiger Ausgangsspannung. Hier wird die Spannung durch einen Integrator gleichmäßig bis zum Scheitelwert erhöht. Dort verharrt sie einen kurzen Moment, um dann mit umgekehrten Vorzeichen dem negativen Scheitelwert entgegenzustreben. Im Vergleich zur Rechteckspannung ist die Anstiegsgeschwindigkeit deutlich geringer und durch die kürzere Phase mit konstanter Spannung kommen angeschlossene Transformatoren weniger in die Sättigung. Der Betrieb von üblichen 230-V-Verbrauchern ist problemlos möglich. Bei

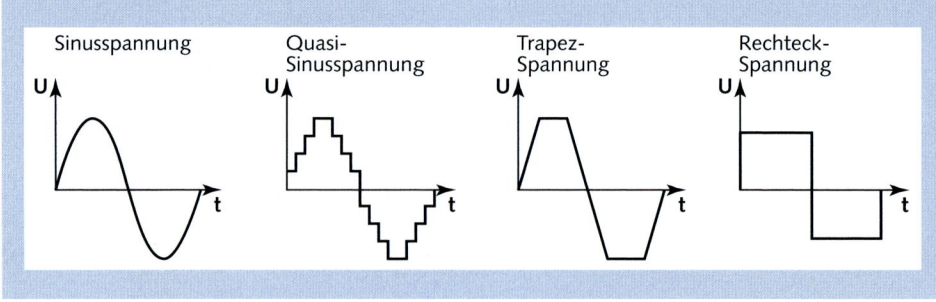

Abbildung 9–33: *Ausgangsspannungsformen von Wechselrichtern.*

drehzahlgeregelten Motoren kann es eventuell zu Störungen kommen. Im Vergleich zu Geräten mit Sinusausgangsspannung sind sie um ca. 30 % preisgünstiger.

Basierend auf dem Prinzip des Ein- und Ausschaltens sind die Wechselrichter mit Quasi-Sinusspannung relativ neu auf dem Markt. Die Gleichspannung wird in eine Rechteckspannung mit einer hohen Frequenz umgewandelt. Dabei begrenzt man die Höhe (Amplitude) der einzelnen Impulse. Aneinandergereiht ergeben sie einen treppenförmigen Verlauf, der einer Sinuskurve sehr ähnelt. Mikrowellengeräte arbeiten mit dieser Spannungsform eher unbefriedigend, d.h. die Kochzeit wird deutlich länger. Die Geräte befinden sich im gleichen Preissegment wie die Trapezwechselrichter, haben aber ein größeres Gewicht.

Sinus-Wechselrichter bilden die Netzspannung am besten nach. Spitzengeräte verbessern oftmals sogar die ursprüngliche Wellenform und die Frequenzkonstanz. Daher gibt es keine Einschränkungen, welche Geräte daran betrieben werden. Für einen guten Wirkungsgrad ist die technische Realisierung jedoch aufwändiger und damit teurer.

Die genaue Einhaltung der Netzfrequenz wird oft überbewertet. Eine Abweichung führt bei modernen Geräten kaum noch zu Fehlfunktionen, ausgenommen sind durch die Netzfrequenz synchronisierte Radiowecker, die man an Bord sowieso nicht am Wechselrichter betreiben wird.

9.8.2 Dimensionierung

Die benötigte Batteriekapazität lässt sich nach folgender Faustregel vereinfacht ermitteln: Bei 12-V-Systemen sollte die Batteriekapazität 20 % der Wechselrichterleistung betragen. Bei 24-V-Systemen kann dies auch

10 % sein. Als Beispiel für einen 1200-W-Wechselrichter wäre dies mindestens eine 200-Ah-Batterie im 12-V-Netz, im 24-V-Netz reichen ca. 120 Ah.

Bei der Auswahl des Wechselrichters orientiert man sich an den Verbrauchern, die damit betrieben werden sollen. Hierbei ist zu beachten, dass auch diese mehr Energie aufnehmen als sie abgeben. Eine 800-W-Mikrowelle verbraucht z.B. zwischen 1200 und 1300 Watt Leistung.

Aufgrund der hohen Ströme, die der Batterie entnommen werden, ist eine ausreichende Dimensionierung der Batteriezuleitungen sehr wichtig. Dies ist nicht nur erforderlich, um die Kabel vor Erwärmung zu schützen, sondern vielmehr um den Spannungsabfall vor dem Gerät so gering wie möglich zu halten. Fast alle Geräte verfügen über eine Unterspannungsabschaltung, um die Batterie vor Tiefentladung zu schützen. Diese wird auch aktiv, wenn aufgrund zu dünner Kabel bei Belastung die Eingangsspannung absinkt. Entsprechend der maximalen Leistung (inklusive Überlastung z.B. für den Anlauf eines Elektromotors) wird der maximale Strom auf der Batterieseite berechnet.

Wechselrichter werden entweder über ein Gebläse oder durch Konvektion gekühlt. Unter Belastung kann es durchaus sein, dass 100 bis 200 W Wärme abgeführt werden müssen. Für die Luftzu- und -abfuhr sollten daher entsprechende Öffnungen vorgesehen werden.

9.9 110-V-Installationen

Wer sich auf eine Weltumseglung vorbereitet, muss wissen, dass der Landstromanschluss weltweit nicht standardisiert ist. Nicht nur die Steckdosen sind unterschiedlich, sondern es variieren auch die Spannung und Frequenz von Land zu Land. In Europa liegt die Spannung zwischen 110 und 240 V. Nach einem Abkommen zwischen den EU-Mitgliedstaaten wird die Standardspannung in einigen Jahren bei 230 V in ganz Europa liegen. Die Frequenz wurde bereits auf 50 Hz standardisiert. In Australien liegt die Spannung bei 240 V und die Frequenz bei 50 Hz, in Japan lauten die entsprechenden Zahlen 100 V/50 Hz bzw. 100 V/60 Hz, und in den USA arbeitet jeder Staat mit einer Spannung von 120 oder 240 V bei einer Frequenz von 60 Hz. In der Karibik wiederum kann man auf die europäische oder die amerikanische Spannung und manchmal sogar auf eine Kombination aus beidem stoßen.

Für einen größeren Segeltörn sollte die Elektroinstallation an Bord daher so eingerichtet sein, dass überall in der Welt ein Landstromanschluss möglich ist.

Für diesen Zweck gibt es spezielle Landanschlusseinheiten, die den Landstrom von 120 V bzw. 230 V in 230-V-Bordspannung umwandeln. Dieser Transformator enthält mehrere Spulen, die in Reihe oder parallel geschaltet werden können, sodass sowohl 120 V als auch 230 V Landstrom akzeptiert werden. Ein automatisches Umschaltsystem erfasst die am Landstromanschluss anliegende Spannung (120 oder 230 V) und stellt den Transformator automatisch entsprechend ein. Die Transformatoren können zwar die Spannung verändern, aber nicht die Netzfrequenz. Daher ist darauf zu achten, dass die 230-V-Geräte an Bord über einen dualen Zyklus verfügen, d.h. Frequenzen sowohl von 50 als auch von 60 Hz akzeptieren. Frequenzempfindliche Geräte wie die Mikrowelle sollten direkt durch den Wechselrichter versorgt werden, wobei der Strom für den Wechselrichter von den Batterien über den Batterielader und die Landstromversorgung geliefert wird.

Möchte man diese Einschränkungen umgehen, so bietet sich noch die Installation eines Frequenzwandlers an. Dieser arbeitet mit jeder Spannung und Frequenz und wandelt diese in die erforderliche Spannung und Frequenz des Bordnetzes um. Gleichzeitig wird die Landstromspannung gefiltert, damit die Spannung an Bord keine Spitzen aufweist. Der Frequenzwandler macht den Transformator überflüssig.

Abbildung 9–34: *Landstromfrequenzen auf der Welt (Mastervolt).*

Abbildung 9–35: *Frequenzwandler zur Anpassung der Spannung und Frequenz an das Bordnetz (Mastervolt).*

10. Motorelektrik

Eine wichtige Rolle in der Bordelektrik hat die Steuerung und Verkabelung der Antriebsanlage. Schließlich ermöglicht sie es den Motorbootfahrern vom Punkt A zum Punkt B zu gelangen und den Seglern auch bei Flaute sicher in den Heimathafen zurückzukehren. Welche Bedeutung dieses Kapitel für Ihr Fahrzeug hat, richtet sich natürlich nach dem Umfang der geplanten oder vorhandenen Anlage.

Für einen kleinen Dieselmotor könnte man dieses Thema theoretisch direkt überspringen, da er vollkommen ohne elektrische Energie auskommen kann.
Sobald aber ein wenig mehr Komfort z.B. durch einen elektrischen Anlasser erwartet wird, ist auch der Bordelektriker wieder hoch im Kurs.
Die Motorelektrik kann man im Wesentlichen in folgende Bereiche unterteilen:

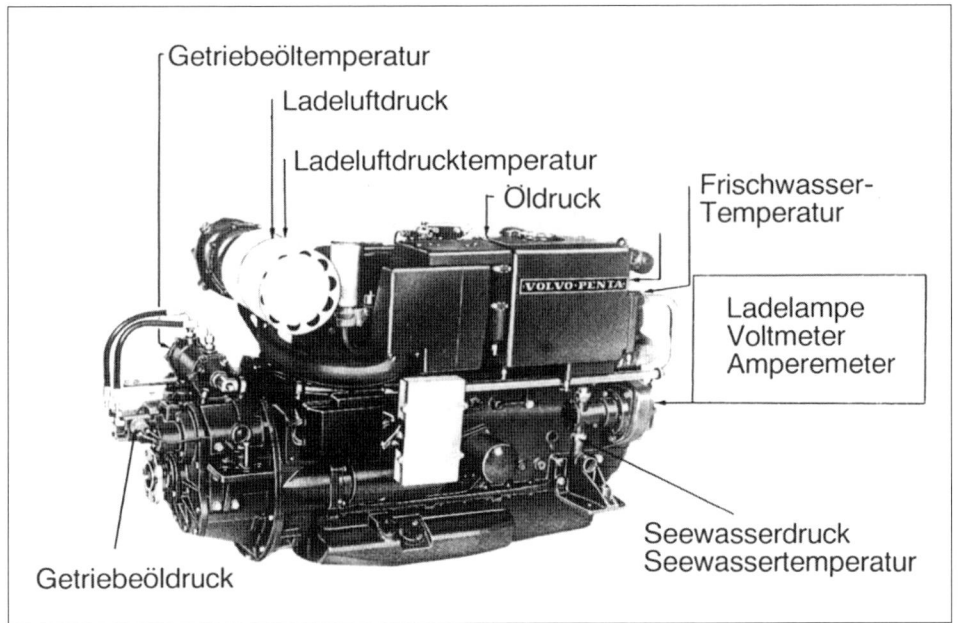

Abbildung 10–1: Geberanschlüsse für die Motorelektrik (VDO / Donat).

195

- Vorglühen und Starten
- Stoppeinrichtung für Dieselmotoren
- Laden durch die Lichtmaschine
- Bedienen und Beobachten
- Der zweite Steuerstand

10.1 Vorglühen und Starten

Glühkerzen haben die Aufgabe, den Verbrennungsraum und die Vorkammer so weit zu erwärmen, dass auch der kalte Motor in die Lage versetzt wird, selbstständig anzulaufen. Sie werden elektrisch betrieben und fordern für ihre Arbeit einen hohen elektrischen Strom. Daher sollten die Zuleitungen zu den Glühkerzen möglichst dick und kurz gehalten werden. Bei relativ großen Entfernungen zwischen Glühkerzen und Armaturenpaneel lässt sich diese Forderung elegant mit einem Relais erfüllen. Der geringe Steuerstrom für das Relais wird über eine Sammelleitung vom Armaturenpaneel aus eingespeist.

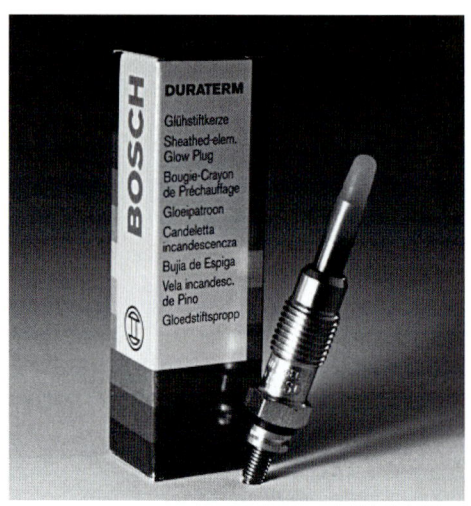

Abbildung 10–2: *Die Glühkerze lässt den Diesel auch starten, wenn es kalt ist (Bosch).*

Zum Vorglühen wird der Taster S1, siehe Abbildung 10–3, geschlossen. Damit zieht das Relais K1 an, das in der Nähe des Motors

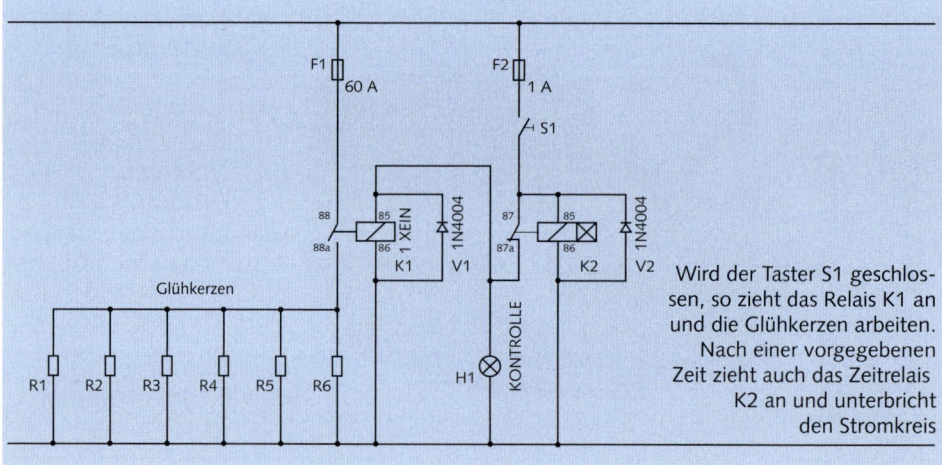

Wird der Taster S1 geschlossen, so zieht das Relais K1 an und die Glühkerzen arbeiten. Nach einer vorgegebenen Zeit zieht auch das Zeitrelais K2 an und unterbricht den Stromkreis

Abbildung 10–3: *Ansteuerung der Glühkerzen mit Zeitbegrenzung.*

installiert ist. Es schaltet den relativ großen Strom, der für die Glühkerzen erforderlich ist. Durch das Zeitrelais K2 kann man zusätzlich sicherstellen, dass das Vorglühen auf eine bestimmte Zeit beschränkt wird, um die Starterbatterie zu schonen und die Glühkerzen vor zu großer Überhitzung zu schützen. Die Kontrolllampe H1 zeigt an, ob der Vorglühvorgang aktiviert ist.

Einer der kräftigsten elektrischen Verbraucher an Bord ist der Anlasser für die Hauptmaschine. Er besteht im Wesentlichen aus zwei Baugruppen: Der dominierende Teil ist ein großer Elektromotor, der die Hauptmaschine durchtörnen soll, damit diese nach erfolgter Zündung selbstständig läuft. Die mechanische Verbindung wird über einen Elektromagneten hergestellt, der das Antriebsritzel des Anlassers mit einem Zahnrad auf dem Schwungrad der Maschine verbindet. Zusätzlich wird durch ihn der elektrische Kontakt zwischen Elektromotor und Batterie hergestellt.

Bei der Verkabelung ist aus unterschiedlichen Gründen besonders viel Aufmerksamkeit gefordert. Der Anlasser hat einen sehr großen Anlaufstrom. Daher müssen die Zuleitungen besonders dick und so kurz wie möglich ausgeführt werden. Die Anschlussklemmen müssen besonders sauber verarbeitet sein, um unnötige Übergangswiderstände zu vermeiden.

Ein Anlasser hat z.B. einen Anlaufstrom von 100 A. Durch die hohe Stromaufnahme wird die Spannung der Starterbatterie erst einmal auf ca. 10 V zusammenbrechen. Ergeben sich jetzt noch Übergangswiderstände von nur 0,05 Ohm (mit keinem normalen Messgerät messbar), so liegen am Anlasser gerade noch 5 Volt an. Dieses lässt sich durch einen ausreichend großen Kabelquerschnitt und durch saubere Montage vermeiden.

Die Auswirkung auf den Elektromagneten darf nicht vernachlässigt werden. Bricht die Spannung durch die hohe Stromaufnahme zu sehr zusammen, so fällt der Elektromagnet ab. In diesem Moment steigt die Spannung aber wieder an und der Anlasser versucht erneut sein Glück. Dieses Spiel macht auch der beste Starter nur eine begrenzte Zeit mit, wenn nicht sogar das Zahnrad auf dem Schwungrad der Maschine beschädigt wird. Die Lebensversicherung wird durch eine passende Absicherung der Anlasserzuleitung abgeschlossen. Die im Abschnitt »Sicherungen und Schalter« vorgestellten NH-Sicherungen sind für diesen Einsatz bestens geeignet.

In sehr vielen Anlagen wird die Motorelektrik nach wie vor nicht massefrei ausgeführt. Es ist gemäß der EN ISO 10133 sogar zulässig, dass der Motor als geerdeter Leiter verwendet wird. Immer mehr Hersteller gehen aber dazu über, die erforderlichen Komponenten für massefreie Anlagen an Bord zur Verfügung zu stellen. Die Motoranlagen von VW-Marine sind ab Werk massefrei und von den meisten Motorenherstellern sind massefreie Anlasser auf Anfrage erhältlich.

Auch wenn man die Umrüstung auf eine massefreie Motoranlage nicht durchführen

Abbildung 10–4: *Der Anlasser ist einer der kräftigsten elektrischen Verbraucher an Bord (Bosch).*

möchte, so sollte man den Stromfluss über den Motor so gering wie möglich halten. Zum einen ist der Motorblock aus Guss ein viel schlechterer Leiter als Kupfer. Bei den hohen Strömen, die zum Starten fließen müssen, kann sich dieses bereits bemerkbar machen. Am Anlasser muss eine Minusleitung von der Haupt-Minus-Sammelschiene im gleichen Querschnitt wie die Plus-Leitung gelegt werden. Da Anlasser und Lichtmaschine nicht parallel betrieben werden, wird vom Minus-Anschluss am Anlasser ein Kabel direkt an den Minusanschluss bzw. das Gehäuse der Drehstromlichtmaschine verlegt. Dieses Kabel hat mindestens den gleichen Querschnitt wie die Plusleitung der Lichtmaschine. Somit wird der Stromfluss über den Motorblock deutlich reduziert, da dieser lieber durch ein Kupferkabel fließt als sich durch den Motorblock zu quälen. Die galvanische Korrosion am Motor wird ebenfalls reduziert.

10.2 Stoppeinrichtungen für Dieselmotoren

Die einzige Möglichkeit, einen Dieselmotor zum Stoppen zu bringen, ist die Unterbrechung der Kraftstoffzufuhr. Dieses kann mechanisch oder elektrisch erfolgen. Mechanisch wird durch einen Bowdenzug ein Ventil betätigt, das die Kraftstoffzufuhr unterbricht. Bei der elektrischen Methode gibt es zwei Varianten.

Bei der Ersten wird zum Abstellen des Motors durch einen Taster ein Elektroventil so lange betätigt, bis die Maschine steht.

Bei moderneren Anlagen hat man sich eine andere Variante einfallen lassen, die etwas mehr Komfort bietet. In der Einspritzpumpe befindet sich ein Ventil, das durch Federdruck die Kraftstoffzufuhr unterbricht. Erst beim Anlegen einer Spannung öffnet dieses. In der Praxis wird dieses Ventil über das Zündschloss eingeschaltet. Sobald der Stromkreis durch den Schlüsselschalter unterbrochen wird bleibt der Motor stehen. Bei massefreien Anlagen muss man bei dieser Schaltungsvariante besonders aufpassen, da die Ventile häufig den Minuspol auf Masse haben.

10.3 Bedienen und Beobachten

Die Bedienung sowie die Überwachung der Motoranlagen ist heute ohne Elektrik nicht mehr denkbar. Der gewählte Grad variiert jedoch deutlich.

Dem Skipper stehen unterschiedliche Sensoren zur Verfügung, den Betriebszustand seiner Anlage zu erfassen: optisch, akustisch und mit der Nase. Die Technik kann ihn bei dieser Wahrnehmung unterstützen, bevor es zu kritischen Situationen kommt.

Abbildung 10–5: *Motorüberwachung mit Drehzahlmesser und optischem sowie und akustischem Alarm (Vetus).*

Abbildung 10–6: *Motorüberwachung mit Drehzahlmesser, Öldruckanzeige, Wassertemperaturanzeige, Spannungsmesser und optischem sowie akustischem Alarm (Vetus).*

Die einfachste Form der Warnung ist eine optische Anzeige, wie z.B. die Öldruckwarnlampe im Auto. Wird dieses Warnsignal noch durch einen akustischen Alarm ergänzt, so wird die Signalwirkung verbessert, da das Ohr praktisch immer hörbereit ist. Das Gemeinsame bei diesen Anzeigen ist, dass nur Grenzzustände angezeigt werden. Um eine kontinuierliche Darstellung des Betriebszustandes zu erhalten und Tendenzen abschätzen zu können werden analoge oder digitale Anzeigeinstrumente verwendet. Durch sie können Veränderungen festgestellt und Gegenmaßnahmen eingeleitet werden, noch bevor der maximale Grenzwert erreicht ist. Welche Daten nun wie überwacht werden, richtet sich nach dem Ausrüstungszustand und der Größe des Fahrzeuges.

In der Minimalausrüstung sollten folgende Überwachungsmöglichkeiten gegeben sein:

Warnung optisch und akustisch	Anzeige analog
• Öldruck Maschine	• Drehzahlmesser
• Wassertemperatur	• Betriebsstunden zähler
• Lichtmaschine	

Für mittlere Anlagen sollten zusätzlich vorhanden sein:

Warnung optisch und akustisch	Anzeige analog
• Öltemperatur Maschine	• Öldruck Maschine
• Getriebeöldruck	• Öltemperatur Maschine
	• Kühlwassertemperatur
	• Abgastemperatur

Im Zubehör und von den Motorenherstellern werden viele vorgefertigte und vorverdrahtete Instrumentenpaneele angeboten. Diese sind sehr praktisch, wenn die angebotene Kombination den Erwartungen entspricht. Über entsprechende Erweiterungspaneele können zusätzliche Instrumente nahtlos in das System integriert werden.

Eine andere Möglichkeit ist es, aus den verschiedenen Geräten die individuelle Kombination zusammenzustellen. Somit kann man sich optimal an die eigenen Bedürfnisse anpassen.

Bei der Auswahl der geeigneten Geräte ist wieder einmal großen Wert auf die geeignete

Abbildung 10–7: *Nur für den Bordeinsatz entwickelte Geräte werden dort auch zuverlässig ihren Dienst verrichten (VDO).*

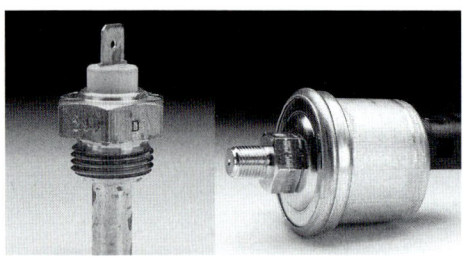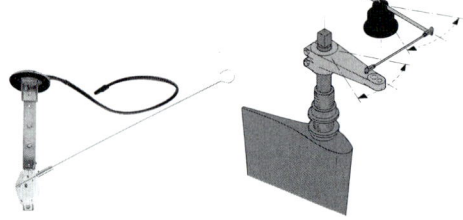

Temperatur-Geber   Druck-Geber (VDO)   Tank-Geber (Vetus)   Ruderanlagen-Geber (Vetus)

Abbildung 10–8: *Geber für die Motorüberwachung.*

Qualität für die Verhältnisse an Bord zu legen. Instrumente aus dem Kfz-Zubehör werden den Anforderungen nicht gerecht, sie sind einfach für andere Anwendungszwecke optimiert worden. Die Geräte müssen frontseitig hermetisch abgedichtet sein und durch eine Doppelverglasung vor dem Beschlagen geschützt werden. Ist die Oberfläche gewölbt, so kann Wasser schneller abfließen. Die verwendeten Materialien müssen absolut korrosionsfrei und die Geräte sollten massefrei sein. Die elektrischen Eigenschaften müssen so konstruiert werden, dass ein störender Einfluss auf andere elektronische Geräte und den Magnetkompass minimiert wird. Nach Möglichkeit sollen die Geräte eine Prüfung vom Germanischen Lloyd (GL) bestanden haben, da sie dort auf Herz und Nieren für den Bordeinsatz geprüft werden.

Um die Messwerte und die Grenzwerte der Maschinenanlage bestimmen zu können, werden an der Maschine Geber installiert, die die physikalischen Größen wie Druck und Temperatur in elektrische Größen umwandeln. Die zu messende Größe wird mechanisch in einen Widerstand umgesetzt, der dann als elektrische Größe gemessen werden kann. Bei der Auswahl der Geber sollte man beachten, dass man Geber mit W- und G-Anschluss erhält, da diese sowohl den Anschluss einer Anzeige als auch den Anschluss einer Warnanzeige ermöglichen. Für massefreie Anlagen sind spezielle Geber erhältlich.

	Anfangswert	Endwert
Temperatur-Geber	700 Ohm	22 Ohm
Druck-Geber	10 Ohm	180 Ohm
Tank-Geber	10 Ohm	180 Ohm
Ruderanlagen-Geber	10 Ohm	180 Ohm

Tabelle 10–1: *Wertebereiche für VDO Widerstands-Geber.*

Instrument	Verwendung	Geber
Drehzahlmesser	Unentbehrliches Instrument für die Kontrolle der Motorleistung bei Normallast und Nenndrehzahl, der Propellerabstimmung und der Motorisierung. Im Idealfall mit integriertem Betriebsstundenzähler, der ab 200 U/min zählt.	- Abgriff an der Zündspule bei Benzinmotoren. - Klemme »W« der Lichtmaschine. - Wechselspannungsgeber an der Nockenwelle. - Impulsgeber für den Zahnkranz des Schwungrades.
Betriebsstunden-zähler	Zeigt die effektive Laufzeit des Motors an und ist so für die vorbeugende und planmäßige Wartung erforderlich. Im Idealfall integriert in den Drehzahlmesser, dann benötigt man kein separates Anzeigegerät.	- Ansteuerung über ein Relais, das vom D+-Anschluss der Licht-maschine angesteuert wird. Wird das Gerät direkt an D+ angeschlos-sen, so kann es u.U. über die Ladekontrolllampe Strom ziehen und zeigt bei eingeschalteter Zündung Stunden an, obwohl die Maschine nicht läuft.
Druckanzeige	Unregelmäßigkeiten im Druck werden frühzeitig sichtbar. Anwendung für: - Öldruck Maschine - Öldruck Getriebe - Ladeluftdruck Turbolader - Seewasserdruck (selten)	- Entsprechend der zu messenden Größe wird ein passender Druck-Geber an der Maschine montiert - Seewasserdruck kann nur mit für Wasser geeigneten Gebern be-stimmt werden.
Temperatur-anzeige	Unregelmäßigkeiten in der Temperatur werden frühzeitig sichtbar. Anwendung für: - Wassertemperatur Maschine - Öltemperatur Maschine - Öltemperatur Getriebe - Ladelufttemperatur Turbolader	- Entsprechend der zu messenden Größe wird ein passender Temperatur-Geber an der Maschine montiert. - Für Kühlwasser zusätzlich einen Strömungswächter installieren. Dieser gibt Alarm, bevor die Temperatur steigt.

Tabelle 10–2: *Auswahl von typischen Instrumenten für die Motorüberwachung (VDO).*

201

Instrument	Verwendung	Geber
Abgastemperatur	Die aktuelle Abgastemperatur im Verhältnis zur zulässigen zeigt an, wie gut die Verbrennung des Motors ist und wie hoch die Belastung ist. Überlastungen (z.B. durch eine Leine in der Schraube) werden sofort sichtbar – lange bevor Wasser- oder Öltemperatur steigen.	- Ermittelt am Ende des Auspuffsammlers die Abgastemperatur mit einem speziellen Temperatur-Sensor (Thermoelement).
Kraftstoff-Vorrats-Anzeige	Direkte Anzeige des Tankinhalts. Damit kann man ableiten, wie lange der Brennstoff noch reicht und ob eine Undichtigkeit im System vorliegt.	- Spezielle Geber für Brennstoff als Tauchrohr oder Hebelgeber, die im Tank montiert werden.
Ruderanlagen-anzeiger	Zeigt die aktuelle Position des Ruderblatts an. Besonders wichtig bei Booten, die mit einem Steuerrad oder elektrohydraulisch gefahren werden.	- Spezieller Widerstandsgeber, der mechanisch mit der Ruderanlage verbunden wird.

10.3.1 Warnanlage

Nicht immer ist es möglich für die verschiedenen Größen, die man überwachen möchte, separate Geber für die Anzeige und die Warnfunktion zu installieren. Erfüllen die kombinierten Geber nicht die Anforderungen, so können teilweise Anzeigegeräte mit einem Warnpunkteinsteller erweitert werden. Viele Geräte der VDO Ocean Line verfügen bereits über eine integrierte LED als Warnanzeige. In Kombination mit einem externen Warnpunkteinsteller lässt sich für jedes Gerät individuell der Wert festlegen, bei dem die Warnlampe aufleuchten soll.

Liegen die Informationen über Ausnahmezustände in der Maschinenanlage vor, so lässt sich mit einfachen Mitteln eine sehr komfor-

Abbildung 10–9: *Anzeige mit Warnpunkteinsteller (VDO).*

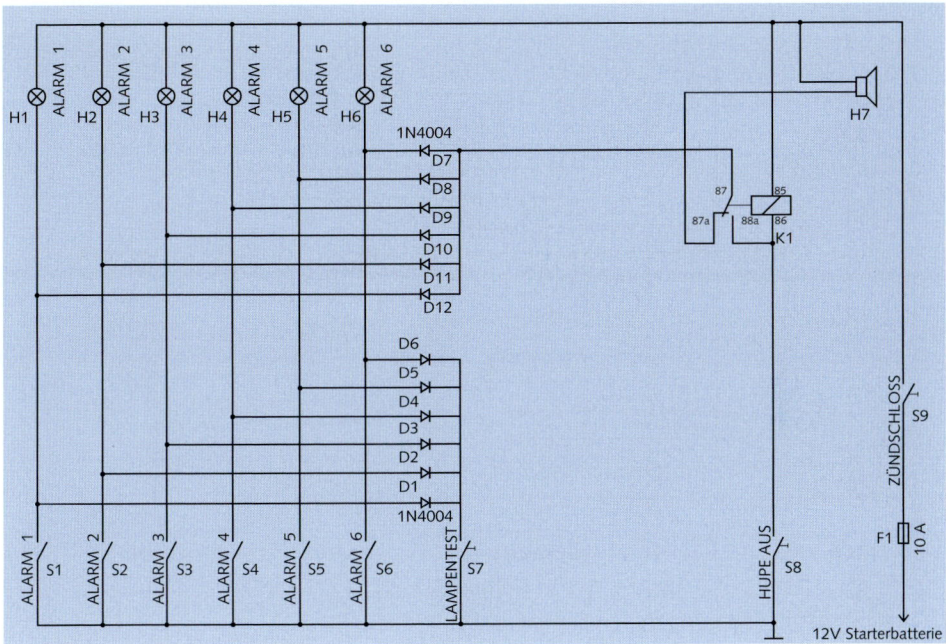

Abbildung 10–10: *Warnanlage mit sechs Alarmeingängen und einer Hupe.*

table Warnanlage aufbauen, die sowohl für kleine als auch für große Fahrzeuge geeignet ist und beliebig ergänzt werden kann.

Diese Warnanlage (Abb. 10–10) geht von Warngebern aus, die bei Alarm einen Schalter gegen Minus schließen. Dabei kann es sich um einen Öldruckalarm, eine Lichtmaschinenstörung, ein Bilgenalarm oder jeden beliebigen Hinweis handeln. Liegt ein Alarm vor, so leuchtet die entsprechende Lampe und die Hupe fängt an zu tuten. Die Dioden D7 bis D12 sorgen dafür, dass nur eine Hupe für beliebig viele Alarme benötigt wird. Das Tuten ist als Hinweis sehr nützlich, kann aber auf die Dauer ziemlich nervig sein. Also muss es die Möglichkeit geben, den Alarm zu quittieren. Dieses erfolgt durch Drücken des Tasters »Hupe aus« (S8). In diesem Moment zieht das Relais K 1 an und unterbricht den Stromkreis der Hupe. Es bleibt so lange angezogen, wie die Störung ansteht (Selbsthaltung). Ist die Störungsursache behoben wird die Anlage wieder automatisch scharf. Die optische Anzeige bleibt so lange brennen, wie die Störung ansteht. Einen Nachteil hat diese einfache Schaltung jedoch: Tritt ein zweiter Alarm auf, während der erste noch ansteht, kann die Hupe nicht mehr ansprechen, da das Relais sich noch in Selbsthaltung befindet. Die optische Anzeige erfolgt jedoch ungehindert. Diesen Effekt kann man umgehen, in dem man für wichtige Warngeber jeweils ein einzelnes Relais spendiert. (Abb. 10–11)

203

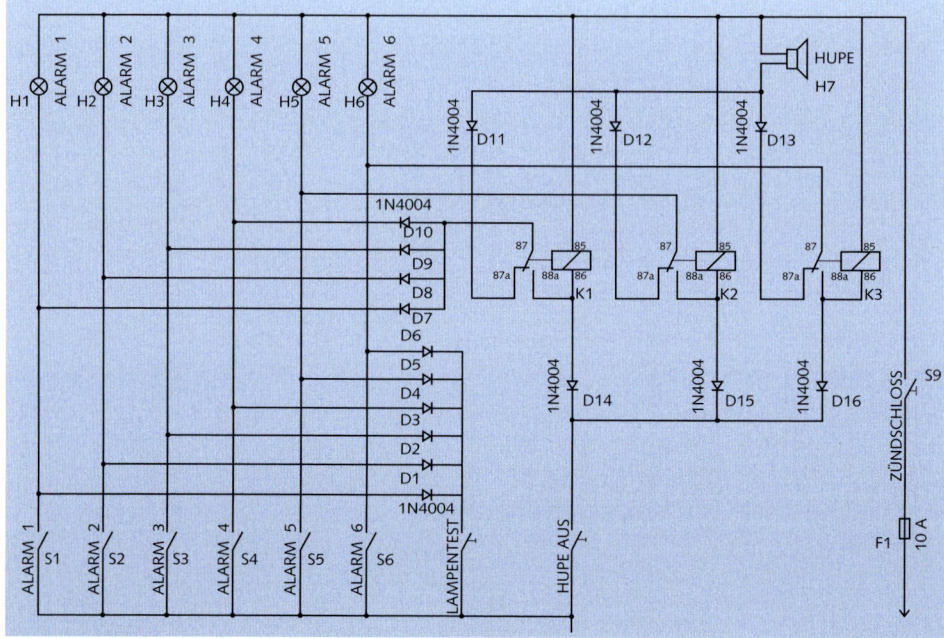

Abbildung 10–11: *Warnanlage mit sechs Alarmeingängen und einer Hupe mit unterschiedlichen Prioritäten.*

Bei den verwendeten Dioden handelt es sich um den Typ 1N4004, der für wenige Cent in jedem Elektronikladen erhältlich ist. Die Montage erfolgt entweder auf einer Lötleiste oder auf einer Klemmleiste. Die Dioden D1 bis D6 ermöglichen die Funktion eines Lampentests, mit dem man sich von der ordnungsgemäßen Funktion der Warnanlage überzeugen kann.

10.3.2 Der zweite Steuerstand

Auf Motoryachten bietet der zweite Steuerstand das Gefühl von Freiheit und Abenteuer, kann man sich doch so richtig den Wind um die Nase wehen lassen. Auch bei Nachtfahrt ist das Fahren von »oben« sehr angenehm, da man keine Reflexionen an den

Scheiben hat, die einen blenden können, und man eine optimale Rundumsicht hat. Häufig fährt man in der Saison fast nur an der frischen Luft und zieht sich nur bei richtig schlechtem Wetter unter Deck zurück. Daher ist es wichtig, an beiden Steuerständen einen guten Überblick über den Maschinenzustand zu haben. Leider ist es aber nicht möglich, einfach alle Geräte parallel anzuschließen.

Bei schaltenden Funktionen funktioniert das Parallelschalten noch recht gut. Der Drehzahlmesser ist noch unproblematisch, da er parallel geschaltet werden kann. Anzeigen für Widerstandssensoren (Temperatur, Druck, Tank, Ruderlage) dürfen jedoch nicht parallel

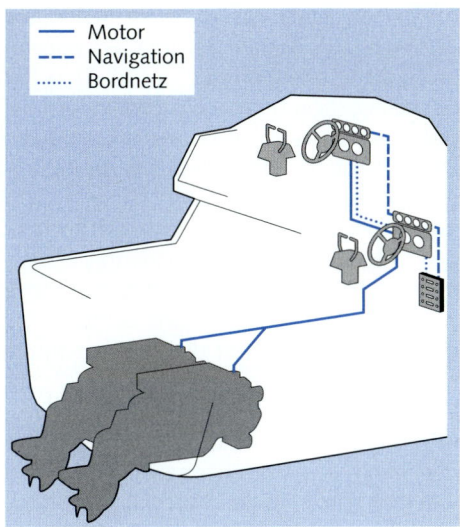

Motor
Navigation
Bordnetz

Abbildung 10–12: Bei zwei Steuerständen muss die Instrumentierung doppelt ausgeführt werden.

geschaltet werden. Für diese gibt es mehrere Möglichkeiten:

- Man versieht die Maschine mit jeweils zwei Gebern – für jeden Steuerstand einen eigenen.
- Man verwendet spezielle Geber, die bereits zwei Signale in einem Gehäuse ausgeben.
- Man schaltet alle betroffenen Geberleitungen durch ein Relais um. Dieses muss für jede Geberleitung über einen Umschaltkontakt verfügen. Die Ansteuerung des Relais erfolgt an jedem Steuerstand über einen Umschalter, mit denen eine Wechselschaltung aufgebaut wird. Betätigt man diesen Schalter z.B. auf der Flying Bridge, so zieht das Relais an und schaltet die Gebersignale nach oben. Der zweite Schalter unter Deck lässt das Relais abfallen, somit sind wieder alle Gebersignale unten.

10.3.3 Intelligente Überwachungssysteme

Die bisher vorgestellte Motorelektrik ist die »klassische Form«, wie sie bis heute auf fast allen Fahrzeugen installiert wurde. Der Trend geht in Zukunft jedoch in eine andere Richtung. Die Volkswagen Marine Motoren arbeiten bereits heute nach diesem Prinzip. Eine Elektronik verarbeitet bis zu 50-mal pro Sekunde verschiedene Motordaten wie z.B. Drehzahl, Ladelufttemperatur und Kraftstofftemperatur, die zur exakten Berechnung der Einspritzmenge und des Einspritzzeitpunktes notwendig sind.

Die gesamte Elektronik ist als Komplettpaket – abgestimmt auf jeden Motor – im Lieferumfang der Motoren enthalten. Sie ist in einem gesicherten Gehäuse direkt am Motor befestigt.

Das Steuergerät der MDC (Marine Diesel Control) ist als integrierter Bestandteil der Zentralelektrik ausgeführt. Es verfügt über ein Diagnosesystem zur Fehlererkennung und garantiert mit Notlaufprogrammen höchste Betriebssicherheit. Ein Zentralstecker übernimmt die Verkabelung mit der Bordelektrik. Um galvanische Korrosion zu verhindern, ist die Anlage zweipolig ausgeführt; der Motor bleibt also massefrei.

Das Instrumentenpaneel bildet die Schaltzentrale für den Bordcomputer. Im Drehzahlmesser ist serienmäßig eine Multifunktionsanzeige (MFA) integriert, die auf Knopfdruck folgende Informationen preisgibt:

- Anzeige von Momentan- und Durchschnittsverbrauch pro Stunde (pro Meile, Seemeile, Kilometer)*
- Gesamter Kraftstoffverbrauch

---

* Bei Koppelung mit Navigationsinstrumenten

Abbildung 10–13: *Sieht von außen konventionell aus, von innen aber voll Elektronik (VDO).*

- Zurückgelegte Wegstrecke*
- Geschwindigkeit in verschiedenen Maßeinheiten*
- Betriebsstunden und Drehzahl

Im Fall der Fälle meldet das Paneel automatisch wichtige Störungen wie »Kühlwasserstand zu niedrig« oder »Wasser im Kraftstoff« optisch und akustisch. Darüber hinaus geben dimmbare Anzeigeninstrumente in Durchlichttechnik Auskunft über Kühlwassertemperatur, Öldruck, Betriebsspannung und Drehzahl.
Das Paneel wird über einen Zentralstecker mit der Motorelektronik verkabelt (die Kabelsätze sind in unterschiedlichen Längen lieferbar). Zu guter Letzt ist die gesamte Verkabelung rüttelfest und aufwändig abgedichtet.

Auch Volvo Penta verfügt bereits heute über vergleichbares System für ihre elektronisch geregelten Dieselmotoren.
Der nächste Schritt in der Motorelektrik ist der Ersatz der konventionellen Installation durch Bus-Technologie. Welcher Bus in der Motorelektrik das Rennen macht ist noch nicht sicher, aber die Wahrscheinlichkeit ist hoch für den CAN-Bus (control area network). Er wurde für die Kfz-Industrie genau für diese Anwendungen entwickelt und aufgrund der großen Stückzahlen ist die Busanschaltung relativ preisgünstig zu realisieren.
Volvo Penta verwendet in dem Electronic Vessel Control system (EVC) bereits diesen Bus und auch das VW Marine-Anzeigepaneel unterhält sich auf diese Weise mit dem Motor.

Abbildung 10–14: *Elektronische Motorüberwachung EDC von Volvo Penta.*

11. Entstörung und elektromagnetische Verträglichkeit (EMV)

Von elektromagnetischer Verträglichkeit spricht man dann, wenn ein störungsfreier Betrieb von elektrischen Geräten nebeneinander möglich ist. Auch an Bord kann die gegenseitige Wechselwirkung von elektrischen Geräten zu einigen Problemen führen. Solange zum Beispiel die Lichtmaschine nur den Radioempfang stört, kann man noch damit leben; stellt sie aber die Einsatzbereitschaft der UKW-Funkanlage in Frage, so muss gehandelt werden.

Dieser Abschnitt gibt ein paar praktische Tipps, wie man die Störungen an Bord verringern kann:

- Wird über eine Leitung ein Spannungssignal mit einem sehr kleinen Stromfluss geschickt (z.B. Signalleitung zum Echolot), müssen die Leitungen abgeschirmt verlegt werden. Der äußere Metallschirm wirkt wie ein Faradayscher Käfig und schließt die elektrischen Störfelder kurz.

- Werden die einzelnen Adern verdrillt, so können magnetische Störeinflüsse kompensiert werden.

- Kurze Leitungsabschnitte tragen zur Reduzierung von magnetischen Störungen bei.

- Hochfrequente elektromagnetische Störfelder können mit speziellen Gehäusen sowie qualitativ hochwertigen Leitungsschirmen abgeschirmt werden.

- Starkstrom, Bordnetz und Steuerleitungen sollten so weit wie möglich voneinander entfernt verlegt werden. Je größer der Abstand

zwischen ihnen ist, desto besser ist der Schutz vor unerwünschten Einkopplungen.

- Viele Störeinflüsse können durch eine saubere Masseverbindung verringert werden. An den Anschlussstellen sind einwandfreie Verbindungen wie blankes Material, Zahnscheiben und großflächige Kontaktierung und ein möglichst großer Querschnitt der Verbindungsleitungen erforderlich.

- Wantenspanner, Waten, Bowdenzüge und andere flexible Metallbefestigungen sollten mit möglichst geringem Übergangswiderstand mit der Erdung des Schiffes verbunden werden, um einen Potenzialunterschied und damit verbundenen Ladungsausgleich zu vermeiden.

- Hochfrequente Störungen werden reduziert, indem man direkt an dem gestörten Gerät parallel zu der Spannungsversorgung einen Kondensator (ca. 100$_n$F) schaltet. Die-

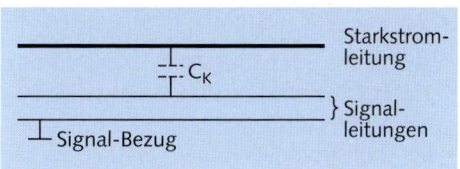

Abbildung 11–1: *Kapazitive Kopplung. Zwischen zwei benachbarten Leitern unterschiedlichen Potenzials – etwa Starkstrom- und Signalleitern – tritt kapazitive Kopplung auf. Die Leitungen stellen im weitesten Sinne die Platten eines Kondensators dar.*

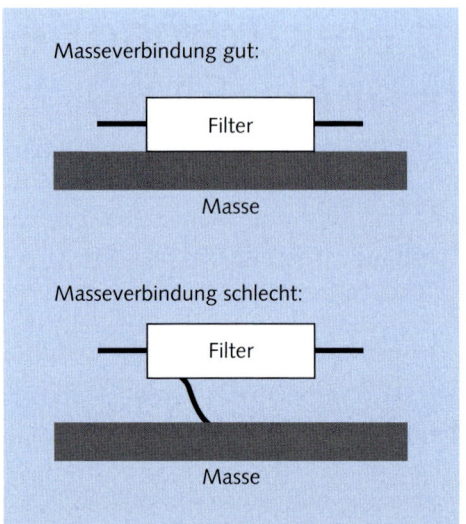

Abbildung 11–2: *Gute Masseverbindung ist auch bei elektrischen Filtern unabdingbar.*

ser hat für hohe Frequenzen einen geringen Widerstand und schließt diese kurz.

- Elektrische Gleichstrommotoren von Pumpen und Lüfter verursachen häufig Störungen, die beim UKW-Empfang oder in der Sprechanlage deutlich zu hören sind. Daher sollten diese Geräte möglichst nahe am Motor mit einem Filter versehen werden, der in Reihe zu der Spannungsversorgung geschaltet wird. Der Filter muss für die Stromaufnahme und die Betriebsspannung des Motors ausgelegt sein.
- Bei Drehstromgeneratoren wird in die Leitung zur Batterie (B+) und falls notwendig auch in die D+-Leitung ein Entstörfilter für die entsprechende Dauerstrombelastung (100 bzw. 200 A) geschaltet. Die Leitungen zwischen Generator und Entstörfilter werden vollständig abgeschirmt.

Die elektrische oder elektronische Zündung von Benzinmotoren muss gesondert entstört werden:

- Zur Entstörung der **Zündkerzen** werden Entstörstecker mit eingebautem Widerstand verwendet. Falls erforderlich sind diese teilgeschirmt.
- Die **Zündspule** erhält einen Entstörkondensator mit 2,2 μF. Dieser muss immer an die Klemme der Zündspule angeschaltet werden, an welcher die Batteriezuleitung angeschlossen ist. Auf keinen Fall an der Klemme 1 anschließen! Bei Bedarf erhält die von der Zündspule abgehende Zündleitung (Klemme 4) einen Entstörstecker. In Fahrzeugen mit elektronischer Zündanlage sollte an die Klemme 15 der Zündspule ein Entstörkondensator mit Überspannungsbegrenzung angeschlossen werden.
- Beim **Zündverteiler** verwendet man einen entstörten Verteilerläufer. Zusätzlich erhält jede vom Zündverteiler ausgehende Zündleitung einen Verteilerstecker mit eingebautem Entstörwiderstand. Bei Zündanlagen, die noch mit Unterbrecherkontakt arbeiten, wird an der Klemme 1 des Zündverteilers (Leitung Unterbrecherkontakt – Zündspule) ein Entstörfilter zur Verringerung von Rückzündungsstörungen angeschlossen.

12. Wartung und Fehlersuche

12.1 Wartung

Wie sämtliche Motoren und das laufende und stehende Gut an Bord fühlt sich auch die Elektrik ohne ein wenig Pflege etwas vernachlässigt.

Zu der Pflege gehört grundsätzlich, den Wasserstand der Säurebatterien zu überprüfen, die Anschlusspole der Batterien von Oxidationen zu befreien und mit Polfett zu bestreichen sowie alle Anschlussleitungen auf festen Halt zuüberprüfen.

Leitungen, die an Deck verlegt wurden, werden häufig durch Sonneneinstrahlung und andere Umwelteinflüsse brüchig. Daher muss man diese besonders im Auge behalten und auch Steckverbindungen regelmäßig auf Oxidation und Kondenswasser überprüfen. Durch diese einfachen Arbeiten kann man häufig Frühausfälle entdecken, bevor es zum Schaden kommt.

Ladegeräte und Wechselrichter sind häufig mit kleinen Lüftern zur Kühlung ausgerüstet. Diese blasen aber nicht nur kühle Luft durch das Gehäuse, sondern allen Staub, der sich in der Umgebung befindet. Schritt für Schritt legt sich eine Staubschicht auf die Kühlkörper der Leistungselektronik und erschwert die Wärmeabfuhr. Daher sollten diese Geräte regelmäßig mit einem leistungsstarken Staubsauger abgesaugt werden. Bitte nicht mit Pressluft abblasen, da man damit den Staub erst recht in jede Ecke

des Geräts drückt, an die man nie wieder drankommt.

12.2 Fehlersuche

Sollte doch einmal ein Fehler in der Elektrik auftreten, so ist man dankbar, wenn man diesen schnell lokalisieren und beheben kann. Das Lokalisieren ist häufig die aufwändigste Tätigkeit. Bei der Fehlersuche ist es hilfreich, wenn man sich schon vorher mit seiner Technik ein wenig vertraut gemacht hat. Viele Skipper entdecken erst nach dem Anruf beim Monteur, dass auch die Motorelektrik durch eine Sicherung vom Hersteller aus abgesichert wurde. Sobald man einen groben Überblick über seine Bordelektrik hat, kann man viele Fehler einkreisen, ohne eine einzige Messung vorzunehmen. Beachten sollte man aber unbedingt, dass eine Sicherung nicht ohne Grund herausspringt. Daher: Sobald eine Sicherung anspricht erst einmal die Ursache für diese Reaktion feststellen.

Eine Unterbrechung im Stromkreis kann folgende Ursachen haben:

- Ausfall einer Sicherung
- Draht- oder Kabelbruch (Kabel über Kante gebrochen oder an drehenden Teilen abgescheuert?)
- Übergangswiderstände an Schaltern oder Steckverbindungen (besonders im Außenbereich oder bei falsch gewählten Materialien)

- Kabel aus der Klemmleiste gelockert oder mit der Isolierung festgeklemmt (kein Kontakt)
- Geber oder Gerät defekt
- Fehlerhafte Masseverbindung

Die Bordelektrik, die selbst bei kleinen Booten schon aus vielen Metern Kabel und Klemmleisten bestehen kann, reduziert sich immer auf einen einfachen Stromkreis. Er besteht aus einer Einspeisung durch einen Erzeuger oder eine Batterie, aus einem Medium zur Übertragung (Kabel, Leitungen, Schienen) und aus einem Verbraucher. Nur wenn der Stromkreis durchgängig geschlossen ist wird der Verbraucher mit Energie versorgt.

In der Praxis treten üblicherweise folgende Fehler in der Bordelektrik auf:

1. Der Verbraucher arbeitet nicht, obwohl er eingeschaltet ist.
2. Der Verbraucher arbeitet, obwohl er ausgeschaltet ist.
3. Der Verbraucher arbeitet manchmal bzw. nicht mit voller Leistung.
4. Eine Sicherung löst immer wieder aus.

Für die Fehlersuche bewaffnet man sich mit einer Prüflampe, einem Durchgangsprüfer, einem Vielfachmessgerät und mit ein paar Prüfkabeln zum Überbrücken.

12.2.1 Der Verbraucher arbeitet nicht, obwohl er eingeschaltet ist

Es liegt die Vermutung nahe, dass der Stromkreis irgendwo unterbrochen ist. Die Frage ist; wo?

Der erste Blick gilt den »offiziellen Unterbrechungen« im Stromkreis, wie Sicherungen und Schalter. Ist ein Schalter (falsch) betätigt worden? Hat eine Sicherung ausgelöst? Wenn möglich sollte man den Verbraucher an einem anderen Anschluss auf Funktion prüfen.

Anschließend nimmt man den Verbraucher unter die Lupe. Mit einer Prüflampe stellt man fest, ob an den Anschlussklemmen des Verbrauchers Spannung vorhanden ist. Wenn ja, misst man im nächsten Schritt, wie hoch diese ist. Entspricht sie der Batteriespannung (zwischen 12 V und 14 V), so ist der Fehler am Verbraucher bzw. an seinem Anschluss. Häu-

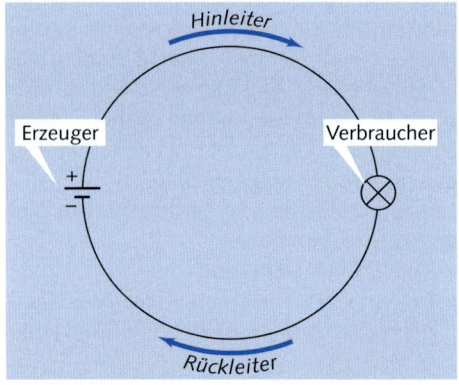

Abbildung 12–1: *Jede komplexe Schaltung lässt sich auf einen einfachen Stromkreis reduzieren.*

Abbildung 12–2: *Krokokabel haben an beiden Enden Krokodilklemmen, mit denen man zum Prüfen schnell eine Überbrückung machen kann (Conrad).*

fige Ursache sind oxidierte Stecker und Fassungen. Feines Sandpapier und Kontaktspray können wahre Wunder vollbringen. Liegt am Verbraucher keine Spannung an, so muss die Unterbrechung schon vorher aufgetreten sein. Wir bewaffnen uns mit der Prüflampe und suchen die Verteilung, an der der Verbraucher angeklemmt ist. Liegt dort Spannung an? Funktionieren andere Verbraucher, die an derselben Verteilung angeschlossen sind? Wenn ja, dann ist der Fehler eingekreist und kann nur noch zwischen der Verteilung und dem Anschluss des Verbrauchers liegen. Aus den Stromlaufplänen und/oder durch Ziehen an den Kabeln ermitteln wir, welches Kabel für den gestörten Verbraucher zuständig ist. Normalerweise sollten die Anschlussfarben der Leitungen zwischen Anfang und Ende identisch sein. Ist dieses nicht der Fall, so liegt der Verdacht nah, dass das Kabel irgendwo auf dem Weg verlängert wurde. Hier hilft nur noch den Verlauf des Kabels bis zum Verbraucher zu verfolgen, bis man die Leitungsverbindung findet. Nach Murphys Gesetz ist die Leitungsverlängerung die häufigste Ursache für Störungen in der Elektrik, besonders, wenn sich diese an Stellen befindet, wo man nur mit Kreuzgelenken in den Fingern drankommt. Ist man nicht sicher, welches der vielen Kabel, die in der Verteilung ankommen, für den defekten Verbraucher ist oder welche Ader im Kabel defekt ist, so löst man die Anschlüsse am Verbraucher und klingelt diese mit dem Durchgangsprüfer mit den Anschlüssen der möglichen Kabel in der Verteilung durch.

Liegt an der Verteilung keine Spannung an, so prüfen wir als Erstes, ob ein Minusfehler vorliegt. Bei Systemen, bei denen wir Minus auf Masse haben, befestigen wir ein Ende der Prüflampe an der Masse und messen mit dem anderen Ende gegen Plus. Zeigt die Lampe Spannung an, so ist irgendwo die Verbindung des Minuskabels unterbrochen. Zeigt sie keine Spannung an, so fehlt Plus und wir verfolgen den Stromkreis zu seinem Erzeuger. Woher bekommt die Verteilung ihren Saft? Ist vor dem Erzeuger noch eine (bisher nicht entdeckte oder bekannte) Hochstromsicherung versteckt? Liegt am Erzeuger selbst Spannung an? Bis zu welchem Verteilungspunkt funktionieren noch andere Verbraucher an Bord? Von dort aus geht man wieder schrittweise zurück, bis man zu der Unterbrechung kommt.

12.2.2 Der Verbraucher arbeitet, obwohl er ausgeschaltet ist

Hier liegt die Vermutung nahe, dass ein Schalter oder ein Relais den Stromkreis nicht ordnungsgemäß getrennt hat. Mehrmaliges Hin- und Herbewegen des Schalters sollte den Stromkreis wieder trennen. Wenn der Verbraucher danach wieder korrekt abschaltet, so sollte der Schalter kurzfristig ausgewechselt werden.

Im ungünstigen Fall ist der Minus geschaltet und der Verbraucher wurde falsch herum eingesteckt. Möglicherweise kann er nun den Minus über die Masse beziehen und interessiert sich wenig, ob der Minus im Kabel ein- oder ausgeschaltet wird. In diesem Fall liegt ein echter Konstruktionsfehler vor und die Schaltung muss so abgeändert werden, dass der Pluspol des Verbrauchers geschaltet wird. Eine weitere Ursache kann darin liegen, dass der Verbraucher mehrere Plus-Anschlüsse bekommt und diese durch einen Fehler im Gerät miteinander verbunden wurden. Dieses kann z.B. ein Radio sein, das neben dem Haupt-Plus noch eine weitere Plus-Zuleitung hat, damit im ausgeschalteten Zustand die

Sender nicht verloren gehen. Funktioniert das Radio trotz ausgeschaltetem Plus, so klemmt man Schritt für Schritt ein Kabel nach dem anderen ab, um den Übeltäter zu finden.

12.2.3 Der Verbraucher arbeitet manchmal bzw. nicht mit voller Leistung

In diesem Fall müssen alle Kontaktstellen und Kabelschuhe gründlich überprüft werden. Häufig sind Kontakte oxidiert oder Klemmstellen haben sich gelockert. Auch Kabelschuhe, die von außen sehr gut aussehen, können innen oxidiert sein. Das Gemeine an diesen Fehlern ist, dass man sie messtechnisch kaum ermitteln kann. Für den kleinen Prüfstrom des Durchgangsprüfers sieht die Welt meist in Ordnung aus und auch eine Widerstandsmessung kann in den seltensten Fällen eine klare Aussage geben. Da der Fehler erst unter Last auftritt, muss die Fehlersuche auch unter Last durchgeführt werden. Bei eingeschaltetem Verbraucher misst man die Spannung, die am Verbraucher ankommt und die am Erzeuger anliegt. Ist diese deutlich unterschiedlich, so wird die Spannung an jeder Klemmstelle und jedem Anschluss eines Schalters für die Plus- und die Minusleitung gemessen, schließlich wissen wir noch nicht, in welcher Leitung sich der Widerstand versteckt hat. Stellen wir an einer Klemmstelle einen deutlichen Spannungsabfall fest, so ist dort die Ursache des Übels. Zusätzlich zieht man an den Kabeln und prüft so, ob eine Verbindung lose ist.

Häufigste Ursache bei derartigen Fehlern waren bei mir bisher falsch gequetschte Kabelschuhe, defekte Batteriehauptschalter oder -umschalter (auch wenn sie von außen wie neu aussahen) und fehlende oder defekte Masseverbindungen. Im letzten Fall wurde

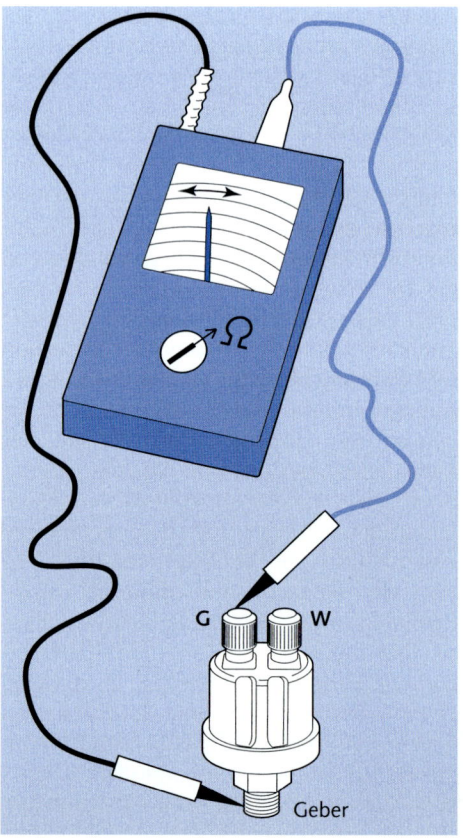

Abbildung 12–3: *Widerstandsmessung zur Überprüfung von Gebern.*

der Stromkreis irgendwie über die Masse geschlossen, unter Belastung bricht die Spannung aber ein.

Zeigen Messgeräte der Motorüberwachung falsche Werte an, so kann der Fehler auch am Geber liegen. Mit dem Vielfachmessgerät kann der Widerstand gemessen werden. Die Anzeigegeräte werden überprüft, indem bei eingeschalteter Stromversorgung die Geberleitung abgezogen wird. Anschließend wie-

derholt man die Messung, schließt den Geber-
anschluss des Anzeigegerätes aber über eine
Brücke mit dem Minus kurz. Entsprechend
muss der Zeiger der Anzeige sich in die andere Richtung bewegen.

12.2.4 Eine Sicherung löst immer wieder aus

Hier stellt sich die Frage, wie lange es dauert,
bis die Sicherung auslöst. Springt sie sofort
nach dem Einschalten raus, so liegt im
Stromkreis ein Kurzschluss vor. In diesem Fall
klemmt man einen Verbraucher nach dem
anderen von dem abgesicherten Stromkreis
ab und prüft anschließend, ob die Sicherung
immer noch auslöst. Hat man den verursa-
chenden Verbraucher gefunden, so muss man
diesen näher unter die Lupe nehmen, um den
Kurzschluss zu finden. Dieser kann am Verbraucher, in einer Steckverbindung, an einer
Klemmstelle oder an einem durchgescheuer-
ten Kabel liegen.

Löst die Sicherung erst nach einer gewissen
Zeit aus, so ist der Stromkreis überlastet. Ihm
wird zu viel Strom entnommen. Man sollte
kurz überschlagen, welche Leistung man an
den Stromkreis angeschlossen hat. Wird dadurch deutlich, dass zu viele Verbraucher an
dem Kreis angeklemmt sind, so muss man diese auf mehrere Stromkreise verteilen. Müsste
es von der Leistungsberechnung eigentlich
passen, so bewaffnet man sich mit dem
Strommesser und misst den fließenden Strom
im Gesamtstromkreis und in den einzelnen
Stromkreisen, die von der Sicherung geschützt
werden. Hierdurch wird man den Stromkreis
finden, der mehr aufnimmt als eigentlich vorgesehen. Bei Motoren kann es z.B. an einer
mechanischen Blockierung liegen (Dreck in
der Trinkwasserpumpe, verschmutzter Filter
bei Lüftern). Bei der Beleuchtung sind z.B.
stärkere Glühlampen als ursprünglich geplant
eingebaut worden. Um das Auslösen wegen
Überlast in Zukunft zu vermeiden ist es denkbar, die Sicherung durch eine stärkere auszutauschen. Hierbei muss die zulässige Strombelastbarkeit der abgehenden Kabel berücksichtigt werden.

	Maximalanschlag Geber offen	Maximalanschlag Geber gegen Minus kurzgeschlossen
Temperaturanzeige	Links	Rechts
Druckanzeige	Rechts	Links
Tankanzeige	Rechts	Links
Ruderanlagenanzeige	Backbord	Steuerbord

Tabelle 12–1: *Maximalanschlag bei Messgerätprüfung.*

13. Die Bordelektrik von morgen

Die Bootselektrik von morgen wird sich einen weiteren Schritt in die Elektronik begeben. Aufgrund der unterschiedlichsten Verbraucher und Informationen werden sich Systeme verbreiten, die die Daten an zentralen Stellen sammeln und über Busleitungen an elektronische Systeme weitergeben.

In der Energietechnik werden immer mehr und größere Verbraucher an Bord installiert, sodass wir mit 12-V- und sogar 24-V-Anlagen an die Grenzen kommen. Neue Konzepte gehen von einer 48-V-Bordnetzspannung aus, um den immer größer werdenden Durst an elektrischer Energie zu stillen.

In der Antriebstechnik stehen völlig neue Konzepte vor der Tür. Anstatt Batterien und Benzin oder Diesel werden wir in Zukunft Wasserstoff tanken und unsere Energie just in time für alle Verbraucher inklusive fast geräuschloser Elektroantriebe produzieren. Über lange Ladezeiten werden wir in ein paar Jahren nur noch schmunzeln.

Die folgenden Beispiele sollen einen kleinen Einblick in diese Technologien geben:

13.1 Elektronische Bordnetzüberwachung und Verteilung

Nachdem seit mehr als zehn Jahren in diesem Buch elektronische Bordnetzsysteme prophezeit werden, ist es nun Realität: Eine der größ-ten Innovationen der Bordelektrik findet sich in busgesteuerten Installationssystemen.

In klassischen Bordinstallationskonzepten wird die Leitung zu einem Verbraucher über einen oder mehrere Schalter geführt, die über das Schiff verteilt sind. Auf diese Weise nimmt man in Kauf, dass der Strom über längere Wege transportiert wird als auf dem kürzestmöglichen Weg.

Busgesteuerte Systeme gehen diese Aufgabe anders an. Jeder Bus-Teilnehmer verfügt über eine eindeutige Adresse, und schon kann man über das gleiche Kabel Informationen mit verschiedenen Teilnehmern austauschen. Man kann so z.B. einem Schalter mitteilen, welche Verbraucher alle durch ihn eingeschaltet werden sollen, und diese bei Bedarf auch noch zeitlich variieren.

Abbildung 13–1: *Eine einfache Busleitung für die gesamte Bordelektrik (Mastervolt).*

Die Idee für den Bordeinsatz ist nicht neu, da sich diese Technologie z.B. in der Industrie und im Kfz seit Jahren bewährt hat. Neben busfähigen Schaltern benötigt man aber weitere Geräte, die Informationen über den Bus transportieren können.

Die Schaltzentrale wird gebildet durch einen MasterShunt, der direkt mit den Batterien verbunden wird. Er umfasst eine präzise Strom-

Bus-   Bus-   Bus-   Bus-   Bus-   Bus-
Schalter   Schaltzentrale   Verteiler   Ladegerät   Generator   Bediengerät

Abbildung 13–2: Komponenten für die vernetzte Bordelektrik (Mastervolt).

messung, eine 300-A-Hauptsicherung sowie ein integriertes Messgerät für die Batteriekapazität.

Über den Bus stehen umfangreiche Informationen über den Status der Batterien zur Verfügung. Verbunden mit busfähigen Ladegeräten oder Generatoren übernimmt die Schaltzentrale das Lademanagement der Batterie und kann zeitgesteuerte Schaltungen veranlassen. Der Generator startet z.B. automatisch, sobald die Batterien zu 80 % leer sind, und die Decksbeleuchtung wird automatisch eingeschaltet, wenn es dunkel wird. In dem Bus-Verteiler befinden sich mehrere Sicherungen, die automatisch überwacht werden.

Das digitale Schaltmodul verteilt 100 A aus der Einspeisung auf bis zu 10 unterschiedliche Schaltkanäle. Diese werden an die integrierten Klemmen angeschlossen. Die einzelnen Kanäle sind bereits im Modul abgesichert.

Busfähige Schalter in unterschiedlichen Ausführungen ermöglichen das Ein- und Ausschalten von unterschiedlichen Orten.

Die Bedienung und Überwachung erfolgt mit einem LCD-Display mit Touch-Panel-Oberfläche oder über den angeschlossenen Bord-PC.

Hier stehen alle Informationen des Systems zur Verfügung, und der Captain kann die Konfiguration seiner Bordelektrik vom Steuerstand aus modifizieren.

Und wenn man das alles von zu Hause aus über das Internet bedienen oder automatisch eine

SMS aufs Handy bekommen möchte, wenn der Generator nicht anspringt: Das ist keine Zukunftsmusik, sondern heute bereits Realität.

13.2 Das 48-V-Bordnetz

Die konventionellen Bordnetzinstallationen mit 12-V- und 24-V-Netzen stoßen zwangsläufig an ihre Grenzen, wenn man den Strom noch beherrschen möchte. Diese Grenze wird ab ca. 280 A erreicht, da darüber die Anforderungen an die elektrischen Anschlüsse, Kabel und Betriebsmittel sehr hoch werden. In einem 12-V-Netz entspricht dieses einer maximalen Leistung von ca. 3 kW, die dem Netz entnommen werden können, bei einem 24-V-Netz sind es ca. 6kW.

Das DC-AC-Power System DAPS-HD der Firma Fischer Panda sieht hierfür eine Erhöhung der Batteriespannung auf 48 V vor, um bei

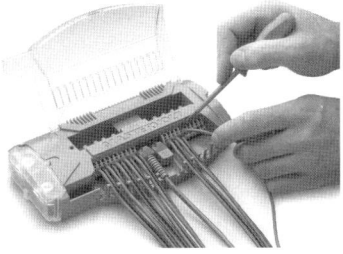

Abbildung 13–3: Digitales Schaltmodul (Mastervolt).

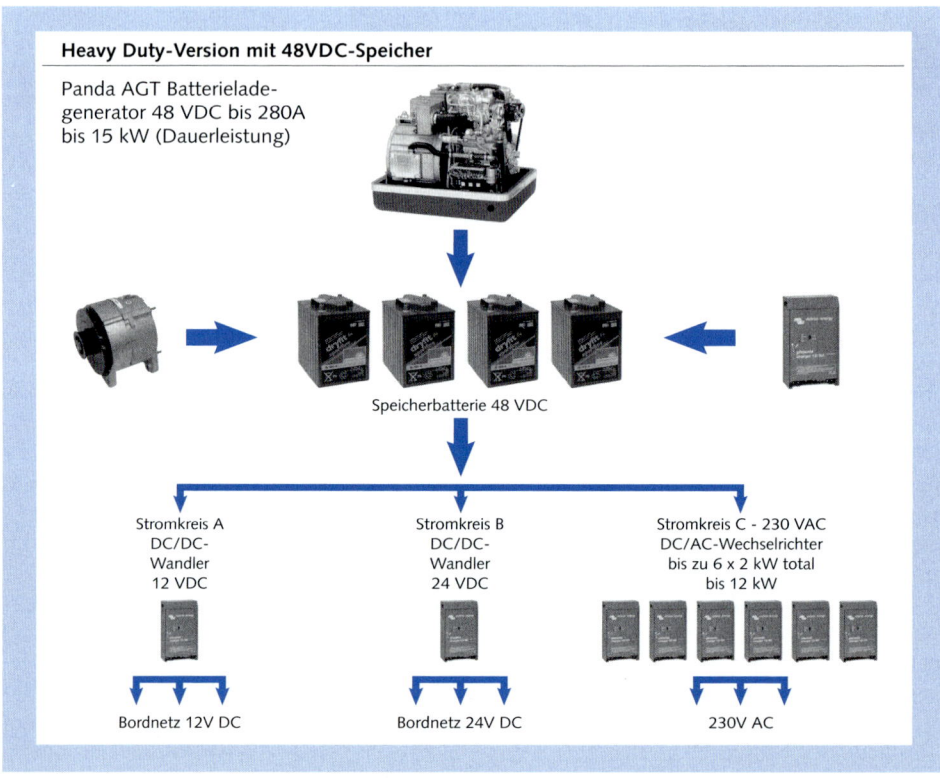

Heavy Duty-Version mit 48VDC-Speicher

Panda AGT Batterielade-
generator 48 VDC bis 280A
bis 15 kW (Dauerleistung)

Speicherbatterie 48 VDC

Stromkreis A
DC/DC-
Wandler
12 VDC

Stromkreis B
DC/DC-
Wandler
24 VDC

Stromkreis C - 230 VAC
DC/AC-Wechselrichter
bis zu 6 x 2 kW total
bis 12 kW

Bordnetz 12V DC

Bordnetz 24V DC

230V AC

Abbildung 13–4: *Bordnetz für eine Nennleistung bis 12 kW mit 48-V-Zwischenkreis (Fischer Panda).*

gleichem Strom die doppelte (im 24-V-Netz) bzw. die vierfache Leistung eines 12-V-Netzes transportieren zu können. Somit kann das Bordnetz eine Nennleistung bis zu 12 kW zur Verfügung stellen.

Der Gleichstromgenerator lädt die 48-V-Speicherbatterien mit einem Ladestrom bis zu 280 A. Dieser »interne« Speicher ist nicht in das DC-Bordnetz eingebunden. Für die Versorgung von 12-V- und 24-V-Verbrauchern werden Gleichspannungswandler eingesetzt, die aus den 48 V die erforderliche Spannung erzeugen. Für die Versorgung von 230-V-Ver-

brauchern werden die Wechselrichter direkt mit 48 V gespeist. Sogar Drehstrom kann durch den Einsatz von Frequenzumrichtern erzeugt werden.

Für leistungsstarke Verbraucher wie Bugstrahl oder Ankerwinsch wird nach wie vor eine separate Batterie in der Nennspannung nahe des Verbrauchers installiert. Diese Batterie wird aus dem 48-V-Netz geladen.

Alle Ladeeinrichtungen wie Extra-Lichtmaschine, Generator, Landstrom- Ladegerät usw. werden ausschließlich an den 48-V-Zwischenkreis angeschlossen.

13.3 Kommt die Brennstoffzelle auch an Bord?

Die Herausforderung der Energiespeicherung ist (nicht nur an Bord) bisher recht unbefriedigend gelöst. Entweder nimmt man eine brennbare Flüssigkeit mit, deren Energie mit entsprechendem Lärm und Abgasen in eine Drehbewegung umgesetzt wird, mit der wiederum mühsam (und nicht besonders effizient) Strom erzeugt wird, oder man schleppt mehr oder weniger große Batteriebänke mit,

die aller modernen Ladekurven zum trotz mehrere Stunden brauchen, um den Speicher mit Energie zu laden.

Ist die Brennstoffzelle jetzt das Licht am Ende des Tunnels? Es hört sich ja schon verlockend an: Antriebe, deren Abgase gegen Null tendieren, elektrische Energie im Überfluss, ohne lange Ladezeiten. Visionen, die schon in wenigen Jahren wahr werden können: Der höchst effektive Energiewandler Brennstoffzelle und Wasserstoff als Energieträger sollen die Grundlagen einer völlig veränderten Energieversorgung werden.

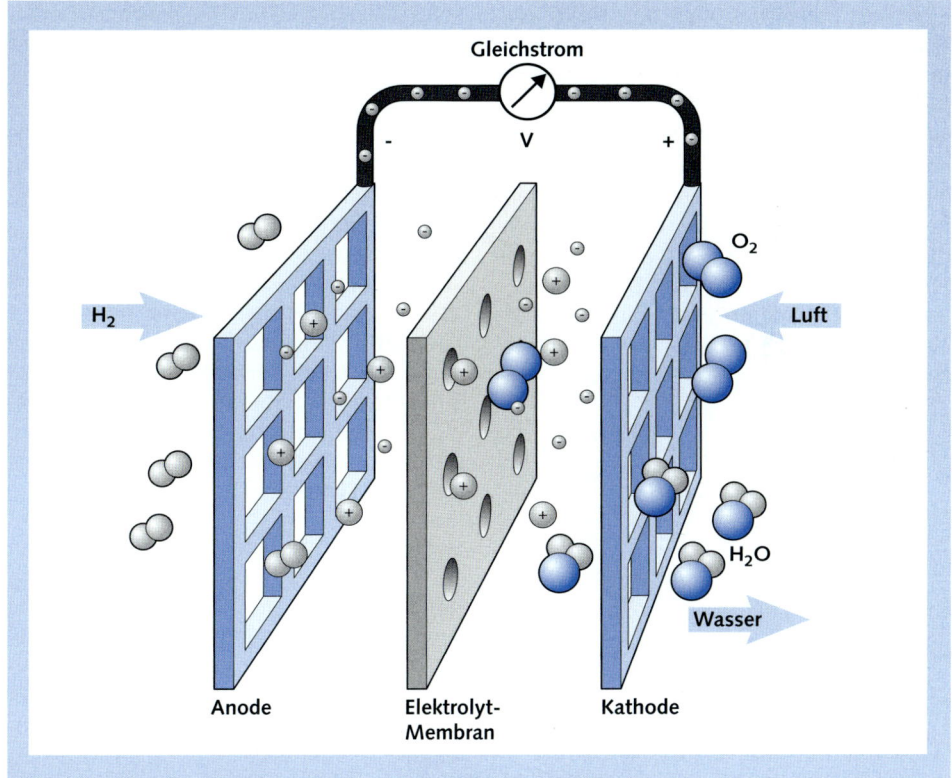

Abbildung 13–5: *Funktionsprinzip der Brennstoffzelle (Vaillant).*

Die Brennstoffzelle produziert Energie direkt, ohne den Umweg über Verbrennungsprozesse, mit Wasserstoff betrieben sogar emissionsfrei. Sie setzt die chemische Energie eines Oxidationsprozesses, der so genannten »kalten Verbrennung« ohne Flammenbildung, direkt in elektrische Energie um. Als »Abfallprodukt« fällt nur Wasserdampf an. Die zusätzlich bei der Stromproduktion erzeugte Wärme kann an Bord für Warmwasser und für die Heizung verwendet werden.

Bei der so genannten Polymer-Elektrolyt-Membran-Brennstoffzelle, kurz PEM, werden Wasserstoff und Sauerstoff jeweils an einer Elektrode eingeleitet und durch die Zwischenschicht, den Elekrolyten, voneinander getrennt (s. Abb. 13–3). An der Anode der Brennstoffzelle werden die Wasserstoffmoleküle durch einen Katalysator gespalten, es entstehen zwei positiv geladene Wasserstoffionen und zwei Elektronen. Die Wasserstoffionen wandern durch die Zwischenschicht hindurch und verbinden sich an der Kathode mit dem Sauerstoff zu Wasser. Die Elektronen treten in die Anode ein und bewirken so einen elektrischen Stromfluss, der einen Verbraucher mit elektrische Energie versorgt.

Abbildung 13–6: *1,2 kW Brennstoffzelle (Ballard)*

Im Oktober 2003 stellte die Firma MTU Friedrichshafen in Kressbronn (Bodensee) die erste, vom Germanischen Lloyd zertifizierte Segelyacht mit Brennstoffzellen-Antrieb vor, die 12-m-Yacht »No 1«. MTU hat vier Brennstoffzellen von Ballard Power Systems, einem kanadischen Unternehmen, zu einem kompletten Antriebssystem ausgebaut.

Für die Ausrüstung des Schiffes hat MTU vier 4,8-Kilowatt-Brennstoffzellenstacks mit neun Blei-Gel-Akkus zusammengeschaltet und mit einer eigens entwickelten Steuerung versehen. Das System kann so eine Spitzenleistung von 20 Kilowatt liefern. Die maximale Dauerleistung liegt bei 15 Kilowatt, im Normalbetrieb liefert die Anlage rund 4 Kilowatt. Der Brennstoffzellen-Antrieb mit der Produktbezeichnung »CoolCell« wird genutzt, um die Yacht bei Flaute anzutreiben und im Hafen zu manövrieren. Gleichzeitig liefert das System auch den Bordstrom.

Betankt wird das Schiff mit gasförmigem Wasserstoff, der bei 300 bar in drei Drucktanks gelagert wird. Mit einer Tankfüllung von sechs Kilogramm Wasserstoff kommt die 12-Meter-Yacht bei einer Reisegeschwindigkeit von 6 Kilometern pro Stunde 225 Kilometer weit. Bei der Höchstgeschwindigkeit von 12 Kilometern pro Stunde beträgt die Reichweite noch 25 Kilometer.

Der Flaschenhals bei dieser interessanten Technologie liegt heute bei der Versorgung mit Wasserstoff. MTU hat im Hafen von Kressbronn eigens für das Schiff eine mobile Wasserstofftankstelle eingerichtet. Wasserstoff von der Sonne ist zur Zeit noch nicht auf dem Markt zu haben, obwohl es einige Projekte gibt, um diesen mit Solarenergie zu erzeugen. Für die mittelbare Zukunft setzt die Industrie deshalb auf Methanol oder refor-

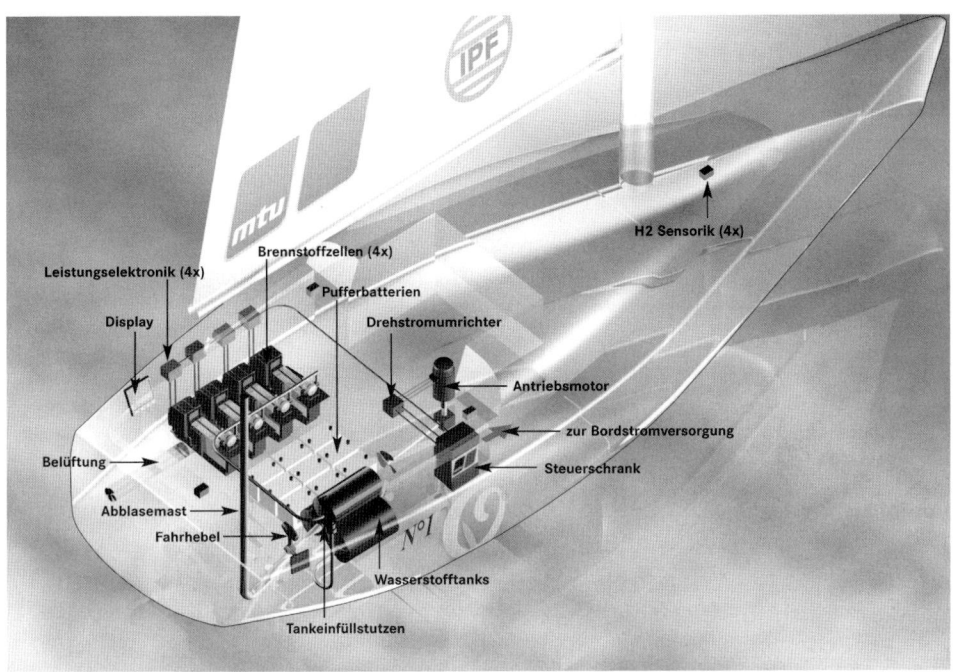

Abbildung 13–7: *Vier Module der Brennstoffzelle »CoolCell« liefern eine elektrische Leistung von insgesamt 20 kW. Bei 6 km/h hat die Segelyacht eine Reichweite von ca. 225 km, bei 12 km/h ca. 25 km (MTU).*

miertes Erdgas als Primärenergiequelle. Da es zu teuer wäre, das vorhandene Tankstellennetz durch ein Wasserstoffnetz zu ersetzen, wird in anderen Pilotprojekten der Wasserstoff direkt an Bord erzeugt, vorzugsweise aus Methanol, das sich leicht aus Erdgas oder auch aus nachwachsenden Rohstoffen gewinnen lässt und das wie Benzin getankt werden kann.

Der Energieumwandlungsgrad einer Brennstoffzelle ist mit 60 bis 70 % etwa doppelt so hoch wie der eines Verbrennungsmotors. Im System selbst (etwa bei der Luftverdichtung) und vor allem bei der Energieumwandlung Erdgas-Methanol-Wasserstoff-Strom geht allerdings wieder so viel an Energie verloren, dass der Gesamtwirkungsgrad vom Primärenergieträger bis zum Propeller bei der Brennstoffzelle nur wenig höher ist als der eines Turbodieselmotors mit Direkteinspritzung. Der große Vorteil liegt bei den geringen Geräuschen und der geringen Emissionen: Eine Methanol-Brennstoffzelle stößt halb so viel Kohlendioxid aus wie ein Benzinmotor und um ein Vielfaches weniger Schadstoffe. Im Gegensatz zu batteriebetriebenen Elektrofahrzeugen erzielen mit Brennstoffzellen betriebene Fahrzeuge Leistungsdichten und Reichweiten konventioneller Kraftfahrzeuge mit Verbrennungsmotor.

219

14. Literatur

1 Armbrüster/Grübner: *Elektromagnetische Wellen im Hochfrequenzbereich*

2 Brockhaus: *Naturwissenschaft und Technik*
Ausgabe 1989

3 Donat: *Motorüberwachung auf Yachten*
VDO-Marine GmbH 1985

4 EN ISO 10133: *Elektrische Systeme Kleinspannungs-Gleichstrom-Anlagen kleine Wasserfahrzeuge*
April 2002

5 EN ISO 13297: *Elektrische Systeme Wechselstrom-Anlagen kleine Wasserfahrzeuge*
April 2001

6 EUROPA-Lehrmittel: *Fachkunde Elektrotechnik*, 17. Auflage 1986

7 *Fachkenntnisse Elektrotechnik, Fachstufe 1 und 2*
Verlag Handwerk und Technik, 5. Auflage 1986

8 Ulrich Freyer: *Nachrichtenübertragungstechnik*, Hanser-Verlag, 2. Auflage 1988

9 Germanischer Lloyd: *Klassifikations- und Bauvorschriften*, Ausgabe 1993

10 Karl H. Hubert: *Elektroarbeiten*
Falken-Verlag 1993

11 Moeller GmbH: *Schaltungsbuch Automatisieren und Energie verteilen*
(1999)

12 Moeller GmbH: *EMV in Automatisierungsanlagen*

13 Kreuzerabteilung des DSV: *Der 230 V-Landanschluss auf Wasserliegeplätzen*

14 Robert Bosch GmbH: *Kraftfahrtechnisches Taschenbuch*
20. Auflage 1986

15 FA. Solaris: *Handbuch & Katalog der Solartechnik*
8. Auflage 1991

16 VARTA Batterie GmbH: *Bordnetzbuch*
Ausgabe 2003

17 Mastervolt: *Powerbook 2009*

18 Victron Energy B.V.: *Strom an Bord*
August 2000

19 Philippi: *Systeme für die Stromversorgung an Bord*
2002

15. Adressen

15.1 Bordelektrik

BUKH-BREMEN
Kornstraße 243
28201 Bremen
www.bukh-bremen.de

Conrad Electronic GmbH
Klaus-Conrad-Str.1
92240 Hirschau
www.conrad.de

ICEMASTER GmbH
Fischer Panda Generatoren
Otto-Hahn-Str. 40
D-33104 Paderborn
www.fischerpanda.de

Calira-Apparatebau, Trautmann KG
Lerchenfeldstraße 9
87600 Kaufbeuren
www.calira.de

LEAB
Thorsenhammer 6
24866 Busdorf b. Schleswig
www.leab.de

Mastervolt Germany GmbH
Basaltstraße 38
60487 Frankfurt
www.mastervolt.de

Mörer Schiffselektronik GmbH
Bäckerstraße 18
21244 Buchholz
www.moerer.de

Nautiv GmbH
Industriestraße 6
25462 Rellingen

philippi-bootselektrik GmbH
Neckaraue 19
71686 Remseck am Necker
www.philippi-online.de

Solaris Energietechnik GmbH
Lokstedter Steindamm 35
22529 Hamburg

Sunset Energietechnik GmbH
Industriestraße 8-22
91325 Adelsdorf

SVB-Spezialversand für Yacht-
und Bootszubehör
Gelsenkirchener Straße 25
28199 Bremen
www.svb.de

Vetus den Ouden Gmbh
Theodor-Neutig-Straße 41
28757 Bremen
www.vetus.de

Victron Energy B.V.
De Paal 35
1351 JG Almere-Have
Niederlande
www.victronenergy.com

WAECO-Wähning & Co. GmbH
Sinninger Straße 36
48282 Emsdetten
www.waeco.de

Marineelektronik Benkert & Jorczik
Hafenstraße 31
22880 Wedel
www.marineelektronik.de

15.2 Bordelektronik

Dantronik
Fahrensodde 20
24944 Flensburg
www.dantronik.de

Eissing KG
2. Polderweg 18
26723 Emden
www.eissing.com

Elna GmbH
Siemensstraße 35
25462 Rellingen
www.elna.de

Fastnet Radio AG
Deichstraße 45
20459 Hamburg
www.fastnet.de

Ferropilot GmbH
Siemensstraße 35
25462 Reutlingen
www.ferropilot.de

HDW-Hagenuk Schiffstechnik GmbH
Albert-Einstein-Ring 6
22706 Hamburg
www.hagenuk.de

KS Bootronik Entwicklung
& Vertriebsges. mbH
Industriestraße 31
22880 Wedel
www.bootronik.de

MBE Bootselektronik GmbH
Aspasstraße 45
59394 Nordkirchen

Nordwest-Funk GmbH
2. Polderweg 18
26723 Emden
www.nordwest-funk.de

Pro Car GmbH & Co.KG
Hälverstraße 65a
58579 Schalksmühle
www.pro-car.de

Simrad GmbH & Co.KG
Dithmarscher Straße 13
26723 Emden
www.simrad-yachting.de

Siemens VDO Trading GmbH
Kruppstraße 105
60350 Frankfurt
www.vdo.de

16. Register